TURING

图灵教育

站在巨人的肩上

Standing on the Shoulders of Giants

TURING

图灵教育

站在巨人的肩上

Standing on the Shoulders of Giants

TURING

硬件产品设计与开发：从原型到交付

Prototype to Product

[美] 艾伦·科恩 著
武传海 陈少芸 译

Beijing • Boston • Farnham • Sebastopol • Tokyo

O'Reilly Media, Inc.授权人民邮电出版社出版

人民邮电出版社
北 京

图书在版编目（CIP）数据

硬件产品设计与开发 : 从原型到交付 / （美）艾伦•科恩（Alan Cohen）著 ; 武传海，陈少芸译. -- 北京: 人民邮电出版社，2021.3
ISBN 978-7-115-55435-2

Ⅰ. ①硬… Ⅱ. ①艾… ②武… ③陈… Ⅲ. ①电子产品—产品设计②电子产品—产品开发 Ⅳ. ①TN602

中国版本图书馆CIP数据核字(2020)第237828号

内 容 提 要

产品开发犹如一种“魔法”，对于大部分喜欢做设计和搞技术开发的电子爱好者乃至专业人士，开发新产品就是探索一个未知领域。本书细致讲解了产品开发流程中的策略和方法，全面介绍了产品开发中易犯的错误，制作电子产品的特点，产品定义、产品需求的撰写方法，相关的法规，电源的选择，智能平台的选择等。书中以一款实用的电子产品为例，介绍了开发全流程，旨在帮助读者更好地将创意转化为成功的产品。

本书适合电子产品创业者、产品软硬件开发人员、产品开发周期管理者阅读，有助于他们更深入地了解产品开发的全过程。

◆ 著 [美] 艾伦•科恩
译 武传海 陈少芸
责任编辑 傅志红
责任印制 周昇亮

◆ 人民邮电出版社出版发行 北京市丰台区成寿寺路11号
邮编 100164 电子邮件 315@ptpress.com.cn
网址 https://www.ptpress.com.cn
北京鑫正大印刷有限公司印刷

◆ 开本：800×1000 1/16
印张：16.75
字数：392千字 2021年3月第1版
印数：1－2 500册 2021年3月北京第1次印刷

著作权合同登记号 图字：01-2020-1190号

定价：109.00元

读者服务热线：(010)84084456 印装质量热线：(010)81055316
反盗版热线：(010)81055315
广告经营许可证：京东市监广登字 20170147 号

版权声明

O’Reilly Media, Inc.介绍

O’Reilly 以“分享创新知识、改变世界”为己任。40 多年来我们一直向企业、个人提供成功所必需之技能及思想，激励他们创新并做得更好。

O’Reilly 业务的核心是独特的专家及创新者网络，众多专家及创新者通过我们分享知识。我们的在线学习（Online Learning）平台提供独家的直播培训、图书及视频，使客户更容易获取业务成功所需的专业知识。几十年来 O’Reilly 图书一直被视为学习开创未来之技术的权威资料。我们每年举办的诸多会议是活跃的技术聚会场所，来自各领域的专业人士在此建立联系，讨论最佳实践并发现可能影响技术行业未来的新趋势。

我们的客户渴望做出推动世界前进的创新之举，我们希望能助他们一臂之力。

业界评论

“O’Reilly Radar 博客有口皆碑。”

——*Wired*

“O’Reilly 凭借一系列非凡想法（真希望当初我也想到了）建立了数百万美元的业务。”

——*Business 2.0*

“O’Reilly Conference 是聚集关键思想领袖的绝对典范。”

——*CRN*

“一本 O’Reilly 的书就代表一个有用、有前途、需要学习的主题。”

——*Irish Times*

“Tim 是位特立独行的商人，他不光放眼于最长远、最广阔的领域，并且切实地按照 Yogi Berra 的建议去做了：‘如果你在路上遇到岔路口，那就走小路。’回顾过去，Tim 似乎每一次都选择了小路，而且有几次都是一闪即逝的机会，尽管大路也不错。”

——*Linux Journal*

本书献给1969年美国登月计划的参与者。登月计划是人类现代史上最伟大的一项计划，当时我还是个孩子。登月是一项庞大的工程，整个项目进展得飞快，并最终获得了成功，对此我满怀敬畏之情。特别要将本书献给丹·亨特（Dan Hunter），他是美国国家航空航天局的一员，参与过水星计划和阿波罗计划等多个项目。亨特是我的挚友，也是我所认识的最酷的人，许多人怀念他。

目录

前言

产品开发犹如一种“魔法”，它把各种电路、软件和材料变成一款产品。这里所说的“魔法”可不是随便说说而已。对于大部分喜欢做设计和搞技术开发的电子发烧友乃至专业人士，开发新产品就是探索一个未知领域，或者说，就是“施魔法”。

本书旨在帮助大家更好地了解把好创意转化成好产品的过程，尤其针对那些包含嵌入式电子器件和软件的产品，为大家提供一些能让整个产品开发流程更加顺畅的策略和方法。

开发智能产品是一个复杂的过程，并非只是开发一些电路和软件，把它们塞进一个盒子，再挂上“待售”标签那么简单。在把各种部件和酷炫原型转换成有市场需求、可用、可靠、可制造、可销售的产品的过程中，必须要经历许多步骤。

新产品开发是一项有风险的“工作”，这是由产品开发本身的复杂性决定的。根据哈佛商学院教授克莱顿·克里斯坦森（Clayton M. Christensen）统计，95% 的新产品项目最终会失败。造成如此高失败率的因素有很多，但是根据我的个人经验，我认为大部分新产品的失败源于产品的开发过程。

众所周知，大部分产品开发项目最终会超过预期时间并且超出预算，超预算 25% 或更多是常见现象，甚至超支 100% 的情形也不少见。有时，超支是由不正确的评估引起的，还有可能是返工开发造成的（在产品开发中，返工开发是必需的，因为在开发早期，产品的需求一般不够明确）。这些超支和重新开发通常是由产品开发过程中的缺陷导致的，而与用到的基本技术无关。

在产品开发过程中，预算超支和超期的问题都是可以避免的。通常，造成这些问题的主要原因有两个：一是开发者对整个开发过程缺乏了解，尤其是在开发早期对要产品化的东西缺少切实可行的规划；二是产品需求不完整、不明确。

正确的产品开发过程不仅能避免预算超支和周期过长等问题，还能把一个好的创意变成一款人们争相拥有的产品。比如，1996 年，Palm Pilot 刚发布时，技术圈的大部分人认为这种“掌上计算机”的概念不会成功。早年间，许多便携式设备昙花一现，其中就包括苹果公司推出的牛顿掌上计算机。这些产品最终失败，并从人们的视野中消失，几乎没有例外。

但这一次，技术圈的人判断错了，Palm Pilot 获得了巨大成功。Palm Pilot 的成功很大程度上取决于它那一套高明的产品开发过程。在开发过程的相应阶段运用了正确的测试方法，保证了 Palm Pilot 能够解决实际问题，满足人们的实际需求。虽然 Palm Pilot 最终被竞争对手超越，但是它倡导的便携计算的思想一直流传至今，并体现在今天的智能手机上。相比于苹果的牛顿掌上计算机，今天的智能手机与 Palm Pilot 更为相似。

市面上讲解产品开发的书有很多，有些讲得也很不错，内容主要涉及电子设计、软件开发、工业设计、可用性和机械工程等领域。还有一些书从商业层面讲解产品开发，涵盖的主题从市场调研到财务预测再到团队激励等。但是，市面上很少有书全面讲解从创意到成品的具体细节，本书即为此而作。

写作缘由

我出身于电子工程和软件专业，在开发项目中，我通常担任系统工程师。

在系统工程领域，系统工程师要考虑的是如何让复杂系统的各个部件协同工作以实现既定目标。通常，我们这些技术人员的目标是生产一款实际的产品，而非仅在盒子里塞入电路和软件。从某种意义上说，可以把我们称为“总体工程师”，因为我们的职责是让整个系统协同工作，以便形成一个完整的产品。

从纯技术层面看，系统工程师的主要任务是做高层规划，即把一系列需求分解成若干个可以高效完成指定功能的子系统，并力求缩短开发时间、减少花费、降低风险。一旦定义好这些子系统及其功能，我们就要监督开发过程，努力确保最终产品中的各个子系统能够协同工作。

我的日常工作是把具有不同背景的人召集在一起，相互协作，实现共同目标。和我一起工作的工程师们出身于各个专业（比如电子、软件、机械等），还有工业设计师、管理人员、市场人员、销售人员、监管人员、财务人员、制造人员等。要开发一款成功的产品，需要这些人员紧密配合，合作数月甚至几年。其中，系统工程师和项目经理（系统工程师有时也兼任项目经理）往往扮演着“润滑剂”的角色，主要职责是确保开发过程进展顺利。

为什么要把拥有不同背景的人聚集在一起，形成一个有凝聚力的团队呢？原因有两个。

1. 让团队成员对其他成员的工作有一定的了解。这可以让团队成员之间更高效地合作，因为他们能够更深地了解其他成员的需求。这也有利于形成相互尊重的氛围：我们总是认为，别人的工作比自己的工作简单，如果我们能了解他人工作的更多细节，也许就不会抱有这种想法了。

2. 弥合不同技术人员的知识和技能之间的裂缝。技术人员往往只懂得本领域的知识，而对如何同他人合作解决问题知之甚少。比如，我们要解决某款产品在使用中 LCD 显示器过热的问题，这款产品的外壳是一个小小的密封盒。电子、机械、软件、工业设计、供应链之间要相互配合，才能从诸多备选方案中找出最好的一个。

从根本上说，上述两点都与教育相关，而我的大部分工作内容就是培训。随着时间的推移，我发现了一些可以定期给技术人员和非技术人员讲一讲的话题。

至于我为什么要写这本书，原因很简单，就是出于私心：这是一本我多年来一直希望拥有的书。有了这样一本书，我可以将产品开发中团队成员、用户、供应商都需要了解的常见内容分享给他们。把这些内容汇集成书，我讲解时就会有条理又详细，每个人都能轻松理解。最后，希望这些内容能够真正帮到你们。

目标读者

对于那些想了解（或需要了解）产品开发过程的读者来说，本书会非常有用。

- 创客：那些在 Kickstarter、Indiegogo 等众筹网站上发起众筹项目，想开发一款新产品并在考虑下一步该怎么办的人。
- 产品开发团队的成员：通过本书你可以了解如何在团队中更好地工作，开发出更好的产品，减少意外的发生，获得更多乐趣。
- 管理人员：对于那些想了解整个产品开发周期的管理人员，本书可以帮助你们更好地做预算和时间规划，更好地为技术人员提供支持。

话虽如此，但并非所有章节都对上述读者有帮助。例如，对管理人员来说，他们可能不需要阅读第 9 章有关电源管理的详细内容。不过，当团队成员提出像“为什么开发一些像电路和固件那样简单的东西（用来为设备供电并支持反复充电）需要几个月的时间”之类的问题时，管理人员可以快速浏览那一章，了解一下这个看似简单的任务涉及的方方面面。

谁不适合阅读本书

如果你属于以下两种情况，那么本书不适合你。

- 你是产品开发领域的技术专家，对其他技术专家如何做产品开发不感兴趣（或者已经了解）。
- 你想深入了解产品开发的特定方面，尤其是与机械工程或设计相关的内容，比如工业设计、用户体验设计等。

本书包含什么，不包含什么

本书不会教你如何成为工程师、工业设计师或项目经理。如果你有志于此，请参阅其他相关资料，线上线下都有大量学习资源可供查阅，并且有许多过来人的成功经验。本书旨在帮助开发者在产品开发过程中更好地完成他们的工作。

本书非常实用，它是我多年产品开发经验的结晶，包含了大量非常有用的内容，并且都经过了产品开发实践的检验。本书涉及的主题几乎涵盖了我在实际产品开发中遇到的所有问题，人们常常会在这些问题上出现失误。

我的第一个目标是让大家了解从产品制造到推向市场的过程中涉及的各项活动，以及这些活动如何相互配合以最大限度地减少投入，同时提高成功的可能性。

你可以通过多种渠道获得与产品开发有关的各种知识，但这些知识与产品开发实际所需知识之间存在一些差距，我的第二个目标就是消除这些差距。不同活动之间的差距有着巨大的差异。例如，很多书讲到了 Linux 操作系统，所以本书就不再讲解这方面的知识了。

然而，有一些知识是很难找到的，比如在嵌入式系统中使用 Linux 的相关知识，以及设计师和开发者在遇到问题之前根本不会去了解的那些知识，这些知识正是本书所要讲解的内容。诸如如何处理引导程序，如何让设备驱动程序在新内核下正常工作等内容，本书都会详细讲解。本书内容侧重电子和软件方面，机械工程和设计方面（比如工业设计和用户体验设计）的内容不会深讲，一方面是因为我对这些内容不熟，另一方面是因为它们一般不会给产品开发带来严重的技术问题，至少在我参与过的项目中如此。当然，这并不是说这些内容不重要，伟大的设计和机械工程同样可以给产品带来巨大的价值。

本书组织结构

本书内容大致可分为三部分。

第 1 章主要讲解产品开发的基本规则以及容易犯的错误。

第 2~6 章讲解智能产品的整个开发过程，包括从产品创意到产品制造的全过程。

第 7~12 章深入讲解特定开发主题，这些内容在智能产品开发中特别重要，但其他资料对这些内容讲解得不够好或者不够透彻。

术语约定

设计、设计师、开发、开发者这些用词存在歧义，但是本书不可避免地要使用它们。

比如，我们经常把负责创建电路用以实现特定任务的人称为电子设计师，而把创建软件实现特定任务的人称为软件开发者。那些设计产品外观的人则被统称为设计师。

在特定语境中，这些用词的含义是很明确的，但并不总是这样。比如，如果我拿起一个产品，问道："这是谁设计的？"我可能问的是谁设计了这个产品的外观，也有可能问的是设计这款产品的技术人员是谁。

为了避免出现上述混淆，本书将遵循如下约定：

- 把创建软件称为软件开发，由软件开发者负责；
- 把创建电路称为电子设计，由电子设计师负责；
- 把创建机械部件称为机械设计，由机械设计师负责；
- 把产品美学（外观和易用性）设计称为工业设计，由工业设计师负责；
- 把产品开发之前完成的所有工作（比如制作交付给生产部门的设计图纸等）称为设计 / 开发，由设计师和开发者负责。

专业术语

技术领域往往会有一些专业术语，这些用词、短语、缩写只有少数行家才看得懂，原因有如下两个：

- 产品开发包括工程、设计等多个领域以及多种专业技术；
- 术语本身定义模糊，一些术语对不同人来说有不同的含义（这是很常见的）。

有时候，事情看起来就像一座巴别塔。出于这个原因，本书通常会尽量避开专业术语，但会提到一些经常使用的术语，并指出让它们的含义产生差异的语境。在某些情况下，这有可能会导致本书使用的表述与专家所用的有出入，但这样做都是为了让所讲概念更清晰易懂。

有一点很重要，整本书会反复强调，即团队的所有成员应该以相同的方式使用相同的用语。如果你不确定如何使用某个用语，或者听到了自己不熟悉的用语，最好和每个参与对话的人直接沟通，确保大家所表达的意思都是一样的。这样的事情我经历了很多次，但几乎在所有交谈中我仍然会问："你所说的 X 究竟是什么意思？"

联系我

如今在出版界最棒的一件事就是，图书能够定期更新。如果你有不清楚的地方，或者想在本书中看到其他主题，请给我发电子邮件：proto2product@cobelle.org。当然，你也可以访问我的博客，我会把与本书相关的更新内容放到博客上。

O'Reilly在线学习平台（O'Reilly Online Learning）

O'REILLY®

近 40 年来，O'Reilly Media 致力于提供技术和商业培训、知识和卓越见解，来帮助众多公司取得成功。

我们拥有独一无二的专家和革新者组成的庞大网络，他们通过图书、文章、会议和我们的在线学习平台分享他们的知识和经验。O'Reilly 的在线学习平台允许你按需访问现场培训课程、深入的学习路径、交互式编程环境，以及 O'Reilly 和 200 多家其他出版商提供的大量文本和视频资源。有关的更多信息，请访问 http://oreilly.com。

联系我们

请把对本书的评价和问题发给出版社。

美国：

O'Reilly Media, Inc.
1005 Gravenstein Highway North
Sebastopol, CA 95472

中国：

北京市西城区西直门南大街 2 号成铭大厦 C 座 807 室（100035）
奥莱利技术咨询（北京）有限公司

O'Reilly 的每一本书都有专属网页，你可以在那儿找到本书的相关信息，包括勘误表、示例代码以及其他信息。本书的网站地址是 http://bit.ly/prototype-to-product。

对于本书的评论和技术性问题，请发送电子邮件到：bookquestions@oreilly.com。

要了解更多 O'Reilly 图书、培训课程、会议和新闻的信息，请访问以下网站：
http://www.oreilly.com。

我们在 Facebook 的地址如下：http://facebook.com/oreilly。

请关注我们的 Twitter 动态：http://twitter.com/oreillymedia。

我们的 YouTube 视频地址如下：http://www.youtube.com/oreillymedia。

致谢

最后，非常感谢那些在我开发电子产品期间帮助过我的人，他们教会了我许多东西。他们的名字用两本书也列不完，所以这里只列举了与本书出版相关的人。

首先感谢 O'Reilly 出版公司的工作人员，尤其要感谢 Mike Loukides、Meghan Blanchette、Gillian McGarvey 和 Melanie Yarbrough，他们给了我写作本书的机会，并且以极大的耐心帮助我把粗糙的书稿整理成像样的文字。

其次，感谢本书的审读者，他们帮助我保持谦逊的态度和技术的连贯性：Alan Walsh（书中的一些照片是他提供的）、Bill Nett、Chuck Palmer、Johnson Ku（他参与开发了 MicroPed）、Kipp Bradford、Liz Llewellyn 和 Pete Scheidler（他参与开发了 MicroPed）。

再次，感谢我的 MicroPed 小组成员：Erik Schofield、Evan Gelfand 和 Jon Goldman（第 6 章中的 3D 图是他制作的）。

感谢 Liberty Engineering 的 Alec Chevalier 和 Lightspeed Manufacturing 的 Rich Breault，没有他们，我们就拍不成那些产品制造的图片。

还要感谢 Adafruit、Digi-Key、Paul Boisseau（Pyramid Technical Consultants）、SparkFun、SPEA 和 WikiMedia 提供的图片。

最后，尤其要感谢 Marian 和 Ben，在本书写作的两年多时间里，他们一直对我包容有加。我非常非常爱你们。

电子书

扫描如下二维码，即可购买本书中文版电子版。

第1章

产品开发的11宗罪

托马斯·爱迪生有句名言："天才是1%的灵感加上99%的汗水。"这句话同样适用于产品开发。诚然，开发"天才水准"的产品需要灵感（开发普通产品亦然），但更多的是付出辛勤的汗水。也就是说，开发好产品既有赖于灵感和才智，在极大程度上还需要依靠认真、谨慎的工作，以确保每个细节到位、不出错。例如，确保软件不会占用过多内存，使用正确的电容隔离电源等。

前言中提到过，大部分产品开发以失败告终。据我观察，在详细产品设计和开发开始之后，失败通常不是因为缺少"灵感"（比如产品创意不佳），而是因为产品开发过程中所犯的错误。换句话说，在大多数产品开发中，产品创意本身是好的，而失败往往源于把创意转化为产品的过程。

本章将介绍有碍产品开发或使产品开发项目流产的一系列常见因素。大多数项目因掉入一些基本的陷阱而最终失败，其实这是完全可以避免的。本章将简略介绍这些陷阱，让大家大致了解其危害，但不会深入讲解过多细节，本书后面将详细讲解避开这些陷阱的策略和技巧。

关于本章内容结构的说明

我的目标是指出那些在产品开发中最常遇到的"陷阱"，形成这些陷阱的原因很简单，也是我们应当竭力避免的。例如，两个常见的陷阱——新功能至上主义 、不知何时停止"打磨"，就源于完美主义这个常见错误。本章把这些陷阱称为"罪"，把这些罪背后较一般的负面冲动称为"恶"。由于这些"罪"往往是致命的，我把它们称为"致死之罪宗"，以此提醒各位它们的危害有多么大。

在讲这些恶和罪之前，先介绍产品开发的一些基本原则，这些最基本的真理决定着产品研发的成败。

1.1 产品开发的基本原则

复杂的问题往往源自简单的真理。比如，黄金法则（你希望别人怎样对待你，就怎样对待别人）就是大多数宗教律法的基础。在物理学中，我们只知道四种基本力，但这四种力似乎支配着宇宙中的一切，许多科学家多年来一直忙于追寻真理和探索未知。

在产品开发中也存在这样一条真理，它其实也是一条基本原则，即“越早发现问题，代价越小”。换句话说，产品开发在很大程度上就是一项尽快发现问题的活动。

据我个人观察，产品开发的成败在很大程度上是由这条基本原则决定的，本书后面所讲解的大部分内容与如何应对这条基本原则紧密相关。

谁都喜欢意外惊喜，但是产品开发过程中发生的“意外”几乎都是负面的。“你还记得我们在设计中使用的那个漂亮的电源芯片吗？它没能正常工作！”“事实表明，没有一家厂商能为我们设计的那个外壳做出模具。”类似的这些“意外”，总是让人哭笑不得。

意外往往会导致改动，比如采用新的电源芯片，或者重新设计出容易制作模具的外壳。在产品开发初期，做改动是比较容易的。

研究人员做了大量研究，试图找出在产品开发周期中不同阶段做改动和付出代价之间的对应关系。最终的研究成果都差不多，如图 1-1 所示。这张图来自美国国家航空航天局发表的一篇论文，反映的是在商业飞机研发过程中，错误发现时间段和修改错误所付出的相对平均代价之间的关系，图中的虚线是根据相关数据绘制出来的曲线。随着产品开发阶段向前推进，做改动所要付出的代价呈指数级增长。

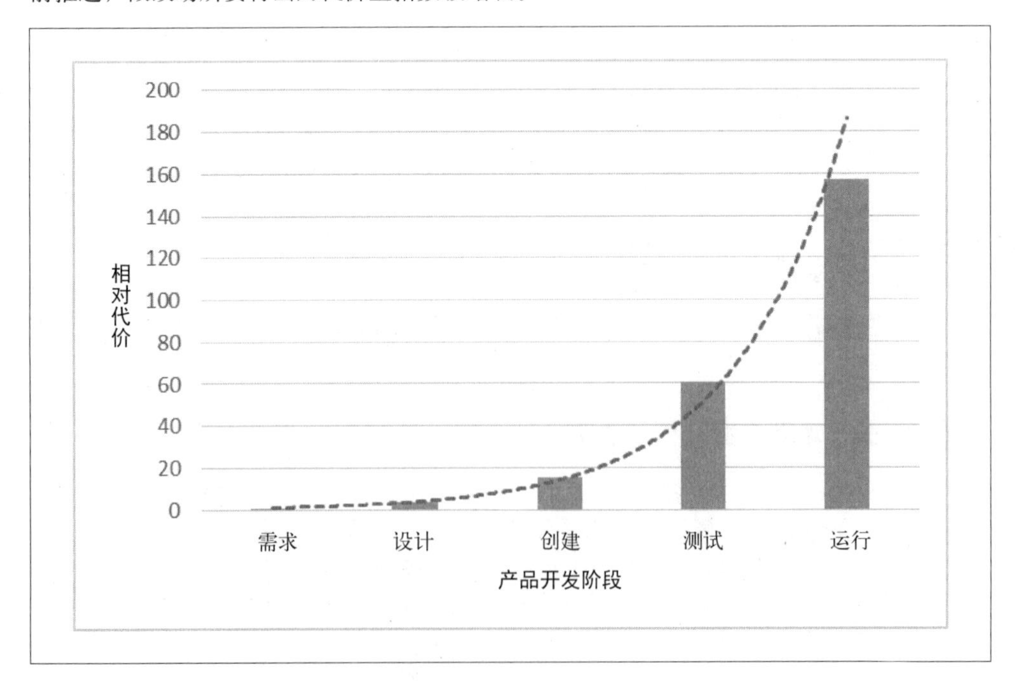

图 1-1：在不同产品开发阶段做改动需要付出的代价

为了说明这种现象产生的原因，我们来做个假设。假设有一个做外科手术的机器人，它的软件内部有一些算法，用来根据要做的手术确定各种执行部件（引擎）的正确驱动方法。有时，算法或执行部件会失效，比如在某些情况下，算法可能给出了手术刀要移动的错误角度，或者执行部件出现故障，没能按照预期移动。

上述这些问题可能会引发手术事故，为了减少这种可能性，添加一个独立的软硬件系统来监视机器人的动作或许是个不错的选择。这个软硬件系统相当于第二双“眼睛”，用来确保机器人的所有动作都正常。当机器人出现问题时，独立的软硬件系统能够向医护人员寻求帮助或者停止手术。

表 1-1 列出了在开发手术机器人的不同阶段添加这套安全监控系统时所要付出的代价。

表1-1：开发手术机器人在各个阶段做改动需要付出的代价

	开发阶段	付出的代价
1	确定产品最初规格阶段	实现和测试新功能
2	产品开发初期	在 1 的基础上，升级现有文档，重新评估成本，有可能需要设计其他硬件和代码，以便与新硬件和代码对接
3	在最终测试阶段发现问题之后，且在产品发布之前	在 2 的基础上，可能需要大幅增加时间和成本，具体由新增的开发和测试周期决定
4	产品发布之后，并处于运行中	在 3 的基础上，把新硬件 / 软件安装到现场（部署），可能需要改造现有软件和硬件，可能要修改现有营销资料，升级期间设备不可用，有可能让用户失望，公司声誉受损。若设备运行中出现故障，由于缺少备份安全系统，可能会造成数据丢失、用户反感，甚至引发诉讼等

显然，我们越早认识到需要添加安全监控系统的必要性，就应该越早添加这种系统，相应地，需要付出的代价就越小。某些问题如果在产品规格确定阶段就发现了，那么改正错误需要付出的代价就相对较小；但如果在实际使用过程中才发现，那时再修改错误付出的代价就会很大（说不定还会上头条新闻呢）。问题发现晚了不是糟糕一点点，而是会导致满盘皆输。

所有针对产品的改动都遵循相同的规律，那就是，做改动的时间越晚，所付出的代价越大。比如，当一个电子元件在设计完之后才发现不能用，我们就不得不重新设计和测试电路，可能还得调整相关的机械架构和软件架构，以便消弭元件尺寸、发热、通信协议等方面的差异。不要总想着亡羊补牢，在设计和开发阶段就要做好准备，确保所选用的元件耐用。

然而，我们面临的难题是，不论我们如何努力，都不可能在规格确定和产品设计阶段把所有问题找出来，有些问题在制造、测试，甚至发货时才会暴露出来。在本书后续内容中（特别是第 5 章和第 6 章），我们将会讲到，这些问题可以通过在不同开发阶段之间反复迭代来解决，这种方法对产品中那些很容易发生故障的零件尤其有效。

讲完产品开发的基本原则之后，接下来该讲讲产品开发中的那些“罪”了，它们一般会破坏产品开发过程，造成不利的影响。

1.2 懒惰之恶

前述产品开发的基本原则时，我们就已经提过，把今日之事拖到明日是个糟糕的想法，对那些有可能发现潜在问题的事项来说更是如此。这个恶习最直接、最具体、最常见的例子往往出现在产品测试环节。

第1宗罪：将重要测试推迟到产品开发结束

把重要测试推迟到产品原型开发出来之后，这明显会延迟发现问题和做适当改动的时间。这里所说的“重要测试”是指高级测试，常称为集成测试或系统测试，旨在测试产品对用户的有用性（这个过程有时也称为产品验证）以及产品的软硬件、机械子系统间的协同工作能力。对于产品开发来说，新手往往认为“首先把产品造出来，然后再做各种高级测试”。乍看上去，这样做似乎合情合理，而且有些高级测试的确需要把产品全部组装起来之后才能做。然而，这样做会推迟我们发现问题以及做改动的时间，这会让我们付出更大的代价，尤其是需要大改的时候。

比如，我们需要对一个已制造好的报警产品做可用性测试，判断报警声是否足够强。设计报警系统时，我们并没有意识到用户与报警器经常不在一个房间。当重要警报响起时，我们设计的声音系统（扬声器和相关电路）就没有足够的功率来完成报警工作。补救办法是更换扬声器并更新电路。更换扬声器时可能需要改变报警器的外壳大小，而这可能需要花几周时间，还要花不少钱。改动电路意味着换新的 PC 主板，这也需要花不少钱和时间。所以，这个所谓的“制造好”的产品实际上并没有真正完成，我们还得再花几周甚至几个月才能把这些意想不到的工作做完。

在这个例子中，如果做外壳设计之前就早早地把拟建的声音系统放在实际应用场景中测试，确保它能够正常工作，就能节省大量时间，免除额外的开支。甚至在开始设计声音系统之前，我们就应该做好几件事：

- 找来同类产品，了解一下它们的声音有多大。如果它们都使用了高音扬声器，就表明这样做可能是有原因的；
- 考察产品的潜在应用现场；
- 拜访产品用户，了解产品的日常工作状态，可能的话，让用户模拟使用产品的场景；
- 使用智能手机和扩音喇叭模拟报警声；
- 尝试不同音调和音量（使用分贝仪测量），了解哪种声音能引起用户注意。

尽早对电路、软件、机械架构做测试不仅有利于保证产品的可用性，还有助于降低成本、缩短产品开发时间。

请注意，有效测试可不是件小事，第 5 章和第 6 章将讲解更多相关内容。

1.3 假定之恶

开发产品时，我们往往会想当然地认为自己知道市场需要什么样的产品。只有把产品推向市场，根据订单数量，我们才能确切地知道有些想法是否正确。

假定之恶有两种常见的形式：

1. 以为自己知道用户想要什么样的产品；
2. 以为用户知道他们想要什么样的产品。

1.3.1 第2宗罪：以为自己知道用户想要什么样的产品

在产品开发中，设计师和开发者常常以为自己知道一般用户需要什么样的产品，这个问题在产品开发中很典型。设计师和开发者往往把自己的想法强加于人，认为别人想要的东西与自己想要的东西不会相差太大。

我这么说你可能不会感到意外——此刻正在阅读本书的你可不是寻常人。你可能对技术特别感兴趣，想学习更多有关产品开发的内容。痴迷技术是件好事，若没有你我这样的人，人类可能还处在狩猎采集的原始社会。但是，不论好坏，大部分人不像我们这样痴迷技术。从另一个角度看，在我写作本书时，美国亚马逊上最畅销的技术书是 *Raspberry Pi User Guide*，总排名第 583 位，之前有 582 本书卖得比这种严肃的技术图书要好。

此外，当谈到想要什么样的产品时，技术发烧友的需求往往不具代表性。我们喜欢那些具备更多功能，有更多定制性的东西，一摆弄就是几个小时。普通用户通常对这个工具能否有效完成指定工作以及外观是否吸引人更感兴趣。图 1-2 展示了两组人所喜欢的工具的不同之处。

图 1-2：技术发烧友想要的（上）与一般人想要的（下）

我们很有可能清楚其他技术发烧友需要什么样的产品，但往往对那些普通用户的需求不是很了解，因为他们的想法与我们大不相同。苹果公司的大部分产品例外，这些产品的开发基于史蒂夫·乔布斯及其身边的人对用户需求的深度思考。苹果公司开发的产品都很成功，我认为原因有两个：首先，苹果开发的产品是史无前例的，比如在 iPod 问世之前，如果你问用户他们想要什么样的 MP3，往往得不到什么有用的信息，因为之前没人用过；其次，乔布斯是为数不多的天才，他推崇以人为本的设计理念，拥有深厚的审美功底，并且了解技术和工程师。

即便没有乔布斯式的人物为我们工作，我们仍然有一些策略可用，这些策略能够帮助我们发现普通用户的需求。但这并不像听起来那么简单，我们很容易犯下面的错误。

1.3.2　第3宗罪：以为用户知道他们想要什么样的产品

既然技术人员不知道用户想要什么，那我们就直接问用户想要什么吧。用户总该知道自己想要什么吧？很遗憾，并不是这样的，用户常常不知道自己想要什么，他们想要的东西大多是自己臆想的。

我父亲是一位退休的市场研究员，他说市场研究的第一定律是："如果你问用户他们想要什么，你会得到一个答案。这个答案可能对也可能错，你要学会自己甄别！"

对于这句话，我一直不太懂，直到我开始做产品开发，才真正弄明白了其中的含义。在产品开发过程中，我发现用户提的要求很可能与他们的实际需求不匹配。我们之间经常出现这样有趣的对话。

> 用户：这个产品我没法用！
>
> 开发者：可是这款产品完全满足我们之前收集的需求啊！
>
> 用户：但是，现在用起来我发现它并没有完成我想要它做的工作。

这个结果让所有人感到非常沮丧、非常失望！

事实证明，目标用户设想的产品有可能与他们实际拿到手的产品差别巨大。要想了解用户真正想要什么，就要让用户多尝试各种功能、多接触各种原型，观察他们是否真的喜欢。要尽早开展这种调查，不要等到产品做出来之后再做，不然我们就只能祈祷自己的假设是对的了。

1.4　模糊之恶

在产品计划和开发中，目标模糊不清或不够具体是导致产品开发失败的一个主要原因。目标模糊不清会造成两个重大问题：

1. 对于开发什么产品，相关人员看法不一；
2. 如果不知道产品细节，很难估算出产品开发所需要的资源和时间（几乎不可能），至少在某种程度上如此。

模糊之恶有三种表现形式：

1. 缺少详细的需求；
2. 缺少详细的项目计划；
3. 未指定责任。

1.4.1 第4宗罪：缺少详细的需求

产品需求反映了我们对产品的理解，它可以确保所有相关人员对产品的重要特性有一致的看法。创建产品需求时，我们必须尽量把所有对用户和自己有重要意义的方面记下来，不然，最终结果可能与我们想要的有出入。

我们举个常见的例子，假如市场部写了如下需求：

- 这个产品有四个轮子；
- 这个产品有一个电机；
- 这个产品容易驾驶；
- 这个产品有一个引擎；
- 这个产品的引擎烧汽油；
- 这个产品可以在美国的所有道路上行驶，在甲、乙、丙等国也都可以；
- 这个产品很有魅力。

设计师和开发者是那些被古怪的设计所吸引的实用主义者，他们会去做一些他们认为可以满足这些需求的东西。然而市场部想要的产品与设计师和开发者最终造出的产品有很大不同，如图 1-3 所示。

图 1-3：市场部想要的样子（左）与设计师和开发者认为的样子（右）

从上述例子可以看出，由于不同部门的人对同一产品的理解不同，最终导致结果很难让所有人满意。

尽管图 1-3 中汽车这个例子有些夸张，但是它阐述了这样一个基本事实：需求可以确保所有人对正在开发的产品形成一致的看法。必须谨慎地把对我们重要的东西添加进去，否则将来可能会产生许多问题（这些问题通常是我们不愿看到的）。在汽车这个例子中，市场部提到的一些附加需求可能有助于造出一个更好的产品，比如“80% 以上的目标用户希望产品设计中体现‘性感’”。

缺少详细的需求不仅会让相关人员对最终产品感到惊讶和失望，还会造成功能蔓延问题，这是因为在产品开发之前，我们并未定义好产品的所有功能特征。有关功能蔓延问题，后面还会细讲。如果我们一边开发一边确定和实现产品的功能需求，就需要对互相依赖的系统做大量重建工作，以便适应我们新发现的需求。

1.4.2 第5宗罪：缺少详细的项目计划

一提到项目计划，我就能听到你的叹息声。

对大多数人来说，做项目计划的痛苦，就像填税单一样。项目计划执行起来也苦，不亚于给牙齿做根管治疗。

更糟的是，对于如何推进一个项目，产品计划也不可能完全准确：事情很少能按照计划顺利地开展下去。即便那些相对简单的项目也总会发生意外，最终表明我们最初的假设是错的。常见的意外情况有：项目骨干暂时或者永远离开项目团队，元件供应商从美国市场撤离，产品设计比预期的情况更棘手，管理层突然决定提早三个月发布产品，等等。

既然项目计划这么令人痛苦，又不准确，那又何苦要做项目计划呢？

关于这个问题，艾森豪威尔说得好："计划本身毫无价值，但计划至关重要。"虽然在工作开始的第一周，项目计划通常就无法按部就班地执行了，但是花费大量时间和精力来做计划是必不可少的。我发现，做项目计划虽然很无趣，但是不管什么规模的项目，要是没有非常详细的项目计划（通常包含几百个定义好的任务，要用到的资源、时间、成本以及相互间的依赖关系），开发起来就非常痛苦。虽然我很清楚大多数计划最终被证明是错的，但是详细的计划至少可以让我大致估计出项目需要花费多少时间和精力，并且有助于跟踪项目进度，以此判断项目进展得比预期是快是慢。

制订详细的项目计划迫使我们全面思考各种问题，有些问题在做粗略计划时很容易被忽略。制订详细计划有助于我们记住那些容易忘记的重要细节，并且有助于我们理解相互之间的依赖关系。

原来，这就是项目如此耗时的原因！

不知道你有没有注意到，大部分项目最终花费的时间和支出的成本差不多是原计划的两倍。相比于粗略估计，详细的项目计划最终估出的项目时间和成本往往会多出一倍，而且也更准确。这两倍的偏差会带来很大的麻烦，对资源有限的小公司或初创企业来说，也许是灭顶之灾。

1.4.3 第6宗罪：未指定责任

在项目计划中简单地创建一项任务，给出截止日期和预算，并不能保证项目在指定的时间内使用给定的预算完成。一个常见的问题是，任务即将开始时，才发现项目计划中漏掉了一个细节，它可能让我们无法按时开始工作，我们还可能遇到一些影响预算和时间的问题。任务刚开始，就会出现一些混乱的情况，比如谁负责哪一部分，多个部分应该怎样聚到一起，等等。

为每项任务指派一个负责人会极大地提高项目成功的概率。任务负责人不一定是任务的具体执行人，任务负责人主要负责监督任务执行进度、预算，协调沟通，确保一切进展顺利。为任务指派负责人有两方面的作用。

首先，任务负责人能够堵上项目计划中存在的漏洞。项目计划中普遍存在的一个问题是漏掉了某些任务和细节，比如忘记把某个任务添加到项目计划中了。在整个项目中，任务负责人盯着任务的方方面面，确保一切按照计划和预算进行。任何影响时间进度或预算的问题都应该提前解决，任务负责人要对项目计划做必要的更新。

其次，任务负责人必须确保谁负责哪项任务一清二楚，杜绝职责不清、相互推诿的现象发生。“等等，我还以为这事是你负责的！”类似的说辞不应该出现。

比如，在为获取美国联邦通信委员会（FCC）认证而开展的测试中，我们的产品中必须运行一个特定的测试软件程序，把硬件逐个设置到不同状态，这样每个状态下的射频辐射都可以使用少量产品测量出来。这项创建测试应用的任务很容易被忘记，在最初的项目计划中有时也会漏掉它。如果拖到安排测试时才记起相关测试程序，那么我们可能无法按时完成测试，整个项目可能就会拖延几天甚至几周。等到测试程序准备好了，我们又需要找合适的时间来进行相关测试。

相比之下，如果有人专门负责 FCC 测试任务，这个问题就很有可能不会发生。比如，如果小苏负责这个任务，她可以在预定测试之前几个月打电话给检测室，问清楚她需要做什么以确保测试如期开展并顺利完成。此外，检测室也会告诉小苏他们需要一个测试应用。“啊呀！我们忘记把开发测试应用列在项目计划中了。”小苏会把这件事报告给项目经理，项目经理会在项目计划中加上这个任务，分配相应的资源，更新整个项目计划。像这样，任务负责人的重要作用就凸显出来了。

1.5 无知之恶

无知之恶是指我们对某些事情一无所知。我们甚至不知道要担心什么，一直处在一种悠然自得、浑然不觉的状态下，直到后期遇到需要对产品做改动的问题时才幡然醒悟。有时，甚至在产品发布之后才悔悟。

要消除无知之恶，首先需要依靠那些在技术领域和非技术领域有经验的人，你可以把他们招入麾下，也可以让他们担任项目顾问。他们都有各自的绝招，能够准确地定位问题。

减少无知的另一个方法就是阅读本书：本书的一个主要目标就是帮助大家找出那些对产品开发造成不良影响的问题。

当然，我们不可能知晓一切。但是，有一种问题很容易给我们带来大麻烦，接下来就会讲到：如何让行政管理部门满意。

第7宗罪：忽视法规

在无知之恶中，一个最具代表性又常见的例子就是产品设计完成后才发现不符合政府的相关法律法规，比如产品可能会因为达不到欧盟的相关要求而遭到禁运，或者只是因为产品上的 CE 标志贴得不正确而被禁止入境。

一般来说，产品要上市销售，必须满足两类基本要求。一类是商业需求基础上的“标准”要求，一方面是要满足用户的需要（比如功能、尺寸、颜色等），另一方面也是业务的需要（比如盈利能力、设计语言与其他在售的设备保持一致等）。

第二类需要满足的要求是外部机构提出的，比如法规、标准、认证等，这些要求出自政府、保险公司等机构。这类要求有个专门的称呼——“强制性要求”，通常用来确保产品安全和产品性能（比如，在欧洲销售量杯可能就需要证明其精确度达到了某个水平）。有关这类要求的更多内容，第 10 章会讲解。

这些强制性要求在产品开发中很容易被忽略，很多人甚至没有意识到它们的存在。即使我们意识到了，找到那些适用于我们产品的要求也并非易事，这是因为不同政府部门有不同的法规，政府的不同部门也有不同的规定。（但愿它们不要相互矛盾！）在某些行业，保险公司和其他组织会强制要求产品通过一些标准，这些认证只有产品通过指定考核才能获得。

由于不了解这些强制认证的情况普遍存在，并且通过这些认证也并非易事，因此第 10 章将专门讲解这部分内容。这里只举几个常见的强制认证的例子。

- FCC 认证。在美国市场上销售的几乎所有电子产品必须通过该认证。事实上，美国大部分电子产品在上市销售之前必须通过第三方测试和认证。其他国家也有类似的规定。
- UL 认证。UL（美国保险商实验室）是一个独立机构，从事各种设备的测试工作，检测这些设备是否存在安全隐患。对于可能存在安全问题的产品，UL 会根据特定标准对产品做测试并对生产厂家进行考察，确定被测产品对消费者不存在安全风险之后，才会为这款产品颁发 UL 认证，并允许它贴上 UL 认证标签。UL 认证是企业自愿参加的，没有法律规定产品必须通过 UL 认证，但是有些法律认可它，有些消费者和保险公司也希望看到它。
- CE 认证。CE 认证要求产品遵循欧盟所有相关法律。不同类型的产品必须遵守不同的法律规定。根据法律规定，在欧盟市场销售的绝大多数产品必须通过 CE 认证。

图 1-4 给出了上述三种强制认证相应的产品标签。不过，请注意，大部分的强制性要求并没有相应的认证标签。

图 1-4：FCC、UL 和 CE 的认证标签

1.6 完美之恶

除了要做好自己的工作，产品开发中还多了一个追求完美的动机，即想开发出成功的产品。产品开发工作必须接受很多人的评判，可能是数百万人。产品开发成功，我们将收获赞誉和财富；产品开发失败，我们将损失声誉和金钱。在产品开发中，追求完美风险很大，有可能会导致很多错误。那么，产品开发中过度追求完美会造成什么问题呢？

1.6.1 第8宗罪：新功能至上主义

这里的“新功能至上主义”是指一种在产品开发过程中不断给产品添加新功能的倾向。显然，这种行为违反了产品开发的基本原则。但它并非完全不可取，我们需要慎重研究，避免因此而付出惨痛的代价。

“嘿，如果在产品中加入这个功能会不会很酷？”在产品开发中，这样的想法可能是最重要的，也有可能是极度危险的，它的好坏取决于你如何以及何时提出它。

在产品开发的最初阶段，即定义需求期间，提出“嘿，如果在产品中加入这个功能会不会很酷”这种问题是很受欢迎的，因为这个阶段的主要任务是尽可能多地收集好的创意和想法。为此，我们应该与潜在用户交流，倾听他们对这款产品有何要求，还要研究类似产品，做一些调查，尽可能多地列出产品应该具备的功能与特征。之后，综合考虑各种特征对产品的价值以及实现它们需要付出的成本或承担的风险，再对这些特征做精简，从而得到一份最终功能列表（需求）。

需求一经确定，我们就能更好地评估出开发这款产品所需要的工期和预算，并着手开发过程中最有趣的部分：制造东西。

显而易见，在需求确定之后再给产品添加新功能，会造成开发时间延长和成本增加。其实，除了“这个想法很棒，我在一星期内就可以把它加入固件”（经常变成几个月）这种明显的成本之外，添加新特征可能还会带来一些如下未曾预料的影响。

- 新功能可能会在无意中破坏其他功能。
- 添加新功能往往需要改动产品的基本架构，这是非常困难的，因为最初的产品架构并未将这种新功能考虑在内。改动基本架构会使原架构变得脆弱，很容易出问题。
- 随着产品功能的增加，功能间的关系会愈发复杂，测试工作量呈现指数级增长。仅添加几个新功能，往往就会带来大量额外的测试工作。

总之，功能蔓延会导致开发时间延长和成本增加。

乔布斯曾经说过：人们往往以为“专注”就是全盘认可自己所专注的事，这完全是错的。“专注”还意味着你必须否定另外 100 个好点子。你必须小心做决策。事实上，我对我们的很多工作引以为傲，不管这些工作做了还是没做。创新就是对 1000 件事说“不”。

项目开始时，最好选定一组有限功能，并且在开发过程中尽量不添加新功能，专注于那组选定功能的正常实现。不要给产品添加太多“粗糙”的功能，这样我们能够把产品更快地推向市场，并且让产品价格更低廉，从而让大部分消费者喜欢我们的产品。

1.6.2　第9宗罪：不知何时停止“打磨”

一块石头打磨得越久，它就越光滑。到了某个时候，我们觉得它已经足够光滑，于是不再继续打磨。

同样，在产品开发中，我们可以不断改进产品，只是这样做要付出更多时间和精力。比如，有些工作表单总是怪怪的，屏幕布局看起来不够好，稍稍调整一下就可以使电池续航时间增加几分钟，等等。

在我们花费时间和精力不断改善产品的过程中，有些事情正在悄然发生。虽然我们再多花一点儿时间就能把产品做得更好，但是这显然推迟了用户尽早用上这款产品改善生活的时间。同时，预算也快用完了，又无收益产生，而且竞争对手还有可能抢先发布类似产品迅速占领市场。在这种情况下，时间并不是我们的朋友。

不管什么产品，总存在一个恰当的发布时机，尽管此时产品仍未尽善尽美。其实，世间并不存在完美。

至于那些把产品做得更好的想法，只要我们的产品卖得好，我们就可以把它们添加到下一代产品中，从而把产品做得更好，更好地满足用户的需求。在软件方面，我们总是有办法更新使用中的产品。

当然，这并不是说我们应该尽早发布那些还不够成熟的产品，至少不该把这样的产品交给那些定期付费的用户使用。短期内，不成熟的产品或许可以用作权宜之计，但这样做也可能会严重损害公司的声誉和品牌影响力。在“好到可以出货”与“这可能会让我们难堪”之间找到恰当的平衡点并非易事。在确定这个平衡点的过程中，决策人员之间通常会爆发激烈的争论，如果没有出现这种情况，那就说明这个平衡点很可能找得不对。

> **TIP　一则笑话**
>
> 两个人在非洲大草原上露营，他们发现有一只狮子从远处正向他们奔来。其中一个家伙迅速脱下登山鞋，换上跑鞋。
>
> 看到这一幕，另一个家伙有点不解，说道：“你想啥呢？你是跑不过狮子的！”换上跑鞋的家伙边系鞋带边回答说：“我不用跑过狮子，只要跑过你就行了。”

在产品开发过程中，我们也不必强求产品十全十美，只要让消费者觉得我们的产品比其他同类产品更好、更有吸引力，并且足够我们推进整体营销策略就够了。

1.7　狂妄之恶

狂妄之恶是指我们过分相信整个产品开发过程都会按照计划顺利进行。

项目开始时，我们总是满怀信心。我们手头有详细的项目计划，计划制订合理，又经过许多智囊审查，会有什么不对呢？

我可以明确地告诉你一点：一旦产品开发开始，我们总能在计划中发现这样或那样的不对之处。一旦真正的设计和开发开始，我们在项目之初对那些创意和项目计划怀有的过分自信就会破裂。我们很早就会面对失败的危机，也会经常失败。在很大程度上，成功的标准取决于如何看待失败。

第10宗罪：对于失败毫无准备

在第 5 宗罪中，我提到了制订详细项目计划的重要性。相比于直觉和瞎猜，在开发初期，一份详细的项目计划能够更好地描绘出未来开发工作的轮廓。但是，不论项目计划制订得多么细致和周详，总会存在不妥之处。计划中描述的几乎都是最乐观的情况，我们应该根据实际情况不断调整计划。

我们必须为失败做好准备。

要时刻做好准备应付意外情况。意外情况都是未知的，我们无法确切知道要花多少精力才能解决。根据我的个人经验，不论多有经验的人，在制订开发计划和预算时都要预留 20%~30% 的“余地”，以便应对不可避免的意外发生。如果制订项目计划的人经验不足，或者项目中涉及全新的技术，那么项目预算可能会超支 100%（甚至更多），这很容易导致整个项目夭折。

然而，为项目计划和预算留出余地在很多时候是说起来容易做起来难，当你面对一位缺乏经验的经理时更是如此。“什么？！你要为这些未知因素追加 25% 的预算？”在这些情况下，我们手边最好有一份有关项目重大风险的清单，方便我们阐释为这些未知因素做准备的原因。这份清单可能短不了，摆出具体问题通常会比给出抽象的百分数更具说服力。

1.8 自负之恶

自负之恶是指，相比于自身需求，我们往往会低估用户的需求。成功的产品和成功的产品开发都与用户的需求息息相关，而与我们个人的需求关系不大。做大量自己不喜欢的工作一点儿也不好受，解决这一难题的诀窍是把许多人召集在一起，让他们分别干自己喜欢的部分，大家齐心协力，最大限度地提高用户满意度。如果我们喜欢的方式并非产品和用户的最佳选择，我们就常常会犯下第 11 宗罪。

第11宗罪：开发技术而非产品

大多数技术人员（尤其是产品开发者）都喜欢搞些新鲜玩意儿。他们往往会把自己的工作等同于开发新技术。但是，开发技术和开发产品是两回事（当然，两者有重叠的部分）。在产品开发过程中，技术开发在很大程度上是可选的。我们可以选择为产品创造技术，在很多情况下，我们也可以选择集成现有的技术。如果通过集成现有技术能够更快、更好、更低成本地开发出产品（通常也是这样），那何乐而不为呢？

以苹果和微软为例，这两家公司在产品开发方面一直都很成功，但是他们并未开发出什么革命性的技术，只是开发出了革命性的产品。从技术上说，苹果和微软都仿效了施乐的做法，在操作系统中使用了窗口和鼠标；苹果开发的 macOS X 和 iOS 操作系统都基于开源操作系统 FreeBSD；微软 Windows 操作系统最初运行于 MS-DOS 之上，而 MS-DOS 源于西雅图计算机产品公司授权的 QDOS；Excel 和 Word 最初或多或少分别是 Lotus 1-2-3 和

WordPerfect 的仿制品；苹果引以为傲的 Siri 智能语音助手最初是从 Siri 公司购买的。诸如此类，不胜枚举。

当然，苹果和微软本身掌握着大量资源，它们具备从零开始创造新技术的能力。在上述案例中，他们必定也是愿意研发新技术的。但是，微软和苹果之所以能够取得如此巨大的成功，很大程度上源自他们致力于满足用户的需求，而非研发新技术。如果现有技术能够很好地实现用户的需求，他们很乐意购买和采用。

要想在合理的预算和工作量范围内开发出伟大的产品，关键是要学习苹果和微软的思维方式——什么对用户是最好的？这种思维方式不只存在于这两家公司，它普遍存在于所有成功开发新产品的公司中。

1.9 总结与反思

如前言所说，每 20 种新产品中只有 1 种能获得成功。本章介绍了产品开发中的一些常见错误，根据我的经验，这些错误着实很容易导致很棒的产品创意最终成为余下的那 19 种产品。

知己知彼，百战不殆，希望本章能够在一定程度上帮你达成目标。如果你是产品开发新手，希望本章能够让你了解产品开发所面临的一些重要问题。产品开发当然与软硬件密切相关，但是创建硬件和软件需要强大的策划能力、丰富的心理学知识、成熟的沟通能力，还需要遵守法律法规以及大量需要一箭命中的细节。

当然，只知道哪里会出错还不够，我们还需要知道如何避免错误、解决问题或至少缓解那些问题，本书后续内容会对此进行讲解。后文会讲解如何制订更有效的策略，在这些冰山中杀出生路，只有这样，产品的成功率才会更高，更有希望成为幸运的 1/20。

1.10 资源

本章介绍了产品开发中的基本原则和常见错误。以下几本书讲解了这方面的内容，我从中受益很多，或许对你们也有帮助。

- 《精益创业》（*The Lean Startup*），作者埃里克·里斯（Eric Ries）。本书的洞见是：如果我们对新产品开发中“到底什么有用”不是很清楚，最好尽早、尽可能多地失败，并从每次的失败中学习，从而朝着更好的方向前进。
- 《人月神话》（*The Mythical Man-Month*），作者弗雷德里克·布鲁克斯（Frederick P. Brooks）。这部经典作品虽然出版于 1975 年，但在今天仍然具有重要的指导意义。书中给出了软件开发的许多基本原则，其中最著名的当数“布鲁克斯定律”：在进度落后的项目中增加人手，只会使进度更落后。
- *Systemantics: How Systems Work and Especially How They Fail*，作者约翰·盖尔（John Gall）。作者风趣地讲述了在开发大型系统时可能遇到的问题，包括机器问题和人工问题。本书出版时间比较久远，市面上已经绝版，但应该能买到二手的。

第2章

开发过程概览

开发一款新产品通常包含四个阶段：

- 构思出一个好创意；
- 计划；
- 设计 / 开发；
- 制造。

当然，每个阶段都由许多任务和子任务组成。这些任务贯穿产品开发的始终，从产品开发开始一直到把产品推向市场。我们的工作就是让这些活动按顺序高效地进行。

比如，我们正在研发一款新产品。第一种做法是，从一开始就计划让产品通过 FCC 标准的第 15 部分（所有在美销售的产品均须通过这项标准），测试产品原型确保最终产品能通过这项认证。第二种做法是，等产品开发完成，再来祈祷产品能通过这项测试。如果没通过，我们就要回过头来重新设计产品。第三种做法是，什么也不做，干等着，直到收到 FCC 的信件，告知我们正在非法销售未经认证的产品。显而易见，第一种做法才是明智的。

一个产品成功的关键在很大程度上取决于我们知道什么时候该做什么事。本章将介绍产品开发中涉及的几项主要活动以及效率最高的做事顺序。顺序太重要了，怎么强调都不为过，产品开发过程中采用合理的开发顺序能够节省时间和金钱，提高产品的成功率。

2.1 不要慌！

你可能在想：“我做的只是小项目，有必要学这些吗？”或者“喂，我之前跟过一些大项目，你是不是漏了什么步骤啊？”

如果你做的产品不是特别复杂，比如只有一个按钮和几个 LED 灯，本章内容可能就有点小题大做了。如果你做的产品超级复杂，比如新型客机，本章内容的分量又有点隔靴搔痒。

马克·吐温曾说："历史不会重演，但总会惊人地相似。"我想，这句话同样适用于产品开发。无论产品简单还是复杂，它们都遵循基本的开发流程；失败的产品往往也遵循特定模式。

产品开发没有唯一正确的途径，每次产品开发都各有不同。本章内容就是创意的大杂烩，本书也一样，你可以随便取用那些有益于你和你的项目的创意。虽然"提前了解需要做的事"和"让风险最小化"等基本原则适用于所有情况，但是在具体实施过程中可能大有不同，对极小项目或极大项目来说更是如此。

2.2 产品开发周期

一个产品从创意到成品涉及各种活动。

图 2-1 是产品开发流程图，四个阶段被分解成更多具体活动。

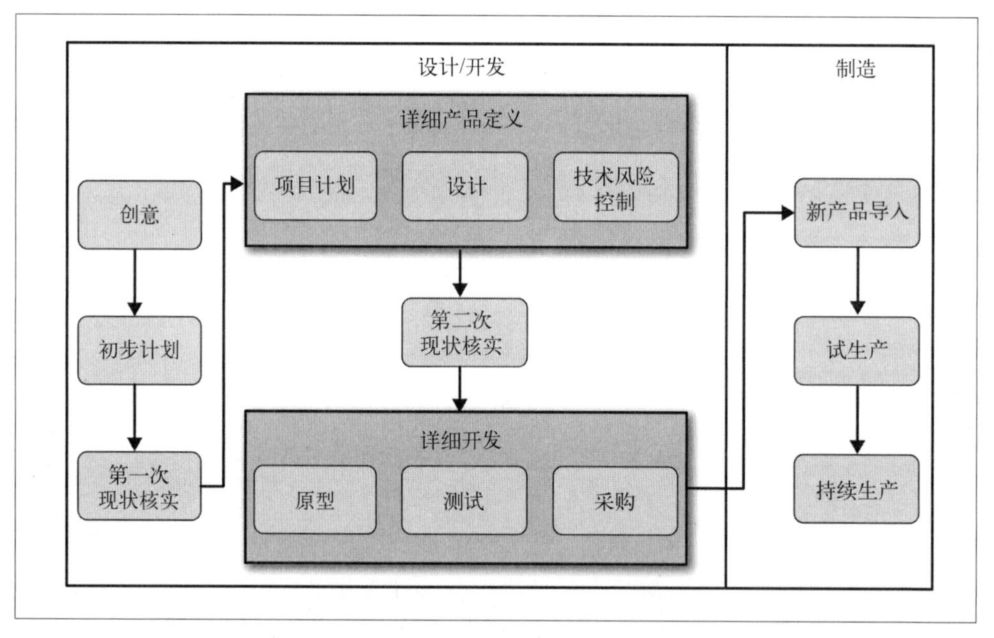

图 2-1：产品开发流程图

在这些步骤中，有些很短，有些很长。有些可能只需几分钟就能搞定，比如几个朋友合伙制造些酷酷的玩意儿，放到电商平台上卖几个小钱。有些可能要耗费几个月甚至几年，比如大公司制造复杂且高风险的设备。如前所述，在实际的产品开发中，根据具体情况，一些步骤可以省略，因为每个项目（以及每个项目团队）都是不同的。

2.3 构思出一个好创意

一个好的产品创意是酷炫想法和某个需要被满足的需求的交集。我认为，如果你平时阅读 O'Reilly 的图书，那产生新颖的想法应该不在话下。对大部分人来说，最困难的是：

- 好的创意能解决什么现实问题；
- 如何改进创意，以更好地解决问题。

请注意，并非所有成功的产品都始于好的产品创意，有些好的产品其想法甚至不是原创的。有些成功的项目仅仅是复制了别人创造的东西，利用毫无创意的优势从中获利而已，比如大公司通过使用更廉价的劳动力降低产品售价，或者通过现有的分销网络获得比竞争对手更多的用户，等等。另一种情况是，有些不错的创意曾经遭遇商业上的失败，后来采用新方法重新包装，获得了成功。实际上，如果你花点时间想想过去几十年中那些获得巨大成功的产品开发项目，就会发现大部分产品开发属于后一种情况。这就说明，将好创意落地实施要比提出好创意更具挑战性。

2.4 初步计划：产品有意义吗

几乎没有什么事能比将大好时光用来尝试没有意义、没有结果的项目更让人糟心的了。耗费的精力本可以用来做其他项目。有句话说得好："我刚才为这件破事浪费的时间再也回不来了！"

因此，我们要聪明点，懂得如何花时间。一旦我们有了一个好创意，首先要做的就是核实现状，了解它是否是我们真正想做的。我们要回答的基本问题是："这个创意真的有意义吗？"或者换个说法："最终获得的回报有可能大于付出吗？"

回报不是一定要用金钱来衡量，但金钱是回报非常重要的一种表现形式。时间宝贵，我们要花尽可能少的时间搞清楚前进的方向是否正确。

从某种意义上说，产品细节在可行性计划的最初阶段就开始形成了，因为在估计成本、市场、时间的过程中，产品的轮廓（特征和功能）会逐渐变得清晰。

2.4.1 毛估

在花费大量时间做市场调查、详细产品计划以及其他我们想要在开发开始前先搞定的活动之前，我们要在初步计划中粗略地回答一些基本问题，以便搞清楚成功的机会有多大。如果成功的概率很小，可以快速抽身而出，避免浪费更多时间。

在初步计划时，要回答以下问题：

- 我们的产品用来做什么？它看起来是什么样子的？
- 有多少人想买这种产品？他们愿意花多少钱？
- 开发这种产品要付出什么代价？
- 制造与寄送这个产品要花多少钱？
- 有什么好方法可以用来推广和销售？
- 有人做过类似的产品吗？他们成功了还是失败了？原因何在？我们的创意和执行力在什么地方可以比竞争对手做得更好？
- 有谁参与这个产品的设计、开发，推广和销售？他们期待得到什么回报？
- 我们需要为这个产品额外募集资金吗？从哪里能够获得所需要的资金？出资方要多少回报？他们提供资助的可能性有多大？

这个活动可能很简单，就跟你平时和朋友、家人、同事一起围坐在桌旁聊天，各自把想法写在白板上一样轻松。如果我们不是这个产品领域的专家，可能还需要与技术专家、市场专家、潜在用户进行简短沟通。在沟通过程中，你可能会有意外收获。通常的情况是，最初的创意可能不怎么样，但是基于新信息做了微调之后就能令人刮目相看了。

此时，重点关注具有潜力的产品是理所当然的，不过要想成功，还需要关注另外一个重要内容，也就是接下来我们要考虑的：将产品推向市场的那些人有什么潜在需求？

2.4.2 为利益相关者设置基本准则

项目的基本准则是利益相关者的目标，应该在初步计划阶段就确定这些准则，这样我们才能知道如何让每个人满意。

在大公司里，这需要充分了解可动用资源（人力、财力等）以及对投入资源所期待的回报（金钱、市场份额、声誉、新技术的经验等）。大公司通常设有专人或委员会权衡产品研发成本和收益，然后决定是否继续推进产品研发的进度。

对那些由兼职或未成立公司的小团队所做的小项目来说，创始人也有类似的期望，他们希望自己投入的时间和金钱能够有回报。这就不容易办了：大公司通常会有一个列表，列出希望新产品能满足的标准；而在小项目中，每个参与者可能凭直觉对产品有不同的期望，他们所希望投入的资源（时间、金钱、专家）也不一样。要让每个人都满意并非易事。

根据我的个人经验，不了解各方的投入意向和期待的回报，是导致项目失败的主要原因。项目就像一段旅程，往往持续几个月或几年。如果团队成员、投资人、其他利益相关者的需求得不到满足，他们就会变得消极。而当利益相关者变得消极，其他人往往也会暴躁起来。因此，在项目开始之前，最好先了解清楚每个利益相关者愿意付出什么以及期望获得什么回报，并且根据可能发生的变数建立一些规则，这里的变数可能是有人怀孕生子、离职跳槽、项目预算耗尽等。了解清楚大家的付出意愿和对回报的期望之后，有两种策略可以把项目和团队需求整合在一起：要么让项目适应团队，要么让团队适应项目。如果项目有多个，而团队只有一个，那么前方的路就很清楚了：既然“吾辈本如斯”（改自 Frank Zappa 的歌词），那最好的办法就是选择其中能激励我们的项目，然后开始做计划，使它能满足我们的需求。

如果团队不止一个，事情就更简单了。比如，我们可以或多或少地根据项目所需的资源选择合适的团队来负责，然后根据团队成员的需求和期望来确定产品开发流程。

2.5 第一次现状核实

在产品开发中，大部分时间花在种好“树”上，有时我们需要后退一点儿，看看整个“森林”：所有部分都很好地结合在一起了吗？此时，我们只有一组“树苗”，它们有可能长成茂密的森林，还是已经开始枯萎了？

稍后我们会知道，想要新产品在技术层面和商务层面都获得成功，通常要在策划层面相当出色才行，而不是只停留在目前所处的这个阶段，隔靴搔痒。但是，在我们开始详细计划之前，应该先做初步评估，判断是否有可能成功。

如果失败显而易见，那我们应该立即停止项目，转而去实现那些更有希望获得成功的创意。如果断定这个创意获得成功的可能性很大，那么接下来将投入更多精力去进一步完善细节，为做最终决策做好准备。

那么，以我们对这款产品的功能、目标用户、生产成本、收益、市场策略、营销渠道和资源的初步共识，开发这款产品有意义吗？成功的概率有多大——很大，零，还是介于两者之间？开发过程看起来像一场冒险，还是难于登天？我们能让利益相关者都满意吗？

多数情况下，我们在分析的过程中很容易发现难题不好解决，遂轻松做出不开发此产品的决策。一款新产品获得巨大成功的情况是很少见的。如果我们相信自己的创意会大获成功，就很有可能陷入危险的乐观主义之中。事实上，夹杂着一丝担忧的乐观才是最理想的。

机遇和风险通常相伴。那么，该如何做决策呢？一位风险投资人曾经对我说过一句很有用的话："如果我否定每个新创意，不做投资，那么 80% 或 90% 的时候我是对的，并且能创下很高的正确率纪录。但这样，我一分钱也赚不到。"

每个新机遇都会有一些风险，我的建议是挖掘那些具有潜在优势、其风险看起来可控的机遇。

如果一切看起来还不错，我们决定继续做下去，那么接下来要做的就是为产品开发创建一套详细的蓝图。

2.6 详细产品定义（意外管理）

开发任何一款复杂的产品都是一件大事。但凡在意回报的项目，投入资源的人都希望准确知道，开发的产品是什么，要花多少时间和金钱才能把这款产品推向市场。

在初步计划阶段，我们做过一个基本调查：这款产品有可能成功吗？而在详细计划阶段，我们希望进一步打磨初步计划，以消除计划中的未知因素。详细计划阶段的首要目标是让项目能够被合理预测，这样我们就能清楚地知道，项目要做什么产品以及将产品推向市场需要花费多少时间和费用了。

> **TIP 无趣也可以是好事！**
>
> 在产品开发中，惊喜多数不是遇到好的事情。详细计划的目的是让产品尽量激发大家的兴趣，而让开发工作尽可能变得无趣。

换句话说，详细产品计划的目标就是最大限度地减少糟糕情况的发生。有时我觉得应该把"详细计划"叫作"意外管理"，这样听起来就不那么沉闷了。

不论怎么称呼这个阶段，以下几项任务是我们要在这个阶段完成的。

- 产品详细定义：产品是什么样的？如何使用？
- 深入详尽的计划：需要做什么？何时做？谁做？根据这些信息，我们可以知道：
  - 开发成本是多少？
  - 开发周期是多长？

- 需要什么资源和专业知识？

- 可靠的财务模型：制造和销售这款产品要花多少钱？
- 了解主要技术和商业风险；如果可以，在这个阶段结束之前，把这些风险降到最低。

在这个阶段的最后，我们应该能够清晰地知道，后续开发后，这款产品和项目会是什么样子。

当然，如果我们完全不了解要做的产品，详细计划是很难做的。因此，在这个阶段，我们至少要完成产品的一个重要部分（尤其是产品规格书 / 需求文档或设计文件）。要想合理评估工作需求，必须知道具体的设计信息。举个例子，我们要设计和制造一个塑料外壳，需要投入的精力和成本就与金属外壳不同。

对那些技术上的未知因素应该如何处理呢？如果我们的产品需要一个 USB 3.0 端口，但开发团队中没有人设计过这种电路，那我们就只能猜测设计和测试这种端口需要花多长时间。但是，若不经调研，猜测结果可能会和实际结果相差十万八千里（USB 确实很不好猜）。

为了减少技术上的未知因素，增强可预测性，通常在详细计划阶段要尽量降低技术风险。

接下来详述在产品设计和降低风险的过程中都应该做些什么。

2.6.1 产品设计

在本书中，产品设计是描述用户如何与产品进行交互的科学艺术，它包括产品颜色、尺寸、人体工学、屏幕、流程以及其他关于产品的描述。

> TIP 有时设计和开发这两个词可以互换，但有时它们的含义有所不同。实际上，产品设计和产品开发这两个词也含糊不清。在本书中，“设计”这个词通常针对产品外观、手感和行为（产品被用户体验到的部分），不是指产品内部那些决定产品外观、手感和行为的“魔法”。而“产品开发”通常指从产品创意到制造的整个过程，更具体地说，是实现产品设计（创造产品内部的“魔法”）的过程。

在这个阶段，设计包括以下内容。

- 用泡沫板或 3D 打印机制作 3D 模型。这些模型不仅有助于我们从潜在用户那里收集反馈意见，而且有助于技术人员提前思考制造这款产品需要解决的机械和电子问题。不过，通常无法仅通过 3D 模型体验到目标产品的所有细节，也无法准确呈现外观颜色。
- 计算机上显示的 2D 渲染图和 3D 渲染图，它们拥有正确的细节和颜色。但这种图无法直接接触，只适合用来展示产品外观。
- 流程图中的用例图：用户使用产品时可能做的每一个任务流程以及用户与产品之间的每一个交互步骤。
- 用例图中显示在软件屏幕上的模型，用来帮助软件开发者了解和评估他们的工作。
- 一个或多个需求文档，用来描述产品必须实现的重要功能。比如，电池需要能支撑产品运行至少一年。

在定义好产品外观的详细特征之后，我们要为这款产品制定边界，将最严重的、后续会反噬的一类未知因素剔除在外。实际上，在后续的产品开发过程中，我们会根据新知识做一些设计上的变动，但目前需要有统一的基准。

产品设计阶段另一大类未知因素是把设计变成现实的技术。接下来介绍降低风险的方法。

2.6.2 降低技术风险

降低技术风险是指把大的技术未知因素拆分成更小的技术未知因素。大的技术未知因素通常是指我们的团队从来没有接触过的那些技术，更可怕的情况是，那种任何人都没有接触过的技术。假如这一类未知因素比预期更具挑战性，或者根本不可解决（比如，需要违反目前我们所知的物理规律），那它们可能会破坏整个项目。

对于大的技术未知因素，降低风险的最好方法是将它付诸现实，缩小产品的规模，去证明它可行。这种设计通常叫作概念验证或原理验证。它一般不是最终设计，而是一个最简单的实现，让我们知道最终设计中需要什么。

例如，我们正在为家用报警系统设计一个靠电池供电的玻璃破裂传感器。这种传感器可能和基站相隔较远，需要通过无线信号把自己的状态传递给基站。当然，这样的传感器需要有非常可靠的射频通信连接。营销人员希望这款传感器是市场上最小型的。电池是电路中的最大部件，微型传感器意味着使用微型电池，而微型电池意味着功耗低，最耗电的部分是射频通信电路。就我们的目标而言，微型传感器等同于功耗低的射频电路。

团队中谁也没有设计过具备这些特性的射频电路，那么如何评估实现这种电路需要付出的努力呢？我们可以先假设微型电池能够正常工作，因为如今的高科技几乎什么事情都能办到，这有何不可呢？但是，如果我们直接使用微型电池进行设计和开发，会发现需要开发出非常复杂的电路和软件，并且所需的时间和金钱远超预期。如果发现微型电池的电量无法长时间为传感器供电而无法使用，我们该怎么做呢？这就是我们需要管理的大“意外”了！

为了增强对项目计划的信心，我们可能会先制造一个由微型电池供电的射频电路，并且仔细对它做测试。测试人员会将这个模型带回各自家里，以测试这个射频电路在多种情况下的连接状态，或者用模拟了射频电路最差状态的模型来测试，因为我们的产品需要适应这种状态。

其实，我们不一定需要自己制造这种射频电路，可以浏览射频芯片数据手册，从中找到符合要求的射频电路（低功耗）。这样或许行得通，但正如哲学家阿尔弗雷德·科日布斯基所说：“地图非领土。”纸上谈兵，遇上真刀真枪未必有用。这是常有的事，最好不要冒这种风险。

在项目前期逐个排除这些会毁掉项目的不确定因素之后，我们对产品开发范围的评估就会愈发自信。在详细计划阶段的最后，假如我们足够聪明和努力，那么对于项目具体要做什么以及开发、制造和销售需要花多少预算，基本上能够猜个八九不离十。

2.7 第二次现状核实：做还是不做

决定为产品开发投入大量精力和资源之前，我们要从全局审视一下，看看一切是否顺利。统计数字看起来还好吗？我们是否仍看好项目的前景？该不该继续做下去？

在这个阶段，基于所有计划，我们应该对以下内容有明确的认识：

- 我们的产品能干什么？
- 产品外观是什么样子？
- 制造这款产品需要什么？
- 制造这款产品要花多少钱？
- 如何推销和销售这款产品？
- 潜在回报是多少？

虽然对这些问题的回答全是猜测，但是比刚有产品创意时要靠谱得多。根据我的经验，在这些详细评估中，关于成本和时间的估计往往偏低。即便经验丰富的评估员，他们的估计也比实际数字低 20%~30%，因为在产品开发中总会出现一些意外情况，不论我们如何努力都无法避免这些意外。所以，在估计开发成本和时间时，最好留出足够的余量，以便能从容应对意外情况的发生。

在判断是否继续向前推进时一定要加倍小心。此时，请一些有经验的人（比如顾问、董事会）帮助自己做这个决定是非常有效的。

他们很可能会提供一些好的建议。对我们来说，通过调研，清晰地表达一个简洁的用例，将项目方案呈现给他人，也会推动项目的进展。我们喜欢自己的创意，也想说服其他人。所以，我们提前评估，反思不足，即那些我们忽略的事情，或不愿意承认的问题和风险等。在说服别人的过程中，我们常常也说服了自己。

在不同的情况下，决策过程会有很大不同，尤其是在确定性和潜在价值之间做权衡时。如果是几个朋友在寻求冒险的机会，确定性就会很低（事情很有可能朝着未曾预想的方向发展），但是产品的潜在价值可能会很高（希望如此！）。而大部分情况下，大企业在意的是高确定性，而他们对潜在价值的预期则是有限的（如对项目利润的估计会过于保守）。

如果我们决定继续往前推进，那现在对于要造什么（产品设计）以及如何推进（项目计划），应该心中有数了。在此基础上，接下来我们就正式进入开发阶段了。

2.8 详细开发

在进行详细开发之前，其实已经有一些开发步骤介入项目了，但现在我们要做的是详细开发，这一步骤会将产品计划正式变成一个可制造的产品。我们将不断制造和不断测试产品原型，让原型不断逼近最终产品，直到具备生产条件为止。对于这个过程，大多数读者可能已经很熟悉了，这里不再赘述。

详细开发阶段包括三项活动：制作原型、测试、采购。我们将进一步讨论这三项活动。第一项活动是显而易见的，但后两项在开发中经常被忽略，所以接下来分别详述这三项活动。

2.8.1 制作原型

描述原型时，产品开发者把它们分成两类，分别称为“功能类似”原型和“外观类似”原型。功能类似是指原型在功能上与最终产品类似。外观类似是指原型在外观上和最终产品相似。显然，如果一个原型既是功能类似的也是外观类似的，那么它与最终产品的差别就不大了。

初始的外观类似原型一般是在详细产品计划阶段创建的。在产品开发过程中，受到工程技术或市场反馈的影响，我们可能想对设计做改动，也会更新外观模型。

初始的功能类似原型一般在面包板上使用各种电子元件和开发工具搭建，如图 2-2 所示，这样做的意图有三个。

1. 在正式设计和定制 PCB 之前，我们可以对所做的电路设计做大量测试和调试。
2. 相比于 PCB，在面包板上进行测试和调试更容易，因为面包板不必进行小型化处理。面包板上有很多空间可以用来安装测试点和其他东西。
3. 基于集成了大部分最终电子设计的原型，软件开发者可以快速着手进行软件开发，而不必等到印制电路板制造出来才开始开发。

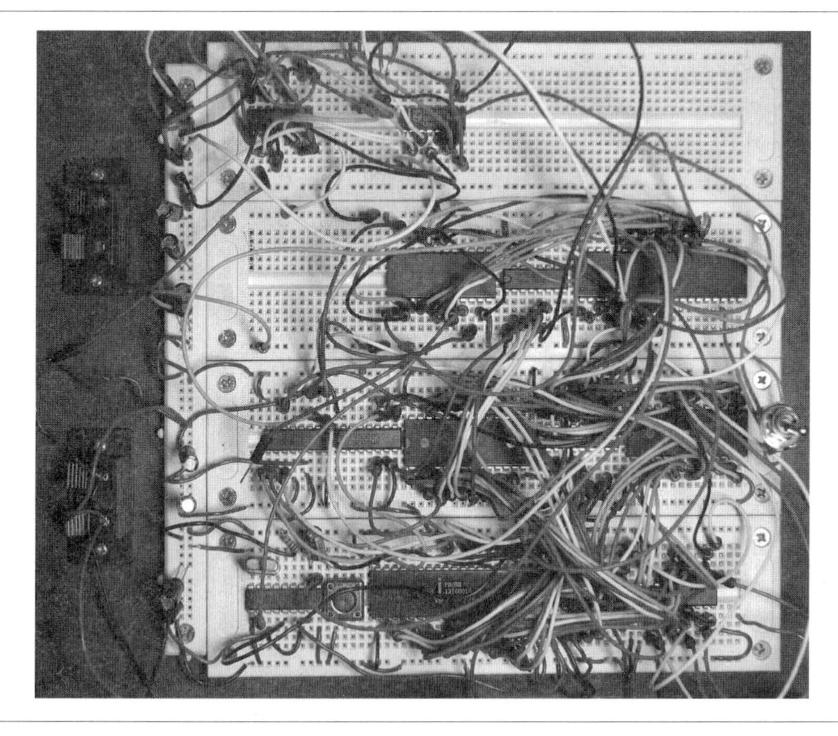

图 2-2：一个搭建在面包板上的电路原型（图片来源：Wikimedia Commons）

面包板之后是功能类似 / 外观类似原型，它们与最终产品更为接近。因为面包板不够灵活，所以我们必须使用可定制的 PCB 来制作功能类似 / 外观类似原型，初始原型可能还有自己的外壳和其他使用3D打印机制作的机械部件。接下来的原型将使用最终材料制作，通常会用到注塑成型工艺，这样我们就可以测试产品的机械特性，检查颜色、尺寸、抛光等是否满足要求了。

每个功能类似/外观类似原型都会被测试和调试，测试和调试的结果用来对原型做进一步改进。这个过程会反复进行，直到我们觉得产品可以正式投入生产为止。简单的产品可能只需要用到一两个功能类似/外观类似原型，而一个小而复杂的设备可能由许多零件组成，有较高的精度要求，比如手机，做这种产品需要用到许多原型，才能让一切符合预期。

2.8.2 测试

我们很容易错误地在开发完成之后才做测试：开发、测试、制造。测试的目的在于找出问题，越早发现问题，改正的成本越低。测试贯穿产品开发的整个流程，甚至在制造过程中也会进行测试，后文还会讲到这点。测试可以划分成几个大类，它们之间存在一定关联：

- 设计确认测试（design verification testing）；
- 认证测试（certification test）；
- 设计验证测试（design validation testing）；
- 制造测试。

设计确认测试有时亦称为工程测试或台架测试，它与开发阶段有关联。设计确认测试用于检验产品的工程设计是否合理（是否符合需求）。通常，设计确认测试会做大量工作，对于那些复杂的产品或需要高可靠性的产品来说，设计确认测试更是名目繁多。从好的方面看，当设计（或产品升级）已经全部完成，可以进入制造环节时，完整的工程测试通常只会进行一次（可能会进行几次单元测试）。

认证测试往往在开发结束时才做，因而我喜欢把它单独列出来。即便如此，仍然可以将其看作设计确认测试的一部分。几乎所有包含电子元件的产品都要做认证测试，以确保它们符合相关法规和标准的要求。常见的法规和标准有针对射频辐射的FCC标准第15部分（强制）和UL安全标准（非强制）。对于那些在其他国家销售的设备，或者高可靠性设备，还有许多其他标准。比如，大部分在美国和欧盟销售的电子医疗设备必须遵守至少18个不同的标准和规定，其中大部分标准和规定要求产品通过测试才能完成认证。

做认证测试时，通常需要把我们做好（或差不多做好）的产品（连同购货单）发送给一个公正的第三方测试机构，他们将根据相关法规和标准测试产品的安全性和性能。如果产品通过了测试，我们就能拿到认证证书。如果认证失败，我们必须重新调整设计，并再次申请测试。通过认证测试相当重要，后文将介绍有哪些测试是可以提前做的，这可以帮助我们减少认证失败的风险，降低重新设计的可能性。

TIP 设计验证测试有时用来验证产品的设计（外观、手感、可用性等）是否正确以及产品投入市场后能否实现预期用途。标准的设计验证测试包括把产品原型或成品发给潜在用户使用，了解他们能否使用这款产品完成想做的事情。在整个产品开发周期的不同时间点上，我们都会做设计验证测试。

最后，假定产品的工程设计是正确的，在此前提下，制造测试（生产测试）确保产品能够被正确地制造出来。在生产过程中的一个或多个时间点上，我们会做制造测试，以保证生产出的产品都是合格的。

下面举例说明设计确认测试和制造测试的差别。在设计确认测试阶段，我们会尽量测试嵌入式软件的每个特征和功能，检查软件代码的编写是否正确。但是，在制造测试阶段，我们会假定软件代码的编写都是正确的，我们只想确认软件能否正常加载（比如，通过回读加载之后的校验和）。

别担心，一切并没有听起来那么复杂。好消息是，制造测试在很大程度上只是设计确认测试的一个子集，因而它们之间有重叠的部分。但是设计确认测试和制造测试在一些方面有很大不同。设计确认测试在一段时间内只做一次（比如在制作新原型时），通常由训练有素的工程师或技术人员负责实施，当测试结果不符合预期时，他们知道该做些什么。而制造测试可能由工厂的工人负责实施，他们对每个生产出来的设备进行检验，可能每天要检查几千台设备。只要不发生预期外的情况，一般就不需要设计工程师到现场处理。所以，制造测试实施起来非常快速和轻松。

就简单的产品来说，制造测试可能很简单，只需要打开制造好的设备，按几个按钮观察设备能否正常工作即可。而对于有一定复杂度的产品（比如医疗器械、汽车、防空设备、航天应用）来说，开发自动制造测试系统需要付出的成本几乎与开发产品本身一样多。

2.8.3 采购

原型的采购活动和产品的采购活动不同，但相互之间也有联系。

显然，为产品做采购要付出更多精力和努力，采购量一般也远多于原型，要考虑的问题也很多，比如零件供应渠道是否稳定、库存管理是否规范、付款条件是否合理等。

为原型采购零件往往比较随意，比如在网上订几个零件，输入信用卡号，一两天后零件就送到眼前。好像没什么可担心的，是吧?

事实并非如此！为原型采购零件是需要花一些心思的，零件买得太随意可能会让产品开发陷入困境。这个过程中有如下两个问题经常被忽略。

1. 原型中的零件应该可以用在正式产品中，这就需要采购者认真选购了。在为一个产品订购零件时，我们最不想听到的是原型中使用的那款 LCD 已经买不到了，这很可能意味着一切要从头再来。
2. 许多零件的交货期很长，有时从下单到拿到手要好几个月，尤其是那些全定制或半定制的零件。所以，我们有必要提前订购所需零件，以便让这些零件能够及时到位，不要等到开发完成了订购的零件才来。否则，从开发完成到开始制造可能要往后延迟几周甚至几个月，只为等那些零件到位。

一旦拿到所有需要的零件，我们就可以开始下一段的冒险旅程了，即把这些零件组装成可以销售的产品。

2.9 制造

那些刚接触产品开发不久的新手往往把工厂看作“会魔法的产品复印机”，我们把自己的产品原型发给工厂，它们会制造出一模一样的产品。

事实并非如此，根本没有什么魔法，完全是辛勤劳动的结果。

第 3 章将会讲到，制造是个复杂的过程，包含许多步骤，有很多地方容易出错。而容易出错的地方就一定会出错，当进入生产环节后才发现有问题急需矫正时更是如此。

为了找到问题并予以修正，首先要做两项活动：新产品导入和试生产。下面分别介绍这两项活动。

2.9.1 新产品导入

新产品导入（new product introduction，NPI）流程的目标在于确保最终产品原型（由有经验的技术人员手工制造和测试完成）能够在工厂中由机器和工人（工人接受过一定的训练，并且分布在世界各地）顺利进行大批量生产，并保证生产成本控制在合理范围内。

（这个过程中可能会出现什么问题呢？）

在最简单的情况下，比如小批量生产，产品开发者和制造者是同一拨人。他们了解组装和测试产品的所有“招数”，当发现更好的生产方法时，他们能够及时调整生产工艺。在这种情况下，NPI 真的不难，制造产品就像大批量生产产品原型一样。正因为如此，有时也把这种生产方式称为“原型生产”。

倘若把生产外包，情况就会有很大差异。此时，在 NPI 中有很多新因素，比如新面孔、新工序，甚至可能还有新语言。整个过程会变得很有趣，此时可能需要参与者付出极大的努力，才能将设计师和开发者脑中对产品的所有认知化虚为实，变成详细、明确且通俗易懂的产品介绍和可靠的制造流程。

根据产品组装和测试的复杂程度，NPI 涉及的面很广，设计师和开发者和工厂员工之间的交流互动也会比较频繁。比如一款只包含一个电路板和一个简单卡扣式外壳的产品，与之相应的 NPI 可能只需要一天。如果是比较复杂且重要的机电产品，像助搏器（通过泵血刺激微弱的心脏跳动），NPI 可能要花几周甚至几个月。制造和组装这种复杂系统很容易出错，因而需要及时发现问题并进行修正。在这种情况下，通过产品故障来发现问题真的是一场灾难，性命攸关，不容小觑。

有了一套能够帮助我们以最小成本实现大批量生产的制造流程后，接下来就要开始制造第一批产品了。

2.9.2 试生产

一款产品的第一次制造生产常称为试生产。试生产是一次针对我们希望作为标准的制造流程而进行的“模范生产”，生产出来的这款产品应是可销售的。但试生产与其他生产的不同点在于，试生产需要精工制作，而且会被用于评估产品制造流程及经此流程生产的产品的质量。

我们必须仔细审查生产过程，以找出那些效率低下的环节以及有可能导致产品不合格的因素。

我们必须认真检查第一批下线的产品。除了测试功能，还要检查各种机械公差以及焊接质量（比如电路板上的焊剂残留）等。这个过程通常称为“首件检验”。

此外，有些测试在实际产品上要比在产品原型上得到更好的结果，其中两种常见的测试是可靠性测试和认证测试。

可靠性测试在成品上的测试结果与在实验室原型上的测试结果可能有很大不同，造成这种差异的原因可能只是细微的组装差异，比如回流焊的温度差异。

就认证测试来说，第三方测试机构可能会要求我们提供根据标准生产过程生产出来的产品作为最终测试样品。有时他们还会检查产品的生产过程。

2.9.3 持续生产

在生产开始甚至试生产之后，生产就是学习和改变的过程，有时甚至是一个淘汰零件的过程。

随着一路解决遇到的各种问题，生产变得更容易预测，这种状况大家肯定都喜闻乐见。但是，此时仍未到设计师和开发者可以完全放松的时候。事情还可能会有变数，我们需要随时关注。

零件可能超期了，或者出于各种原因零件供应不稳定。无论哪种情况，我们都需要重新设计产品，以便采用新的零件。

此外，我们也许要重新改造产品的内部结构，以便削减成本。当我们进行大批量生产时更是如此，省下来的支出可以直接抵掉重新开发的成本。

降低成本的方法通常有使用更便宜的零件、降低组装难度和增加产品可靠性（在保修期内降低退货率）。提高产品可靠性的方案，通常需要基于产品投产一段时间后出现的产品问题的统计分析数据而定。

2.10 总结与反思

虽然我们的产品开发流程图上使用了不少漂亮的方块和线条，看起来泾渭分明，但实际上没有一个项目能在活动或步骤间的过渡有如此清晰的边界（尽管发给管理层看的文书上总是这样宣称）。过程中总会出问题，及时处理就可以了。总之，通过详尽的计划，将每个阶段和每项任务都落实到计划里，并以最高效的方式安排每一项活动的顺序，就可以减少后期的工作量，削减开支，减少很多痛苦。计划过程不可能根除项目中不好的东西，但它绝对能够帮我们辨明前路——究竟是有惊无险还是死路一条。

既然我们已经知道“方块”是什么以及如何把它们连接起来，接下来的四章将详细讲解以下内容：

- 初步计划；

- 详细定义；
- 详细开发；
- 生产制造。

讲解这些内容时我们不会严格按照上述顺序进行，而会从生产制造讲起。拥有一点儿制造过程的知识，就能更好地了解并掌握有关设计和开发的内容。讲完制造知识之后，我们再依次讲解其他内容。

2.11 资源

要学习更多与本章内容相关的知识，最好的方法是学习后续章节。本章只是简略地介绍了有关产品开发的内容，更多相关内容，后续章节将详细讲解，也会视情况分别附上其他有用的资源。

第3章

如何制造电子产品

20 世纪 80 年代，我的一位朋友进入一家知名的美国汽车制造公司担任工程师。她接到的第一项任务是解决一个小问题：先前的设计中，引擎里的一个零件只有被安在引擎里的正确位置上时，才能和引擎适配。然而他们没有办法在生产过程中将这个零件装到引擎里的正确位置上去。这就导致工厂无法生产出引擎。

哎呀！

当时的美国汽车行业中粗制滥造大行其道，在那个年代，要将这种设计失误记下来作为后来者的教训还是颇容易的。我敢说这种事在今天的汽车工厂里很少会出现，这得益于更好的 CAD 工具、快速成型技术和更智能的工艺流程。但是在产品开发中，各种“这东西我们做不出来”的情况一直会发生，为了解决这样的问题，必须重新设计和开发，而这会付出巨大的代价，也让我们感到沮丧。

本章介绍工厂在生产包含电子元件和简单机械零件的设备时所遵循的总体流程，这样的设备有计算机、智能手机、可穿戴传感器等。其实，拥有更复杂的机械部件的产品，比如汽车或心脏起搏器，也遵循类似的流程，只是要更复杂一些。

制造是产品开发周期的最后阶段，我把相关内容提到前面，放在这里介绍好像有点不合适。但这样做是有原因的：在产品开发中，不了解（或者不太关心）制造过程是导致开发不顺利的最重要原因之一，这通常会引起一些问题：

- 产品无法生产，或者生产成本大幅增加，因为需要投入更多精力和时间；
- 削弱产品的可靠性（比如，电缆无法插入插座会自行脱落，或电路板上的缝隙会藏污纳垢，等等）；
- 产品推出后不久需要重新设计，因为有些零件很难获得或者根本无法获得。

这些问题在很大程度上可以通过做可制造性设计和可装配性设计（design for manufacturability and design for assembly，DFM 和 DFA）来避免。第 6 章将介绍一些有关 DFM 和 DFA 的实操活动，但是在很大程度上，接受 DFM 和 DFA 是设计师和开发者应该在整个开发过程中具备的心态。反过来，成功的 DFM 和 DFA 要求产品设计师和开发者了解产品的制造过程，在产品开发期间，他们应该和制造厂一起工作，确保产品生产时不会出现问题。

这里说明一点：DFM 和 DFA 既可以指那些提高可制造性和可装配性的一般活动，也可以指特定的优化方法，杰弗里·布思罗伊德（Geoffrey Boothroyd）和彼得·杜赫斯特（Peter Dewhurst）在这方面处于领先地位，第 6 章将讲解相关内容。本书中这两个术语包含这两种意思，至于到底是哪种含义，大家可以根据上下文推断得出。

我之所以把制造过程放在前面讲，是为本书讲解的开发过程提供语境。

还有一点需要指出，本章主要讲解电子制造的相关内容，机械制造的相关内容将在第 6 章中讲解。做这样的拆分最重要的原因是电子产品的机械装配相对简单（想想智能手机和电视），并且机械过程中很少会出现问题。根据我个人的产品开发经验，电子产品制造和整机装配（组装整个系统）通常在同一个工厂进行，所使用的机械零件由外部供应商提供。

随着时间的推移，复杂的机电产品（比如机器人）变得越来越重要，这些产品涉及大量有挑战性的机械组装。但是对于不同的机电产品，组装时用到的技术和工序有很大差别；而对于不同的电子产品，它们的制造过程往往很相似。对于电子产品的制造过程，一章就能讲解得比较透彻；而对于复杂的机电产品，通常需要一整本书才能把制造过程讲个大概。所以，如果你要制造类似于智能手机、电视这样的电子产品，本章内容能够帮助你很好地了解整个制造过程。如果你制造的是类似于机器人的大型机械产品，本章内容只能作为一个起点，毕竟机器人的制造过程要复杂得多。

好了，话不多说，我们开始正式学习吧！

3.1 制造概述

原型的组装过程往往比较混乱，尤其在产品开发早期。相比之下，产品制造过程有着一系列很好区分的步骤。

对制造的了解在很大程度上指的就是对这些步骤的理解。首先介绍中等产量（每年生产 1000~10 000 件）产品的生产流程，然后介绍在更大量与更少量生产中会有什么不同。

图 3-1 展示了标准生产流程。大部分产品的生产流程相当类似，而不同产品的生产流程中可能会存在些许差异。

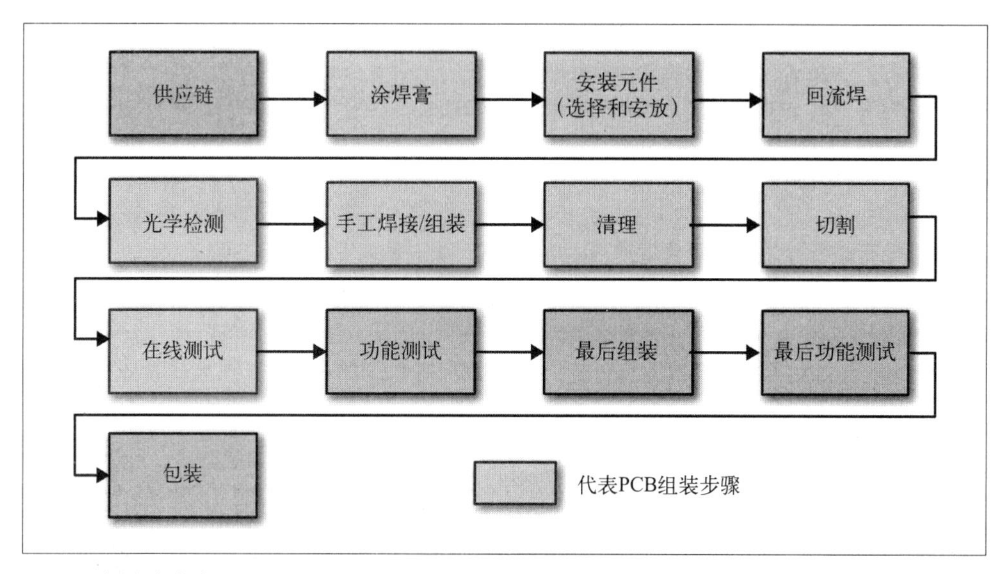

图 3-1：标准生产流程

请注意，生产通常是成批进行的，比如一批是 100 个，这 100 个先通过步骤 1，再通过步骤 2，以此类推。

下面详细介绍每个制造步骤。

3.2 供应链

一说到工厂，我们自然会想到生产某种东西。但是生产中最困难的环节通常不是生产元件，而是把生产需要的所有元件按期备齐，这样生产才能进行下去。生产时所需要的元件一般由供应链来保障。

产品设计师和开发者往往把供应链看得很简单，认为他们不过是些订购元件的人，但是实际上订购元件远比我们想的难。一款产品一般由几百个元件组成，有的甚至有几千个元件，这些元件必须如期备齐，以便制造产品。哪怕有一个小小的电阻缺失，生产也无法正常开展。

不仅所有生产所需元件需要按时到位，而且这些元件要尽可能价格低廉。从表面上看，相关工作人员只要找到价格合适的元件，然后下订单即可，但在实际操作中比这复杂得多。在这个过程中，供应链上的工作人员面临着多个挑战。

- 元件来自多家供应商，经常有几十个供应商为一款产品供应元件。
- 通常元件购买支出占产品总成本的最大头，采购者需要跟供应商协商争取一个好价格，不然就会产生不必要的成本支出。
- 某个元件供应商突然中断供货（比如经销商把所有存货卖给一个大客户或地震造成工厂停工等），这时必须尽快找到其他供应商，以免影响正常生产。

- 所用元件可能被淘汰。供应链的工作人员需要负责找到合格的可替代元件，并且可能需要参与工程师修改元件的重新设计工作。
- 元件的交货期不一样。常见元件可能第二天就到货，甚至当天就到，但是有些元件（比如定制的LCD）可能要等上几个月。更糟糕的是，如果发现到货的LCD有缺陷，可能还需要再等上几个月才能拿到合格的元件。
- 确保元件是正品。市面上会有一些品质低劣的货源，可能会引发安全性和可靠性问题。如果发货的产品包含劣质元件，可能会导致产品召回或惹上其他麻烦。

针对上述问题，你可能已经想到了一种简单的解决办法，那就是在项目开始时就订好生产需要用到的所有元件，然后把它们存放在库房中，这样生产时可以直接从库房取用已经备好的元件，这样就永远不会出现元件供应中断的问题了，因为所有元件都可以随时从库房中取用。但是，就财务和管理来说，“库存”并不是个好词，因为库存一般是需要花钱买来的（至少是赊账屯下的），而且在做成成品之前，这些元件无法直接带来任何收益。换句话说，库存就意味着把投入的资金摆在货架上，不但无法产生收益，而且占空间。从财务和管理的角度看，最理想的情况是元件到达的当天就投入使用，它们存入库房的时间最多几个小时。

实际上，库存管理是一件劳神费力的苦差事。我们也许可以存放可供几天生产的元件库存，以便元件的供应不中断。而那些比较少见的元件可存放较大量的库存，因为供给链断产生的风险也相应较高。

制造商和分销商进行各种谈判，一方面要确保所需元件能够正常供应，另一方面要尽可能地减少购买支出。多数情况下，我们能与元件供应商达成交易，确保元件稳定供应的同时，又不会积压大量库存。

在元件供应问题解决之后，我们就有了生产所需的所有元件，接下来就要开始生产了。

3.3 制作电路：PCB组装

本书所涉各种产品中，电子元件是产品的心脏。电子元件非常重要，首先解释几个术语，再深入讲解与电子元件相关的一些细节。

把电子元件焊接在印制电路板（printed circuit board，PCB）上就形成了电路板。人们把这个过程称为“印制电路板组装”（printed circuit board assembly，PCBA），有时也称为“印制电路组装”（printed circuit assembly，PCA）。在图3-2中，上图是PCB，下图是上件之后的电路板（把电子元件焊接到PCB上形成的电路板）。

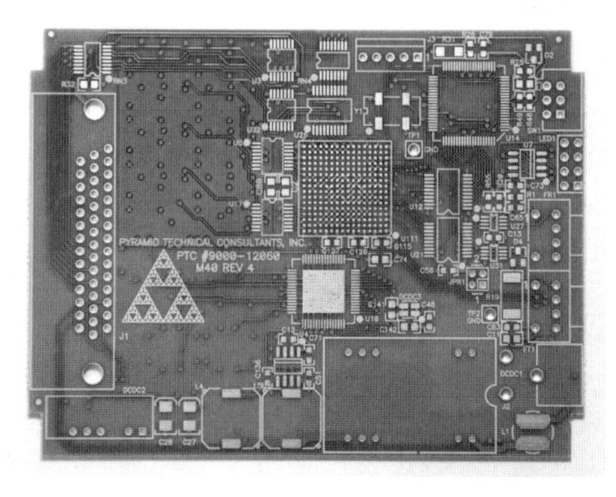

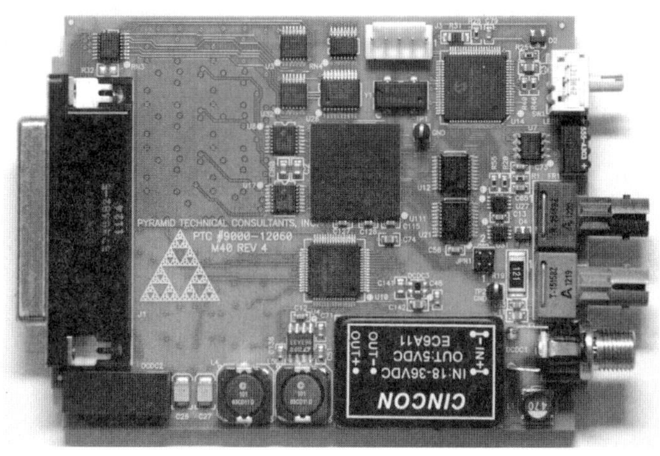

图 3-2：未上件的裸板和上件后的 PCB（图片来源：Pyramid Technical Consultants）

有时，人们用 PCB 这个词指代 PCBA，这多少让人感觉有点儿混乱。至于 PCB 到底是指裸板还是上件之后的电路板，则要根据它所处的语境来判断，PCB 在具体语境中的含义是明确的。在本书中，PCB 仅指未上件的裸板，而 PCBA 指上件之后的电路板。但是在实际使用环境中，如果你觉得某个缩写的含义不够清晰，最好直接跟相关人员问清楚。

PCB 是定制元件，需要向特定供应商订购，供应商会根据产品开发者提供的 CAD 文件进行生产。把电子元件组装到这些板子上的过程称为 PCB 组装，这个名称听起来很乏味。这个过程听起来也许很无趣，但如果运气不好，实际组装过程就变得很“有意思”了呢！

PCB 组装有几个目标：

- 所有元件位置正确，方向正确；
- 每个元件的针脚被完全焊接到指定的焊盘上；

- 不存在容易引起问题的多余焊锡，比如将元件间距缩短（使用元件插脚或其他导线将那些本不需要用焊锡连接的元件连接起来）；
- 不存在其他多余物，比如制造中使用的溶剂或助焊剂，这些东西很容易引起问题，可能让不该导通的地方导通或造成腐蚀，等等。

哪怕数量很少，PCB 组装都几乎完全是自动的。组装线的一端送进 PCB 和电子元件，组装好的电路板从另一端出来，整个过程几乎不需要人工干预。

组装过程的第一步是给 PCB 涂焊膏。

3.3.1 PCB组装：涂焊膏

焊锡是一种金属合金，用于电气上和机械上把金属部件焊接在一起。借助焊锡可以把电子元件针脚和 PCB 金属焊盘牢牢地焊接在一起，同时保证有良好的导电性。焊膏是超细焊锡粉和液态助焊剂混合而成的黏稠物，助焊剂用来清理金属表面的腐蚀物和污物，以便形成好的焊点。

PCB 组装过程的第一步是在 PCB 的正确位置上涂适量焊膏。这道工序要用到焊锡模板，而模板需要根据设计的 PCB 进行定制。焊锡模板是薄薄的金属片，有许多孔洞，焊膏通过这些孔洞涂到板子上（比如，每个焊盘会焊接到一个元件引线上）。图 3-3 展示了一个焊锡模板。

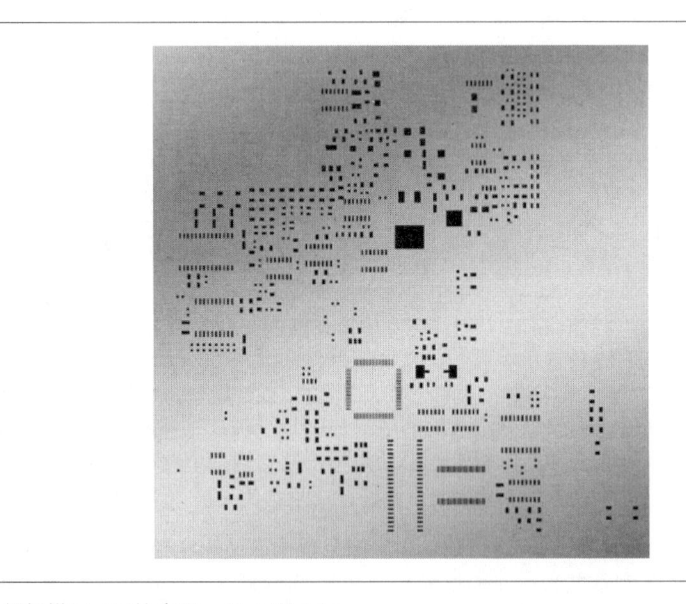

图 3-3：焊锡模板（图片来源：Alan Walsh）

模板精准地贴合到电路板上，刮刀均匀地将焊膏涂抹到模板上，然后移走模板并做清理，这样就在电路板的正确位置上涂上了适量焊膏。在图 3-4 中，一个自动刮刀正在为电路板涂焊膏。因为模板是银灰色的，所以灰色焊膏填充模板孔洞的过程不太容易在图中看出来。

图 3-4：涂焊膏（图片来源：Alan Walsh）

至此，焊膏已经涂好了，接下来该在电路板上安装电子元件了。

3.3.2　PCB组装：安装元件

接下来的步骤是把每个电子元件安装到 PCB 合适的位置上，这项工作通常由贴片机完成。待安装的元件通常由带盘提供，也就是说，这些元件是带盘式包装的。在图 3-5 中，可以看到贴片机正在使用的几个带盘。

图 3-5：贴片机中的元件带盘（图片来源：Alan Walsh）

图 3-6 是带盘上电阻的特写。载带的每个凸起的小容器里都有一个元件。每个容器都用盖带密封着，等到贴装元件时盖带才会除去。

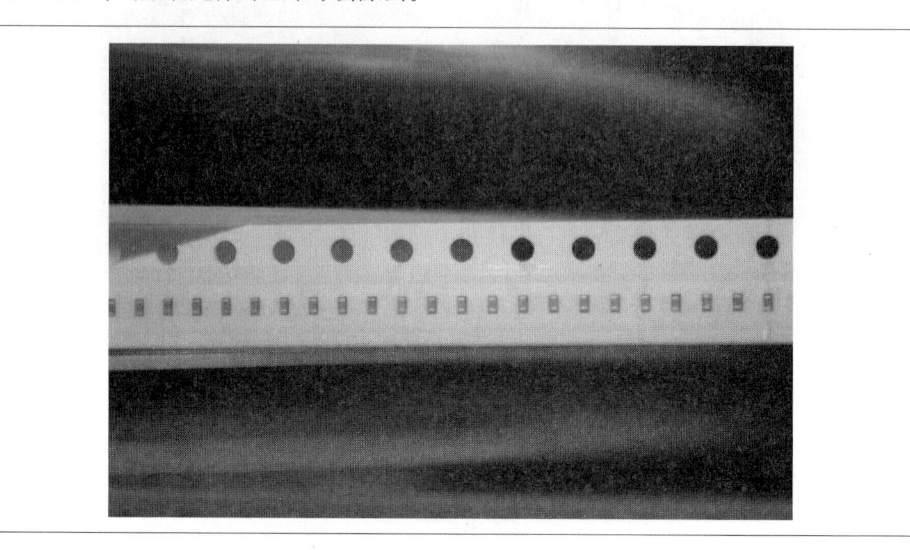

图 3-6：带盘上电阻的特写（图片来源：Alan Walsh）

贴片机不光要求提供的元件正确，还需要清楚各个元件贴装的位置。这通常要借助 CAD 数据和物料清单（元件列表）实现，后者也是由电子 / PCB 设计软件自动生成的。

图 3-7 展示的是管状包装和托盘包装，它们有时用来取代带盘为贴装提供元件。管状包装和托盘包装通常没有带盘那样顺滑，具体取决于特定的贴装方式。若选用管状包装或托盘包装，最好提前与负责生产产品的工作人员一起研究是否合适。

图 3-7：管状包装和托盘包装

贴装元件时，贴片机先确定 PCB 的位置，然后使用小吸盘拾取元件，把元件安放到 PCB 指定的位置后释放吸盘。图 3-8 展示的是正在工作的吸盘。元件下方的焊膏充当黏合剂把元件临时固定在原位，后面通过回流让焊膏固结。在某些情况下，如果焊膏不足以固定住元件，贴片机可能会放点黏合剂固定元件。

图 3-8：正在工作的吸盘

贴片机速度快，动作精确，每分钟最快可以贴装几百个元件，但是这么快的速度也意味着我们要付出一些代价。第一个问题是，贴片机仅适用于表面贴装器件，不适合原型中常用的尺寸较大的穿孔式元件。穿孔式元件通常是手工安放和焊接的，这比自动的表面贴装器件工艺成本高。把穿孔式元件换成表面贴装器件中等效的元件通常不会有什么大问题，但是这需要在 PCB 设计过程中就考虑到。

第二个问题是在贴片机工作之前必须把所有带盘（或者塑料管、托盘）装载到贴片机中，这需要花点时间。不管我们要组装的电路板是 1 个还是 1000 个，安装时间都一样，所以几次大批量组装要胜过多次小批量组装。

第三个问题是贴片机可以安装的带盘数量是有限的，从 20 个到 100 多个不等，具体数量取决于贴片机的型号。如果我们需要的元件种类超过了贴片机所支持的最大带盘数，那么我们必须让电路板多次通过贴片机，以便安装好所有元件。为了解决这个问题，最好的办法是在产品设计与开发中多使用相同元件，以此减少所需要的元件种类。比如，我们可以试着对几个电阻的阻值和大小进行标准化，通过这些电阻的并联或串联来得到所需要的各种阻值。

第四个问题也许最让产品开发新手感到意外，我们有时只能以带盘为单位购买元件，而可能只需用到其中一小部分，即使这样也要购买一整盘元件。一般来说，一个带盘所装载的元件数量从几百个到几千个不等。一整盘电阻可能有 5000 个，但是由于电阻很便宜，每个电阻只需要零点几美分，所以一整盘还不到 10 美元，开销并不大。但是一个装载有 500 个 GPS 芯片的带盘，如果每个 GPS 芯片按 12 美元计算，购买整个带盘差不多要花 6000 美元。即使我们只用其中的 100 个，也必须花 6000 美元买下整个带盘。这样算下来，平均每个 GPS 芯片就是 60 美元了，除非我们的供应链工作人员能够想办法把剩余元件转卖给别人。

针对上述问题，元件经销商提供了一种变通方法（但这个方法并非永远行得通）。他们可以根据我们需要的元件数从带盘上切一部分卖给我们，或者专门为我们制作一个小带盘。如前所述，对于管状包装或托盘包装的芯片，其购买数量是可以指定的，但是并非所有贴片机都满足这样的条件。

现在，我们有了 PCB、焊锡和元件，接下来就可以把这些“材料”混合起来，然后放入“烤箱”进行“烘焙”了。

3.3.3 PCB组装：回流焊

回流焊的作用是把焊膏固化成焊点，从而把元件焊接在 PCB 上。其中，包含对 PCB 加热以及两个步骤：

- 使助焊剂起效，做好清理工作，然后蒸发掉；
- 熔化底层焊膏，然后冷却，使之凝固成块，把元件引脚焊接到焊盘上。

这个过程不是简单地把电路板加热到特定温度再冷却，实操起来要复杂得多。加热与冷却的过程中要做到：

- 元件加热和冷却不可过快，温度冲击会导致失败；
- 高温时，助焊剂有足够的时间做清理，然后蒸发；
- 热量有充足的时间渗透到整个电路板表面，让整个电路板达到指定温度。如果热量未能充分渗透到电路板，电路板上的某些元件可能无法获得足够热量以产生良好的焊点。

图 3-9 展示了回流焊期间温度随时间的变化关系。

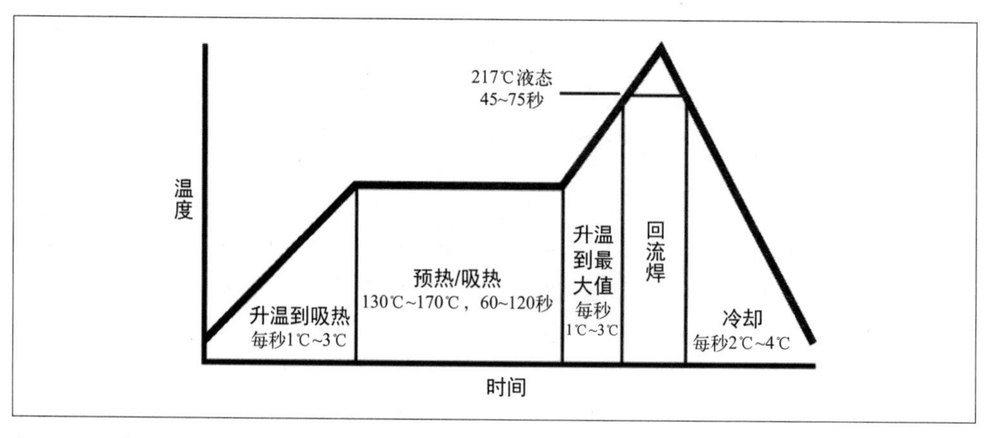

图 3-9：回流焊期间温度随时间的变化关系

回流焊用的是回流焊炉，回流焊炉是可编程的，它会根据所使用的焊膏类型和其他因素设定相应的温度曲线。除了可编程，回流焊炉还必须确保对每个电路板均匀加热。一般加热采用的是高温气体（空气或氮气），也可以使用其他方法。在实际生产环境中，回流焊炉尺寸多样，主要取决于产量，小批量生产所用的回流焊炉很小，像一台微波炉；用于大批量生产的大型回流焊炉拥有持续的生产能力，如图 3-10 所示。

图 3-10：大型流水式回流焊炉，顶盖处于打开状态（图片来源：Alan Walsh）

大型商用回流焊炉能够连续不断地对电路板做回流焊接，电路板通过传送带源源不断地输送到回流焊炉（并非一次传送一个批次）。这种回流焊炉拥有多个区域，并且这些区域可以独立设置温度，从回流焊温度曲线中可以看出这一点。仔细观察图 3-10，在顶盖之下，可以看到风扇后端向外凸出，这些风扇会吹动空气，使相应温度区域中的温度保持均匀。

当电路板从回流焊炉中出来，电路板上就会出现成百上千个新的焊点。这些焊点都是好的吗？所有元件都准确地焊接到指定位置上了吗？有时未必那么幸运，我们最好检查一下，这就是接下来要做的事情。

3.3.4 PCB组装：光学检测

当所有元件都焊接完成后，电路板就放到自动光学检测机（automated optical inspection，AOI）中，检查电路板上各个元件焊接得是否合适以及焊接位置是否正确。经过这道工序，所有位置或方向不对的元件都会被检查出来，可以手工修正或者直接报废。例如，在图 3-11 中，可以看到 AOI 的检测结果呈现在操作员面前的屏幕上，AOI 发现一个元件与上一个电路板有所不同，将其放大显示，然后请技术人员检查并回答这个问题：是元件的安装方式有问题，还是特意修改的？

图 3-11：AOI 的结果呈现在屏幕上（图片来源：Alan Walsh）

这次检测出的“异常”是正常的：所标记的元件（电阻网络）是由多家供应商生产的，这一次生产启用了一家新的供应商。标出的问题是在这个元件上印制“103”时所采用的字体与之前 AOI 看到的有所不同。如果让 AOI 记住这种新样式的“103”，在以后进行的 PCBA 中，这个元件就不会因为同样的原因而被标记出来了。

请注意，虽然这不是什么大问题，但有时这些小问题会使生产中止，AOI 操作员需要与设计和开发部门的负责人进行电话沟通，确认一切正常之后，才能继续生产。在有些情况下，一些不太负责的 AOI 操作员在遇到问题时不会与相关人员沟通，他们觉得这些问题无足轻重，而实际上这些问题可能非常严重，最终会导致生产出一大批劣质电路板。在产品生产中，每个细节都至关重要！

当然，对带有不可见焊接触点的元件做检查可能会很难。最难检查的是采用球栅阵列（ball grid array，BGA）封装的芯片，这种芯片中不可见的焊接触点数超过 1000 个。图 3-12 是一个小型 BGA 的底视图。

图 3-12：球栅阵列（BGA）底视图（图片来源：Wikimedia Commons）

图 3-13 是一个中型 BGA 元件的 PCB 封装，拥有几百个焊球。当这些焊点位于正方形板之下时（BGA 封装），其检查难度可想而知。

图 3-13：中型 BGA 封装（图片来源：Pyramid Technical Consultants）

可以使用专门定制的 2D 和 3D X 射线系统来检查这些不可见的焊点。图 3-14 是回流焊接后的 BGA 在 X 射线下的部分影像。图中粗箭头所指的锡桥把两个触点意外地焊接在了一起，对于存在这种问题的电路板，要么手工修正，要么报废。

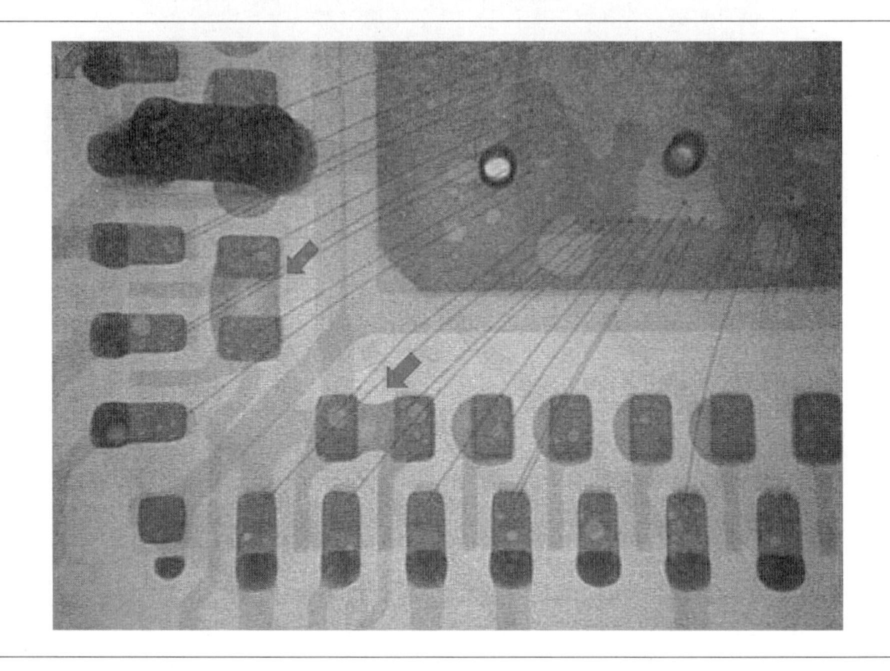

图 3-14：BGA 在 X 射线下的部分影像（图片来源：Lightspeed Manufacturing）

请注意，并不是所有工厂都有 X 射线系统，选择产品制造商时要注意确认这一点。

至此，我们通过自动化手段完成了 PCB 组装的大部分工作，并把这个过程中出现的所有瑕疵记了下来。接下来，我们将使用“最精密的机器”（人类）去完成那些机器无法代劳的组装工作。

3.3.5 PCB组装：手工焊接/组装

多数情况下，某些电路板的组装工作只能靠手工完成，比如：

- 对 AOI 标记出的回流焊存在问题的元件进行修复；
- 电路板开始制造后需要修改设计，比如电路板的迹线可能被切断以及添加连线改变电路通路，图 3-15 是修改时添加连线的例子；
- 使用手工焊接那些不适合用回流焊焊接的元件，比如穿孔式元件以及电池等对温度敏感的元件；
- 在 PCBA 上手工组装机械元件。

图 3-15：修改 PCB

如前所述，手工组装要比机器组装成本高，因而设计师和开发者总是想方设法减少产品制造中需要使用人工进行组装的元件数量。即便如此，在 PCB 组装中，有些手工作业还是无法避免的。比如，供终端用户使用的连接器（如 USB 连接器）常常是穿孔式的，而非表面贴装器件，穿孔式连接器更经久耐用，磨损后从电路板脱落的风险也更小。

至此，我们已经把电路板全部组装好了。如果后面测试中发现问题，就需要返厂修正。在接下来的两道工序（清理和切割）中，我们要为把 PCBA 组装成产品做准备。

3.3.6 PCB组装：清理

好的 PCBA 必须是干净的。做完 PCBA 后，最好对其进行清理，以便移除那些回流焊过程中未烧掉的助焊剂。残留在电路板上的助焊剂可能会产生腐蚀，不必要的电路通路可能会损害整个电路的可靠性和性能。

有些助焊剂是“免清理”的，即便残留在电路板上也不会产生腐蚀，当然也不会导电。尽管如此，最好还是要进行清理，因为它们仍可能对高敏感与高速电路产生不良影响。

3.3.7 PCB组装：切割

在产品制造中，把多个电路板放在一整个板子上进行制造和组装通常是最经济的做法，组装好之后，再把它们切割成一个个单独的板子。每个板子上电路板的数量取决于 PCB 制造商和装配商所支持的尺寸、每个 PCB 的尺寸以及其他一些因素。比如一块 18 × 24 的板子最多能容纳 20 个 2.5×5 的 PCB（还有空间剩余）。

图 3-16 展示的是一块板子上有 5 个 PCB。每个电路板之间都有一条切割线，并且每个电路板的转角上都有开口，方便之后进行切割。

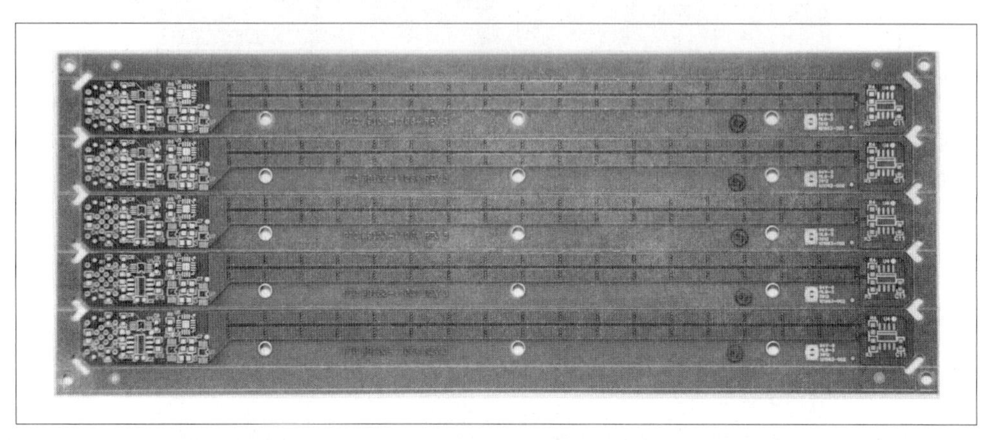

图 3-16：一块板子上有 5 个 PCB（图片来源：Pyramid Technical Consultants）

V-cut 分板包括一条在电路板上特定位置切割好的浅浅的 V 型分割线，方便后续工序将电路板按分割线裁切开。曲线分板则使用工具在电路板上进行任意形状的切割。

图 3-17 展示的是切割之后得到的一块单独的 PCB。

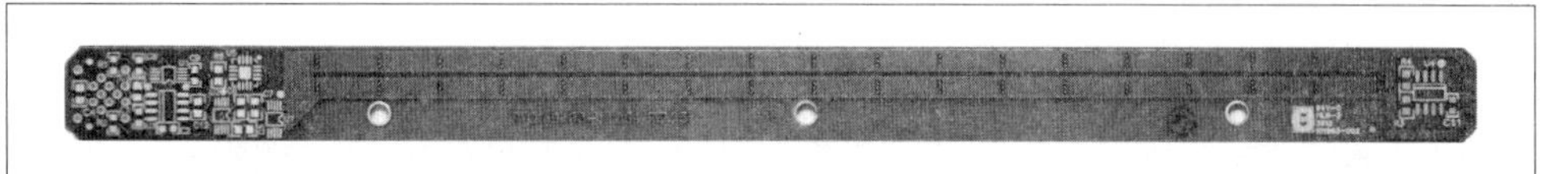

图 3-17：切割后得到的单独的 PCB（图片来源：Pyramid Technical Consultants）

PCB 组装通常是在一整块板子上进行的（包含多个 PCB）。在某个时间点，一般是在测试之前，使用切割工具或者采用手工分离（这种方式会让电路板和元件受到更大压力）把单独的 PCB 切割出来。切割工具可以用很多种方式分离电路板，包括锯切、曲线切割、用"比萨刀"激光轮切割、用特制的装置打孔切割等。

拼板和切割的方式使得分离出来的 PCB 单板的边缘各不相同，设计师和开发者需要注意。

在切割工序中，做切割或分离时，PCB 边缘会承受一些应力和应变，附近可能出现机械变形。为了解决这个问题，我们要在电路板边缘和迹线 / 焊盘之间留出至少 50 密耳的空隙，在电路板边缘和元件之间留出至少 100 密耳的空隙。（请注意，PCB 尺寸普遍采用"密耳"这个单位，一密耳为千分之一英寸[1]。是的，在 PCB 世界仍然以英寸为单位！）

在分板时是使用 V-cut 分板还是曲线分板，要认真权衡：

- 使用曲线分板能够产生平滑边缘，而 V-cut 分板产生的电路板边缘比较粗糙，但这通常

1 1 英寸 = 2.54 厘米。——编者注

只在终端用户能看得到电路板的情况下才是问题，比如这款产品需要用户将电路板接驳到连接器上；
- 曲线分板要求电路板之间的间隔更大，以便放入切割工具；
- 采用曲线分板时，电路板可能会发生明显的弯曲，这会对 PCB 组装产生不良影响。

为防止出现这些问题，最重要的是设计 PCB 时要与装配工密切合作，因为他们对自己的设备非常了解。

至此，PCBA 已经完成，至少看上去非常好。接下来就要进行测试了，检查它们能否如预期那样正常工作。

3.4 测试

PCBA 流程复杂并且容易出现问题，因此需要对它们做测试，以确保组装过程按计划进行。一般来说，工厂测试和实验室测试有很大区别。实验室测试用来检查设计是否正确，因而也称为设计确认测试。

在不同的情况下，进行工厂测试投入的精力会有很大差异。有时测试很简单，只要技术人员在产品组装完成后开启它，检查能否正常工作即可。而有些工厂测试需要付出巨大精力，认真检查产品的每个细节，确保产品在出厂前一切正常。在很大程度上，测试中投入精力的多少取决于制造过程中出现问题的可能性以及产品出厂后出现问题时所要付出的代价。比如，一个便宜的玩具偶尔出现故障可能不是什么大事，只要没有安全问题就行了，因此我们可能不会投入太多精力测试这类产品。但是对于一个控制汽车刹车的计算机模块而言，需要做最严格的工厂测试，因为这个模块一旦出现问题，后果将非常严重，我们必须投入大量精力做检查，以避免出现任何问题。

在一些大型工厂里，在测试中投入的精力有时与设计、开发产品所付出的精力相当。他们会雇用专业的测试工程师来做这些测试工作。这些专业测试工程师在工厂生产和工作方面都有着丰富的经验，与其他终端用户非常不同。

针对 PCBA，有两种基本测试可以做，分别是在线测试和功能测试，它们与所开发的产品密切相关。接下来分别介绍这两种测试。

3.4.1 在线测试

在线测试（in-circuit test，ICT）通过分析元件的电气特征（比如每个焊点的电阻）来检查 PCBA 过程是否正确。大规模在线测试通常使用针床式测试仪，这种仪器同时把大量探针放置到 PCBA，有些测试中动用的探针多达几千个。各种测试信号注入一些探针，然后另外一些探针测量响应。

这些探针一般装有弹簧，安装在一个称为测试夹具的特制板子上，这种板子通常是为每个 PCBA 设计专门定制的。每个探针通过电路板上的导电片连接到待测电路（有时称为待测器件或待测单元）上，这些导电片一般符合以下一种情况：

- 电路板上专门用来做测试的焊点；

- 电路板设计师用来把信号从一个 PCB 层传到另一个 PCB 层的通路，这个通路也可以用作测试点。

图 3-18 展示的是工作中的针床式测试仪，图 3-19 展示的是一些用来做测试的焊点和通路，探针通过它们连接到 PCB 上。

图 3-18：针床式测试仪（图片来源：SPEA）

图 3-19：用于测试的测试点（实心圆圈）和通路（空心圆圈）（图片来源：Altzone，遵循 CC BY-SA 3.0 协议）

测试时，电路板和测试夹具准确地连接在一起，然后启动测试软件，运行预先编制好的程序，检查电路板是否存在问题，包括电路、开路（比如针脚从焊点脱离）、元件朝向（有时 AOI 检查不出这种错误）、元件值、元件缺陷、信号完整性问题（比如，信号传送到电路板上的目的点时是否过分弱化了）。

有经验的设计师和开发者在设计产品电路板时会尽量让电路板上的每个电气触点都能被探针访问到，但是由于各种限制，这个想法往往无法实现，比如受到电路板尺寸的限制（“对不起，不能再放另一个测试点了，空间太小了”）。

由于在线测试可以从电气上访问每个元件的所有或绝大多数针脚，因此它也可以为闪存等设备编制程序，进行校准和调整以及执行功能测试等。

3.4.2 功能测试

相比于检查各个元件是否被正确地焊接到指定位置上，功能测试主要关注电路板的高级功能。比如做功能测试时，可能需要把某种测试固件装载到待测 PCBA 的处理器中，让处理器在内存和周边部件上运行诊断程序，然后经由串口把诊断结果输出到个人计算机上。个人计算机将根据诊断结果在屏幕上显示为“通过”（绿色）或“失败”（红色）字样，并把详细的测试结果记录到数据库中，留待进一步分析。

功能测试的目标是检查电路板上的各种元件能否作为一个整体协同工作。它也可以测试那些在线测试期间因探针接触不到而未能检测到的电路。比如，当一个测试点无法访问某个芯片的引脚 X 时，我们可以对那个引脚进行功能测试，方法是在那个引脚上执行一个操作，只有引脚 X 被正确焊接到电路板上并且功能正常时，操作才能成功。

功能测试的缺点是它往往不像在线测试那样可以彻底地检查电路板的连接。最安全的做法是在线测试和功能测试都做。稍后将讲解小批量生产，届时将介绍不做在线测试而仅做功能测试的折中办法。

功能测试既可以作为在线测试的一部分，也可以作为一个单独的步骤，它通过串口、USB、以太网或其他类似连接，就可以与 PCBA 通信。对大部分产品来说，最后的功能测试要等到设备完全组装好才会进行。多数情况下，在产品制造过程中的某个时间点上也会做功能测试。比如，在多板系统中，每个 PCBA 可能都需要做功能测试，以保证其组装正确，最后组装完成后，再把系统作为一个整体进行测试，确保全部电路板被正确地组装在一起。

烧机测试

在某些情况下，我们要求电路板在接受功能测试时能够运行几个小时、几天甚至更长时间，有时是在比较极端的条件下进行，比如高温环境。这样做的原因可能有很多，但最主要的原因是，在出厂前发现电路板问题总好过在用户手里出现问题 。

一般电路板很少需要做烧机测试，但是有些情况例外。比如在某些应用场景中，电路板出现问题会导致严重的后果，比如人造卫星使用的电路板，对这些电路板做烧机测试可以进一步降低设备在出厂后出现故障的风险。

3.5 最后组装

最后组装也叫成品组装，是指把所有 PCBA 和机械部件组装到一起，一般通过手工完成。这个过程需要耗费的时间因产品不同而差异巨大，组装简单的设备可能只需几分钟，而组装科学仪器等复杂的系统可能需要几天甚至更长时间。

在最后组装的每一步中，工人都要认真遵循组装说明、示意图和演示视频，确保每个元件都被正确安装。这种文档最好由产品设计师、开发者和工厂人员共同编写，要在项目计划中预先为这个活动安排好时间。在这个过程中，要做大量检查，以确保每个元件都组装正确。比如添加一根内部连线之后，要立即检查电压，保证连接正常。我们不会在产品完全组装好之后才做类似检查，因为那时检查需要把产品再拆开，会付出更多的时间和精力。

有一点很重要，那就是在产品设计和开发过程中，设计师要考虑如何让产品组装起来更轻松、更高效。首先，在产品生产中，最后组装往往是劳动最密集的一步，任何有助于缩短这项任务时间的做法都能帮助我们节约大量成本。在这个过程中，针对组装进行设计将发挥重要作用。

其次，组装越复杂，组装说明就越长，我们需要花更多时间为制造商编写组装说明。编写时很关键的一点是技术人员要明确说明如何进行组装，如果组装简单、明确，组装说明编写起来也会更容易。

最后，如果组装很复杂，产品的可靠性可能很差。比如，在把电缆接入连接头时，如果技术人员不能直接用手碰到连接头，那他可能需要使用小钳夹着电缆穿过电路板间的间隔放置并固定到位，这可能会导致电缆连接不牢靠。如果我们预先想到这个步骤，在设计产品时考虑了组装的便捷性，情况就会好得多。

3.6 最后功能测试

最后功能测试（常称为行尾测试）一般在产品最后组装完成之后进行。从技术角度看，这是功能测试的一部分，我之所以把它单独拆分出来，是因为它常常比其他功能测试需要更多人工干预，也更为主观。

在这个阶段，技术人员先检查设备的整体状况（比如所有元件是否都安装正确，是否有划痕等），然后打开设备，做一些简单操作，检查是否一切正常。一般来说，测试员会有一份检查表，但大部分测试是非常主观的，难以量化。比如，一个测试员可能发现了一道很小的划痕，而另一个测试员可能看不到。最后功能测试的挑战在于要长期保持多名测试员对同一产品合格率 / 不合格率的判定的合理一致性。

最后功能测试完成后，接下来就要对产品进行包装了，这样做是为了保证产品在到达用户手里时外观漂亮并且功能完整。

3.7 包装

产品进入销售环节前的最后一道工序是包装，即把产品、相关配件、使用手册、防护泡沫、包装袋等装入产品包装盒中。这些产品包装盒还要放入货箱，才能发送给用户。

包装产品通常很简单，包括装盒、粘胶带、折叠等步骤。一般产品包装完全由人工来做，因此花点心思简化这项工作是很值得的，有利于减少失误（比如避免缺件情况的发生）和降低生产成本。

包装完成后，产品就可以进入销售渠道，为我们创造利润了。

3.8 产量

前述产品生产的一般过程针对的是中批量生产的情况，如果产品的产量很大或很小，会有什么不同呢？我们一起来了解。

3.8.1 生产多少产品

在产品生产的过程中，不管要生产多少产品，基本的生产任务都一样，但是根据年产量或总产量，完成这些任务的方式可能存在很大差异。随着产量的增加，人们越来越多地使用自动化生产技术。（PCBA 的复杂度也会对自动化生产产生影响。比如，要生产小批量的 PCBA 板，每一个 PCBA 含有极其大量的元件，或者含有需要特殊处理的元件，这种情况下使用自动化生产技术会大有裨益。）

假设有一项生产任务，手工制作一件产品一分钟即可完成。如果我只想生产 100 件，花 10 000 美元把这项任务自动化是没有意义的。美国合约制造商的劳动力成本每分钟大概 1 美元，这相当于花 1 万美元来省下那 100 美元的劳务费。然而，如果我们想生产 100 万件，比如消费级便携式磁盘驱动器，在自动化技术中投入 1 万美元就能节省 100 万美元的生产成本，这样做非常划算。

在讨论产品产量时，本书使用以下产量描述用语。

- 超大批量：年产量多于 100 000。
- 大批量：年产量为 10 000~100 000。
- 中批量：年产量为 1000~10 000。
- 小批量：年产量为 100~1000。
- 原型生产（这种生产工艺与制作原型差不多）：年产量少于 100。

请注意，上述界定数字只是指通常的情况，而非固定标准。比如，对于一家生产手机的大型合约制造商来说，“小批量”是指每年的产量少于 100 000 部；而对于一家小型合约制造商来说，“小批量”是指每年产量少于 100 件。在与其他人谈论产品产量时，一定要约定一个共同的标准，确保谈论时遵循同样的标准。

3.8.2 大批量生产

大批量产品的生产过程与前述生产过程大致相同，只是更重视自动化生产和库存控制。

- 供应链将花费更多精力来管理库存。库存成为一笔巨大的投资，库存价值可能高达几百万美元。产品销售公司和合约制造商的供应链工作人员可能需要进一步扩充。他们之间以及与元件供应商之间的联系会变得更加紧密，以实现最小库存，同时保证元件供应，确保产品生产不会中断。

- 在生产流程逐渐步入正轨之后，为降低成本、提高质量或因元件短缺而调整设计，影响将非常严重。供应链负责人会和设计师、开发者或者产品改进工程师团队（专门负责保持和改进不间断的生产环节）保持密切沟通。
- 那些小批量生产中用手工完成的部分可能会被自动化。比如，那些不可通过回流焊来修正问题的元件可能需要使用一些特定的自动化焊接技术。
- 在产品的设计和开发过程中，对于减少手工作业的需求更加重视。
- 为减少组装失败，要努力收集和分析质量统计数据。分析结果将用来改善设计、开发和生产流程。

3.8.3　小批量生产

在小批量生产中，关注的内容恰好与大批量生产相反，它重点关注减少固定成本，这在小批量生产中很难解决。小批量生产通常意味着需要更多手工作业。以下策略技巧适用于小批量生产。

轻松的库存控制

小批量生产往往导致产品价格高昂。相比于大批量生产，元件成本占产品总成本的比例会更低。而且，请专业人士来打理库存，这种工作量（成本）按单位看相当费钱。所以，最好的办法是不要让库存沦落到需要专业人士来认真打理的地步。

保持相对较多的元件库存（比如确保至少 6 个月的存量）可以降低出现库存不足的风险，进而避免发生交货延期。与零件断供相关的潜在返工和重组成本，其实完全可以通过购买足够的零件并制作剩余预期产量的产品部件来避免。这称为“停产前购买”。至少，如果我们要求元件制造商和经销商在某个元件要淘汰时及时通知我们（称为停产通知），那产品制造商就会有机会计划，以确保库存充足。

用飞针在线测试代替针床测试

图 3-20 展示的是飞针测试，有几个自动控制的探针在电路板周围移动，对暴露在外的金属特征做电气测量，比如元件引脚、过孔、测试点等。

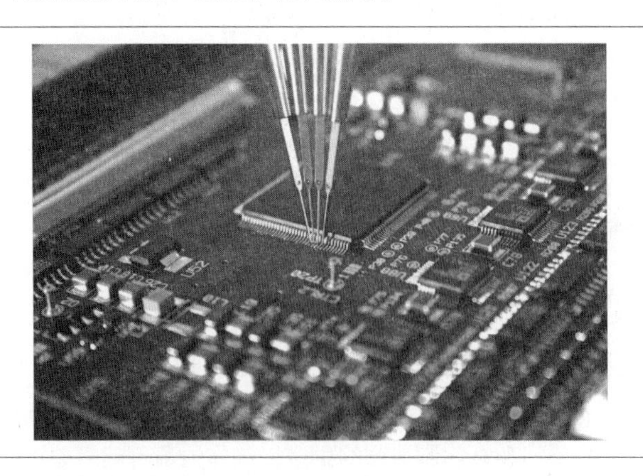

图 3-20：飞针测试（图片来源：SPEA）

相比于针床测试，使用飞针测试的好处是它不需要定制昂贵的测试夹具（带有成百上千个精确定位的探针）。飞针要接触的位置被编写到计算机中，PCB 数据库被放入测试系统中，测试工程师指出待测位点，然后执行测试就可以了。而且，由于每个电路板的定制细节只反映在软件上，因此当电路板的设计发生改变时，我们只需花很少的精力就能完成对飞针测试的更新工作，而在使用针床测试时，就需要重新调整针床夹具，甚至需要换新设备。

相比于针床测试，使用飞针测试也存在一些不利的情况。

- 与针床相比，飞针相对简单，可以同时检测的位点更少，但是能做各种测试，包括检测开路、短路，检查电阻、电容值以及其他一些更高级的测试。
- 做飞针测试时，飞针不是同时接触所有测试点，而是在各个测试点之间移动，所以比较耗时。随着产量的增加，这可能会成为明显的制约因素。

仅仅依靠功能测试

最近的发展趋势是不做在线测试和飞针测试，而只做功能测试。这样做有两点好处：

- 不需要基于昂贵电路的测试设备，这对于那些想自行生产而不委托工厂的人来说是非常有吸引力的；
- 不需要工厂测试工程师的专业服务，功能测试通常属于设计师和开发工程师的专业范围内。

缺点也有如下两点。

- 对系统的测试很难做到全覆盖。功能测试通常可以轻松覆盖系统的大部分，但很难做到全部。例如，对于带有嵌入式处理器的产品，只要打开产品，查看系统是否正常启动并且测能耗就能判断出电源、处理器、内存、总线、周边部件是否正常工作，但是要测试所有功能还需要编写大量的测试程序。
- 一些小功能可能会被忽略。假设一个板载电源被设计成可以产生 2.7 V（容差 5%），但是实际在组装好的电路板上只能产生 2.5 V（相差 7%）。有些本该在 2.7 V 下工作的元件在实际 2.5 V 下工作，从功能测试看这没什么问题，但是超出容差范围很可能是由制造误差或损坏的元件造成的。随后也许会出现更多不良后果，比如电路故障、电池寿命变短等。相比之下，使用在线测试或飞针测试测量电压就很容易查出这些问题。

手工组装电路板

如果你喜欢自己动手，可以尝试手工组装电路板，无须使用昂贵的工厂级生产设备。手工组装电路板包含三步：

1. 通过模板手工把焊锡刮到 PCB 上；
2. 使用小镊子或类似工具，手工安放各个元件（这个过程枯燥乏味，但并不像你想象的那样难以忍受）；
3. 使用电烙铁、热风拆焊台、烤箱、电锅或半工业级回流焊炉焊接元件。

关于如何更低成本地组装电路板，从网络上很容易找到各种资料。章末提供了一些参考资料，你可以从中获得更多细节。

这些技术只适合生产少量小型电路板。由于手工组装电路板时涉及的手工步骤很多，并且使用的工具都不是最专业的设备，因此手工组装电路板显然并不容易，还很耗时，而且有些工作不能完全靠手工来做。但是，对于小批量生产或简单电路板，手工组装是一个好办法。

3.9 关于人：工厂文化

要想知道工厂如何运转，了解工厂生产背后的文化与了解生产设备和生产流程同样重要。设计、开发文化全都与无休止的创造力有关，制造文化则与流程、精准管理、重复性密切相关。

如前所述，一个产品从工厂到用户手中要经过大量工作，经历许多生产环节，涉及大量焊接工作、各种测试等。工序偏差会毁掉产品，造成重大损失，比如产量低下、不良率高等。在工厂里，意料之外的变化和未经深思熟虑的改变都很糟糕。

于是，一方面设计师和开发者会不断寻求改变（改变是立身之本），另一方面工厂则竭力保持一切不变。要求工厂做出快速响应，就与要求设计师和开发者按清单办事一样难，还可能会导致意见分歧和不愉快的事件发生。

> 设计师 / 开发者：让工厂改变一下流程怎么这么费劲呢？只不过改个电容，有什么大不了的？
>
> 工厂：什么？还要改电容？上次改的时候，他们就说是最后一次了。这些改动害得我们做在线测试时遇到许多问题，一个不一样的值就能把测试搞砸。为了解决这些问题，测试工程师不得不周日加班。这些设计工程师是怎么了？什么时候能停下来，不再折腾这款产品了？大家的精力都被榨干了，而他们却只会在收到账单时对我们大吼大叫！

对设计师和开发者来说，改一个电容只是一件小事，但对工厂来说，这个小小的改动意味着可能需要对一些机器重新进行编程，并对新程序进行测试，检查是否正确，产品测试程序也要相应改变，库房要订购新电容，旧电容要废弃或卖掉等。

此外，本章开头提到过，设计师和开发者一般不了解工厂的运作方式，对于生产中的困难，我们往往也不会考虑太多。我们设计的产品几乎不会在自己的办公室或实验室进行组装，而当产量飞涨时，我们会希望生产负责人能想到办法快速可靠地完成生产工作。

后续章节将介绍一些方法，让产品的设计开发与制造能够相互配合，以便制造出更好的产品（也享受更多乐趣）。现在我们只需要知道这两个“世界”是不同的，并且事出有因，都应该得到尊重。

3.10 总结与反思

希望本章内容能够帮助你了解产品的整个生产过程，让你大致明白不同的元件是如何变成产品的。后续章节将介绍更多有关 DFM 和 DFA 的细节以及如何高效地与产品制造人员协同工作（这也是产品开发流程的一个重要环节）。

第 4 章将讲解有关产品设计和开发的内容，还将深入介绍有关产品初步计划的内容，产品初步计划将帮助我们明确要做什么以及是否值得做。

3.11 资源

你可以在网络上查找到大量有关产品制造的内容，但是大都很零碎。很少有人把这些零零碎碎的内容串联在一起。如果你想了解这方面的更多知识，建议去拜访当地的合约制造商，向他们请教。当然，如果你能给他们带去一些业务，他们会更加乐意分享。如果你无法亲自拜访制造商，也可以看一些生产现场的视频。

3.11.1 工厂自动化

Adafruit 公司拍摄了一些不错的视频来展示他们工厂所采用的一系列自动化制造设备。有些设备在小型制造工厂中很常见，不过还有一些设备看上去非正式、独特，它们在生产环境中并不是很常见，但这种方式显然很适合于 Adafruit，或许是因为这样有利于设计师 / 开发者和制造人员之间密切沟通交流。你可以上网搜索相关视频。

3.11.2 无工厂制造

YouTube 上有大量关于无工厂（比如 DIY）PCB 组装的视频，你可以去看看。有关手焊和返工内容，可以参考以下两个资源。

- 在 YouTube 上找到 David Jones 的主页 EEVblog，里面有大量视频讲解手焊、返工等内容，从中你可以了解到许多好玩、有趣的信息。
- SparkFun 网站上推出了一套教程，包含回流焊视频教程。你也可以在 YouTube 上找到 SparkFun 的一系列关于手工焊接的教程。

关于 DIY 级别的 PCB 组装自动化（指做 PCB 组装时会辅助使用一些小型机器，并非完全手工组装），Dangerous Prototypes 推出了几个视频，介绍了几种小型制造设备，你可以在 YouTube 上搜索。

第4章

初步计划

有些事，你付出了很多，但最后发现根本没能改变什么，或许没有比这更令人沮丧的了。这就像你精心准备了一个很有创意的聚会，却没人前来参加一样。我们开发产品总是希望有更多人使用，希望它能够大获成功。

想要获得成功，最重要的是做出明智的选择。用汤匙挖一条通向地心的隧道是件很酷的事，但同时也是一件很蠢的事，因为根本行不通。与其这样，不如选其他更容易获得成功的方法。

项目计划最重要的目的之一，就是确保我们选择了一场有可能获胜的战斗。如前所述，做项目计划时最重要的是回答：

1. 这款产品开发出来之后，有可能获得成功吗（成功的定义由我们来定）？
2. 如果这款产品有可能成功，那开发它都需要些什么（成本、时间、人力等）？根据产品收益判断是否值得投入？

本章内容是围绕第一个问题展开的。基本思想是快速做现状核实，判断我们的产品创意是值得进一步推进，还是应该放弃（因为成功率太低）。本章会着重讲解那些阻碍产品创意推进的因素，也会做一些轻量级的“取样测试”，以判断一些商业创意是否值得一试。

在正式开始讲解之前，先简单介绍 MicroPed，这是我们接下来要做的一个产品，后面将以 MicroPed 为例讲解相关内容。

4.1 关于MicroPed

对那些需要先学才能做的事，我们可以边做边学。——亚里士多德

不论是我读书时，还是当了老师后，我发现只有把理论和实际相结合才能获得最佳的学习

效果。比如，$E = mc^2$ 这个优美的方程式告诉我们，一丁点儿质量就能转换成巨大的能量。但是要用实际的例子说明，才能让人真正理解这个方程所表达的含义。比如，一个质量为1克的口香糖经过转化得到的能量能够供一辆汽车跑2000万千米。

我觉得能像 $E = mc^2$ 那样令人惊叹的创意不会太多，但我们会尽力而为。本章开始，我们将跟踪一个实际的项目，一个迷你的无线计步器，我把它称为MicroPed。通过MicroPed项目，我们将了解在实际产品开发中会遇到的问题。MicroPed项目推动讨论的同时，我们还会深入该项目的细节，提炼出对其他项目通用的思路。

我们先了解一下MicroPed项目。

4.1.1 为什么需要MicroPed

“需要是发明之母。”MicroPed正是源于我个人的需要。

与很多人一样，我步行时喜欢打开计步器，以便随时知道自己走了多少步。我买过几款计步器，但都不太满意。我想要的计步器是没有存在感的，几个月都不用去想它，它默默地追踪我每天散步或跑步的步数。而且，它能够通过智能手机、Web浏览器等更新统计数据。我希望它可以轻松地放到钱包里，这样我不会忘记带，我买的其他计步器常常忘带。我希望这个计步器能一直放在钱包里，待机时间长达数月，不需要拿出来更换电池或充电。

据我所知，目前没有哪款产品能够完全满足上述需求。原因可能是需要这样一款产品的人并不多，或者开发这样一款产品很困难，又或者制造成本太高了。我认为，这样的产品也许会有市场，我想试试！

这个满足我所有需求的产品能制造出来吗？如果能，有哪些理由让自己相信会从中获益呢？本章会在产品定义更加清晰之后，尝试找到这两个问题的答案。

在正式开始之前，首先对MicroPed做一点说明。与大部分以盈利为目标的产品不同，MicroPed在本书中作为一种教学工具，主要用来辅助讲解相关内容。我需要这样一个相对简单的开发项目来阐释重要的技术要点，同时又不会太费工夫（我在写书，同时也在工作），而且尽量不出意外。我希望将来MicroPed能够成为一款商业产品，但这是后话了。

由于MicroPed的目标和目标优先级的特殊性，其中一些开发步骤（主要是非技术层面的步骤）明显要比正规产品少得多，列举如下。

- 市场调研（调查用户对产品创意的看法）不像正规产品那样严谨。我们会完成基本调研，但实际操作起来应比此更为严谨。
- 项目启动时不会寻求投资，也不会讨论任何相关细节。在项目初期，与投资人打交道、处理投资相关问题通常是重头戏。不过现在，更典型的做法是先有一个不错的产品原型，再去寻求投资。我们会谈到财务方面的基础知识，但是市场上有不少适合初创团队阅读的相关图书。

接下来开始制造MicroPed。如前所述，我们先定义那些在技术上可行并且会被市场接受的事情。

4.1.2 市场需求

做计划之前，最重要的是先大致定义产品。这不必是完整的设计，但也不能是模糊的概念。大致定义产品有两个好处。

- 全面考虑产品特征，这对于了解产品的潜在市场、制造成本以及开发中将要面临的困难有重要意义。
- 确保所有利益相关者（比如合作者、潜在用户等）所谈论的事情在同一个频道上。换句话说，需要确保当你在头脑中想的是日产聆风时，他们想的不是凯迪拉克凯雷德。

我希望 MicroPed 具备以下特征。

1. 尺寸要足够小，可以很方便地放到钱包里或是系在鞋带上，不会影响到我。
2. 可以运行一年，既不需要维修，也无须为它充电或更换电池。
3. 能够同步数据到智能手机、计算机或智能手表等设备。
4. 具备防水能力，可以在游泳时佩戴，也不怕水洗。
5. 不怕汽车碾压。
6. 可以通过智能手机或计算机把跟踪数据存储到服务器上，允许使用浏览器访问这些数据。
7. 不同衣服和钱包中的多个 MicroPed 关联着同一个用户，我不必把它从一个地方移到另一个地方（比如从钱包里掏出来放到跑鞋里）。后端系统能理解，我所有设备上的数据聚合起来，才是我的活动记录。
8. 我的数据我做主，我能以任何方式使用收集的数据，无须支付年费。
9. 具备隐私保护功能。广告商、市场营销人员、保险公司以及其他人都无法使用我的数据，除非征得我本人同意。
10. 硬件与软件开源。我希望感兴趣的用户继续改进算法，把 MicroPed 变得更好。他们也可以为新的应用场景定制 MicroPed。一个拥有处理器、加速度传感器，并且支持低功耗射频通信的设备有许多潜在用途，比如感知玻璃是否破裂、测量心率、测量橄榄球头盔受到的冲击力、监视婴儿何时睡着等。

可以注意到，这些“愿望”针对的只是产品用途，而非技术。这些高级需求有时称为“市场需求”，因为这些是市场部同事最终会向用户宣扬的，也是普通用户能听得懂的需求。假如之后的调查支持开发 MicroPed，我们将创建另一种需求——技术需求，里面会包含把这些目标落实为具体参数的细节。这样我们就能理解“尺寸要足够小，可以很方便地放到钱包里或是系在鞋带上，不会影响到我”这句话的准确含义了。这句话可能会改为“长宽不大于一张信用卡，厚度不超过 4 mm”。

根据市场需求，我们能够清楚地了解产品能为用户做什么。接下来考虑这款产品的目标用户。

4.1.3 目标市场

要想把 MicroPed 卖出去，实现盈利，必须先弄清楚这款产品的潜在用户是谁，这样我们就能大致估算出潜在用户的规模，并考虑他们的潜在需求了。通常为一款产品确定重要的目标市场不会太难，但确实需要花些心思。显然，选择那些规模更大、对我们的产品有强烈的需求，还愿意花钱的目标人群是最好的。

MicroPed 的目标人群如下：

1. 对健身感兴趣的人，包括运动员、运动爱好者以及任何想记录自己步行和跑步步数的人；
2. 创客、发烧友、喜欢动手鼓捣东西的人（以下统称为“创客”），他们渴望找到一个便宜的可编程平台，装备有加速度计并且支持无线连接。

至此，我们从较高层次上定义了产品和目标市场。接下来，我们要做些调查，研究这款产品和它所面向的市场是否真的是一个难得的商机。

4.2 它能赚钱吗

在投入时间和金钱开发产品之前，最好明确投入最终能否赚到钱。要判断一款新产品是否有利可图非常复杂，因为要考虑所有的细节和可能性。这也是一项不完美的措施：公司哪怕花费了几百万美元来调查一个新产品能否赚钱，也未必能得到一矢中的的结论，有时候结论甚至大相径庭。

虽然计划赚钱这事儿并不靠谱，但仍然相当重要。它有以下两点好处。

- 能找出一些足以搅乱整个项目的事，比如不得不设定高价以抵消产品开发和制作的成本。如果你设计的磁悬浮儿童车每辆必须定价 386 000 美元才能回本，那你最好省省吧。
- 能让我们感知到产品的潜在前景。哪怕我们做出了一个伟大的产品，也有可能只有少数的人需要它，在这种情况下，除非每件产品都有巨大的利润空间，否则就得不偿失了。

在动手调查关于钱的事儿之前，我们先花点时间解释几个术语，研究几个财务问题。

4.2.1 有关钱的问题

尽管本书主要讲与技术有关的内容，无关财务，但是技术只有满足财务需求才能获得成功，因此有必要简单介绍与钱有关的问题。我们大多数人会赞同这一说法，所谓“赚钱”，就是指产品销售所得多于产品开发和制造时的投入。

利润就是收入与成本之差。一般来说，研发一款产品的目的就是创收。然而，在某些情况下，产品自身并不能直接创收，但有助于实现更高级的目标——增加总利润。比如，免费赠送试用设备，以促进运行这台设备所需配件的销售。

假定创收是一个重要目标，那么在这个阶段，我们要暂时忽略与开发有关的事情，去主动了解产品在制造出来、销售之后能否创收。如果一款产品的售卖所得低于研发与制造时的投入，那它就不可能获得商业上的成功，因而也就不值得做研发投入。

在计划阶段，我们要找出产品的所有创收点以及与产品制造和销售直接相关的支出项，并大致估算预期利润。然后，利用这些信息建立一个模型，评估研发这款产品是否值当。

瞎猜和科学猜测

关于猜测，产品开发者常会用到两个词——WAG 和 SWAG，字面含义分别是“摇摆”和“赃物”的意思，但它们其实分别是英文“Wild-Assed Guess”（瞎猜）和“Scientific Wild-Assed Guess”（科学猜测）的首字母缩写。

“瞎猜”很有可能是错误的，相比之下，“科学猜测”要好一些，但也不是 100% 准确。

这两个词通常这样使用：“对制造成本的估计只是我个人的猜测（WAG）。我会打电话问问工厂，听听他们比较专业的看法（SWAG），但是我需要更详细的设计信息才能做出可靠的评估。”

产品销售收入很好计算，它等于售出的产品数量和产品单价的乘积。但是，确定产品价格比较困难（除非我们是在为已经很火的产品开发下一代产品），预测产品销量（卖掉的产品数量）充其量是个“科学猜测”，不可能做到 100% 准确。

从另一方面来说，总成本由很多项目组成，但预测起来要相对容易一些。总成本大致包含以下项目：

- 产品生产的直接成本，如原材料、合约制造成本等；
- 研究和开发成本；
- 运营成本，比如工作人员薪资、广告成本、用户支持成本、租借成本、日常开支、设备和补给；
- 容易忘记的项目，如贷款利息、税款、设备折旧等。

当我们决定把产品推向市场时，一定要做全面预测，把所有项目都考虑在内，这需要做很多工作，最好请经验丰富的会计师来帮忙。

在这个过程中，不必考虑每个细节。我们只是试着搞清楚产品能否一推向市场就赚到钱，仅此而已。在粗略的计划阶段，只关注几个基本面即可。

❑ **收益**
  - 预计卖掉多少产品。
  - 每件产品售价多少。

❑ **成本**
  - 制造这款产品的成本是多少。
  - 应用的技术是否极其昂贵、无法实现或需要购买；在我们搞清楚如何开发和制造这款产品之前，是否必须先进行一个大型（成本高昂）的调查项目。

❑ **整体考虑**
  - 这款产品的毛利率预计是多少？与同类产品的毛利率相比是否一致？

在初步计划阶段，如果这些问题的答案都比较理想，那么我们将在详细计划阶段针对这些问题、收入和成本做更加具体的预测。

我们从“收入”这个有趣的部分开始吧！

4.2.2 收入预测

不管怎样，花些时间考察产品的潜在市场规模都是有益的。所谓潜在市场，是指产品预期销量。除了卖得越多赚得越多，销量还对产品的生产成本有重大影响。一般来说，产量越高（预计年产量），单件产品的成本（包括元件和组装）就越低。因此一款复杂的产品，小批量生产时要支出的成本可能高得惊人，而大批量生产时成本反而会更低。

估算市场规模时，我们往往会片面夸大自家产品的优势，并且错误地认为别人也会这样想。比如，美国专利项 730918 小鸡护目镜（图 4-1）的发明人可能只想到了美国每年的养鸡数量有几百万只，却没有认真调查是不是真的有农场主愿意购买这款产品。

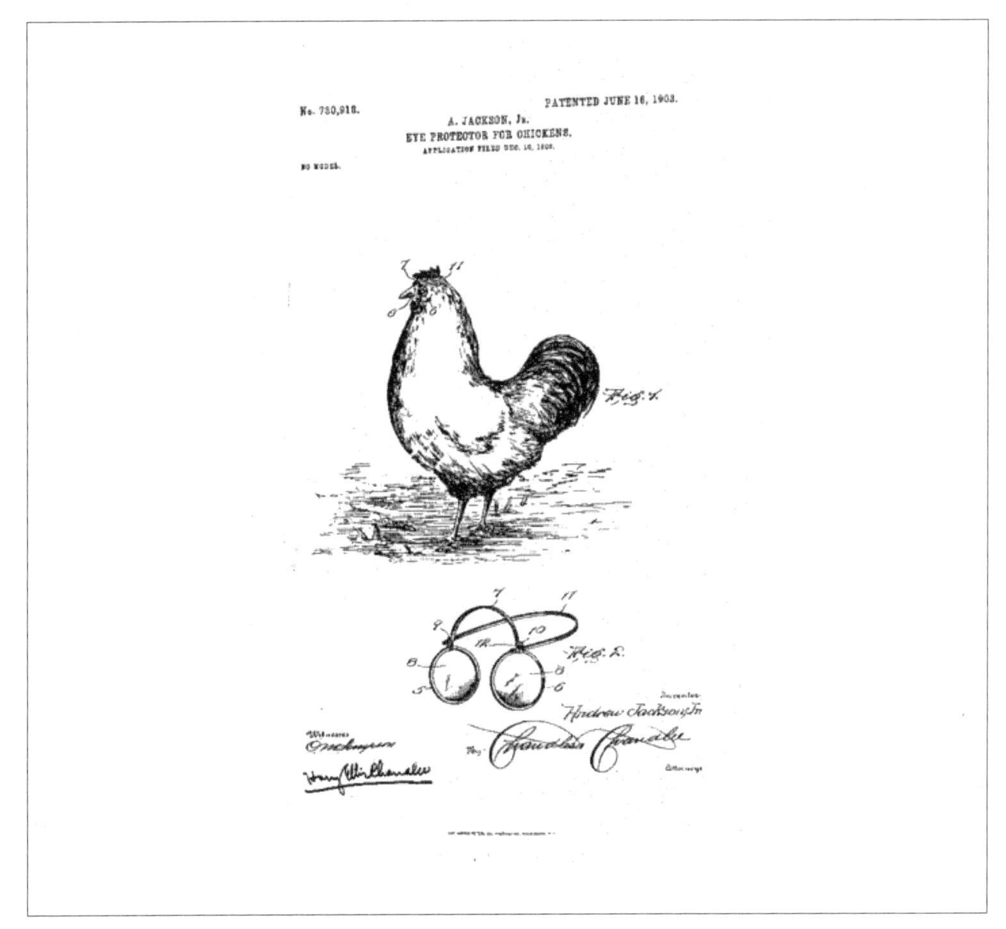

图 4-1：美国专利项 730918 小鸡护目镜

要想快速摸清市场对某款产品的需求情况，即了解市场规模，最佳方法就是调查市场上同类产品的情况。通过调查，我们可以知道有多少人愿意购买我们的产品以及愿意花多少钱。

我们通常会认为自己的产品创意是革命性的，但实际上，几乎所有新产品在市场上都能找到类似的产品。比如，人们通常认为苹果推出的 iPod 是一款革命性产品，但是这并不意味着市场上不存在同类产品。当时，市场上早已存在其他品牌的个人数字音乐播放器（尽管不是很好），还有盒带式个人模拟音乐播放器，如索尼推出的随身听。在多数情况下，“革命性”也可以表述为“非常出色以至引领赛场变天的革命”。

就 MicroPed 来说，潜在市场有两个，并且两个市场中都有类似产品存在。下面分析这两个市场是什么以及它们为何是 MicroPed 的潜在市场。

活动追踪器市场

现在，人们把无线计步器（也称活动追踪器，主要用来测量步数）。活动追踪器市场并不小，在美国，著名厂商有 FitBit、Jawbone、Polar、耐克等。近年来，美国当地的塔吉特和百思买超市都为这些产品开辟了专卖区，卖得相当不错。

我们看看互联网上对这些产品所做的市场分析，MobiHealthNews 发表的几篇文章指出，2013 年，Fitbit 成为销量最高的活动追踪器制造厂商，Fitbit、Jawbone、耐克三家厂商占据了活动追踪器零售额的 97%。

- 2013 年，美国活动追踪器市场销售额达到了 2.38 亿美元。
- 这是一个新兴市场，增长迅速，预计 2014 年市场规模将是 2013 年规模的两倍。

这些文章的数据来自 NPD Group，这家市场研究机构通过跟踪零售商的商品销售获得了相关数据，这些数据很接近实际情况，可信度很高。

假定这些活动追踪器的单价为 50~100 美元，销售额 2.38 亿美元意味着每年销售几百万台。MicroPed 还是很有市场的，而且这个市场还在迅速增长。

目前来说，情况还不错！这类产品的市场规模很大，每年能卖出几百万台，我们有机会获得成功。

如果你想了解这个市场的更多细节，可以看相关报告（比如市场调研报告），从这些报告中，可以获得更多信息和分析结果。这些报告往往价格不菲（几千美元），有时还不太可靠，但总归有所帮助。几个小创意就可能帮你赚到钱，若能做到销量巨大，就能挣到盆满钵满。但是，MicroPed 只是本书的一个演示项目，我们知道它有很好的市场前景就够了，购买专业报告的几千美元我就省了。

接下来要问的问题是，相比于同类产品，我们的产品是否有独特卖点和关键卖点，这些卖点能吸引来大量用户吗？只有把产品推向市场进行销售之后，才能得到这个问题的确切答案，但是在此之前，有几个方法可以帮助我们了解基本情况。

大公司往往会做大量的市场调查，这很有用，但成本也很高。要想知道产品能否吸引消费者，最好的办法就是问问潜在消费者，他们是否像我们想的那样愿意购买我们的产品。我们可以去找竞品的用户，问问他们是否愿意购买我们的产品，用以升级或替换他们目前正在使用的同类产品。我们还可以问问那些还没有购买过同类产品的人，我们的产品有哪些亮点能够吸引他们购买。

这种非正式调查未必有帮助，因为人们的实际行动和他们给出的回答可能相差千里。比如，他们给出肯定的回答可能只是为了不伤害我们的感情。因此，我们要从消费者的回答中找出那些比较干脆的表达，比如“我想现在就买一个，什么时候上市啊？”，而像“我可能会买”这样的回答应该剔除。在这些情况下，客气的“可能会买”通常对应着实际生活中的“可能不会买”。

另一种做低成本市场调查的方法是利用 Kickstarter 和 Indiegogo 这类众筹网站。从好的方面讲，这类网站的反馈比直接问人们愿不愿意买我们的产品要靠谱得多，因为参与众筹的人投票时用的是真金白银，因此他们说买就真的会买。另外，通过众筹的方式，我们还可以筹到一部分钱用来支持产品的开发和制造。

但是，众筹也不是包治百病的灵丹妙药，其本身有很大的局限性。首先，众筹开始时，产品开发最好能跟上。在我写这部分内容时，正在 Kickstarter 上筹集资金的十大硬件产品在众筹开始之前都已经做好了工业设计，并且实现了大部分功能。如果能看到实物，用户的代入感更强，更容易设想自己使用它的情形。相比于创意，具体实物往往更具说服力，能够让用户相信产品开发会完成，订购的产品会被制造出来并且能拿到手。

众筹的另一个问题是产品的购买者是特定群体，众筹只能测试特定群体对这款产品的认可度。众筹参与者往往喜欢新鲜事物，他们大多是年轻人，并以男性居多，还包括那些收入较高的丁克群体。这些人很喜欢酷炫的小玩意儿，但若是要众筹做助听器之类的产品，这类用户就不太合适。

对那些通常只在标准网店或实体店销售的产品来说，众筹网站可能也是测试其产品销量的试金石。产品与竞品一起放在商店里售卖，与放在众筹网站、配上营销视频和写满营销文案的网页相比，销量是更高还是更低呢？

当 MicroPed 的开发再深入一点儿，我们就会为它发起众筹。目前，根据上述针对潜在购买者的非正式讨论，我们认为 MicroPed 的创意还是相当不错的，会有不少人想拥有它，愿意为之付费。

我们希望消费者为这款产品付多少钱呢？接下来解答这个重要的问题。

活动追踪器售价

我们先了解市场上活动追踪器的价格范围，看看人们大多花多少钱来购买这类产品。打开亚马逊网站，在搜索框中输入“无线活动追踪器”，可以看到这些设备的价格范围是 25~150 美元。

MicroPed 有一系列独特的功能，要准确地判断出它与哪款活动追踪器最相似颇有难度。就价格来说，比较高端的产品有 Jawbone UP 24、FitBit Flex、Misft Shine，它们的价格是 100~125 美元。这些高端产品与 MicroPed 的相似之处是尺寸都很小且不显示实际数字，但与 MicroPed 不同的是，它们都需要佩戴在手腕上，其中两款还装有指示灯，方便用户查看。Jawbone UP 24、FitBit Flex、Misft Shine 均可充电使用，但是每周必须充电一小时左右。相比之下，MicroPed 使用一次性电池，每年更换一次，只需要花 2 美元买个新电池，然后花几分钟把电池换上就行了。

Fitbit Zip 是一款比较低端的产品，市场价 50 美元。Zip 的个头明显要大一些，一般挂在皮带上或放在口袋里。与 MicroPed 类似，Zip 也使用一次性电池，厂家宣称电池寿命很长（6 个月）。和 MicroPed 不同，Zip 配有一块 LCD 显示器（品质不高），但是它不能放进钱包里，也不防水。

这些产品都不是开源的，不支持可编程，这点与 MicroPed 有很大不同。它们也没有 MicroPed 灵活（MicroPed 可以放进钱包里、系在鞋带上，或者放入牛仔裤的小表袋里等）。这些产品中，只有 Jawbone UP 24 与 MicroPed 一样不会直接显示任何活动反馈情况。我写作本书时，Jawbone UP 24 是亚马逊上卖得最火的一款活动追踪器，价格也是最高的。购买之后，用户需要使用智能手机或计算机查看报告，即便不太方便，好像也没有挡住人们的购买热情。

MicroPed 售价要定多少，并非完全明了，但是基于对亚马逊上同类产品价格的调查，把 MicroPed 的价格定在 50~100 美元是比较合理的。当然，考虑到现状核实的目的，我们还是保守一点儿，把价格定成 50 美元。万一在定价方面出现意外，那也只会是意外惊喜，而不是意外惊吓。

创客市场

创客市场比较难量化，部分原因是这个市场极其分散、零碎。判断该市场规模的一种办法是调查 Arduino 和树莓派的销量，Arduino 和树莓派是目前最流行的两种开放式 DIY 试验平台（其中，Arduino 是完全开放的，树莓派只是软件开源）。一项网络调查指出，Arduino 和树莓派的年销量大约都是 100 万台，创客市场的规模由此可见一斑，不容小觑。

然而，Arduino 和树莓派的平台比 MicroPed 的应用范围要广得多，它们都是通用“大脑”，用来与其他电路配合，借以解决各种各样的问题，这些平台还常用作教育平台，供人们学习使用。相比之下，MicroPed 是一个特定用途的平台，它只支持加速度感应和无线通信，安放在一个塑料外壳之中，也就是说，在创客市场上，MicroPed 的用户群要更小一些。考虑到这一点，我们保守估计，MicroPed 大约占整个创客市场的 5%，即年销量在 5 万台上下。这个规模不算小，但与活动追踪器市场比起来要小得多。

对于 MicroPed 的市场规模，我们可以做进一步调查，但是有一点几乎可以肯定，MicroPed 在创客市场上所占份额要比活动追踪器市场小得多。许多创客正在寻找支持编程的设备，他们形成了一个利润丰厚的市场。而 MicroPed 是一款可编程追踪器，这点对创客们很有吸引力。换句话说，当他们决定买一个追踪器时，可能会选择 MicroPed，因为它是可编程的。

Arduino 和树莓派的售价是 10~35 美元，但是由于活动追踪器市场对我们来说更重要，因此我们根据活动追踪器的价格来确定 MicroPed 的价格是合理的。在这个阶段，没有必要为创客市场压低定价。

现在，我们已经大致知道 MicroPed 的售价应该定多少了。接下来，我们要关注利润等式的另一边，了解产品的生产成本。

4.2.3　生产成本

单件产品生产成本决定着产品的成败。显然，一款产品的生产成本必须远低于售价才能盈利。好在相比于其他项目，单件产品生产成本是可以合理预测的，在产品开发早期，我们就能估算出来，但要做出准确的判断并非易事。

单件产品生产成本只包括生产一件产品的直接成本，不包括研发投入、管理成本、营销成本等间接成本。假设我们委托一家合约制造商为我们生产产品，这时的单件产品生产成本包括元件成本和组装成本两项。其中，元件成本一般占大头，对大批量生产和更复杂的产品而言更是如此。

要合理评估单件产品生产成本，需要先了解产品要用到哪些元件，然后就能算出购买这些元件的成本和组装成本了。而要了解用到哪些元件，唯一的办法是从产品设计入手，思考应该如何设计产品。此时就是设计和开发开始的时机，哪怕是非常粗略的设计也不妨。

组成产品的元件分为两种，一种是电子元件，另一种是机械元件。一般情况下，我们不把软件看作单件产品生产成本的一部分，但是如果每个软件都需要授权费，那就另当别论了。

对于那些只有外壳由机械部件组成的产品来说，单件产品生产成本主要由电子元件和PCBA 成本两部分构成。而组成产品外壳的那些机械部件通常是由塑料制成的，其成本只占元件总成本的 10%~20%，组装也相对容易。虽然为这些塑料部件制作模型可能成本比较高，但应该将其视作研发成本的一部分，相关内容稍后会讲到。

对于那些由大量机械部件组成的产品（不只外壳由机械部件组成），比如机器人这类工作时需要灵活移动的产品，机械部件的成本会成为总成本重要的组成部分，估算时要格外认真。像这类由机械部件组成的装置一般称为机械装置，评估机械装置的成本往往比较困难，最好把这项工作交给专家来做，相关内容超出了本书的讨论范围，因此不再深入讲解。

就评估单件产品生产成本来说，MicroPed 是一个很好的例子，它的机械部件只是用作外壳。接下来我们就开始吧！

MicroPed 由可穿戴单元（通常所说的硬件产品）和相关软件（在智能手机、服务器等设备上运行）组成。评估单件产品生产成本时，我们只需关注可穿戴单元的电子元件和机械部件就可以了，MicroPed 的成本主要由这两部分组成。

开始评估单件产品生产成本时，要先了解 MicroPed 的硬件结构，而后把硬件部分转换成相应的电路结构，然后评估这些电子结构以及把它们组装成完整产品所需成本。

初步电子架构

我参与设计和开发过许多类似于 MicroPed 的产品，对我来说，为一款产品设计电子架构很简单。当然，如果很难，我会求助拥有类似产品设计经验的专家。

从本质上说，活动追踪器很简单，它有一个加速度计来感知运动，有一个无线收发器把数据发送给接收器，有一个电源提供电力，还有一个微控制器把这些东西整合到一起。MicroPed 的硬件结构如图 4-2 所示。

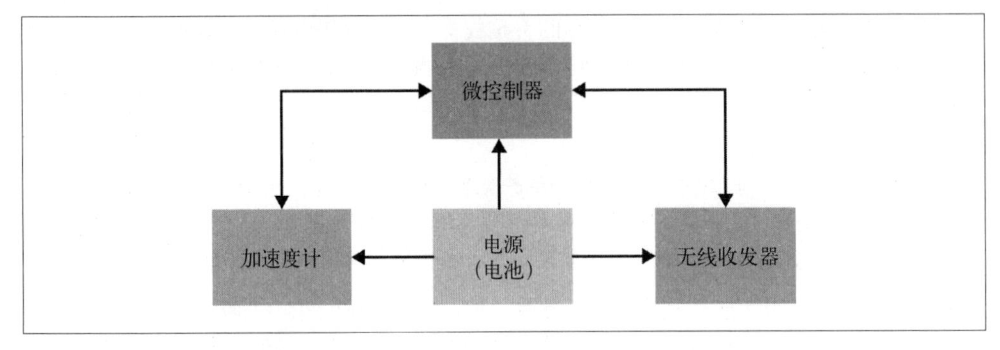

图 4-2：MicroPed 硬件结构

材料成本

MicroPed 看起来相当简单，外面是简易的外壳，里面是电路板，电路板上有一些电子元件。只要弄清楚了产品的电子架构，我们就能准确评估出产品的组装成本。我们可以为产品电子架构中的每个构造块（实际中通常是一个或两个芯片）估算成本，再加上其他需要的各种电子元件（像电阻、电容、连接器、晶振等），最后还有电池和外壳。

表 4-1 列出了制造 MicroPed 时大致估算的成本，不同产量下成本略有不同。我们需要注意以下几点。

- MicroPed 电子架构中的每个部分都能轻松地转换成一个芯片（和电池）。根据经验，如果一个构造块需要使用两个或两个以上的芯片来实现，就表明这个构造块太大了，应该把它划分成更小的构造块。
- 元件成本估算要根据我们在产品中使用的元件来确定，这些元件价格可以从元件供应商的价目表中查到。订购数量不同，元件价格往往差别很大。
- 像表 4-1 这样的材料清单叫"物料清单"。当你与制造商或其他业内人士谈业务时，一定会用到它。

表4-1：MicroPed 物料成本估算　　单位（美元）

元件名	数量100	数量500	数量1000	数量5000
蓝牙低功耗收发芯片	3.15	2.55	2.15	2.00
微控制器	2.90	2.35	2.00	1.95
加速度计芯片	0.85	0.85	0.85	0.85
各种分立元件	2.00	2.00	1.50	1.25
电路板（2 层）	3.00	2.00	1.00	1.00
一次性锂电池	0.30	0.25	0.23	0.20
外壳	10.00	5.00	2.00	1.00
总物料成本	22.20	15.00	9.73	8.25

接下来看看单件产品生产成本的第二部分——组装成本。像 MicroPed 这类只由一个 PCBA 和一个简易外壳组成的产品，我觉得直接把物料成本粗略地当作总组装成本（包括 PCB 组装和总组装）是合理的，而且比较保守。换句话说，直接把物料成本乘以 2 就得到了总的单

件产品生产成本，如表 4-2 所示。一般来说，产品的产量越大，组装成本在单件产品生产成本中所占的比重就越大，而产品组装越复杂（比如复杂的机械组装），组装成本就越高，但现在我们做的是粗略估算，所以这个估算是合理的。

表4-2：总成本估算

单位（美元）

描述	数量100	数量500	数量1000	数量5000
总物料成本（摘自表 4-1）	22.20	15.00	9.73	8.25
组装成本	22.20	15.00	9.73	8.25
单件产品生产成本	44.40	30.00	19.46	16.50

总的来说，如果产品的产量多于 1000 件，那么单件产品的生产成本是 15~20 美元。我们保守一些，就定 20 美元吧。

到现在为止，我们已经搞清楚了产品的定价和单件产品生产成本。从产品价格和单件产品生产成本来看，MicroPed 的售价要比生产成本高，这是个好迹象，但是这还不足以让我们获得成功。我们还需要知道售价和成本之间的差额能否覆盖研发产品的其他支出，包括员工工资、场地租金等。接下来讨论这个问题。

4.2.4 毛利

毛利是指产品售价和其单件产品生产成本之间的百分数差。毛利包括除单件产品生产成本外的所有费用，比如员工工资（这部分未包含在生产成本中）、租金、水电费、设施成本、研发成本等。如果支出所有费用之后仍然有结余，就表示盈利了。

那么，要多少毛利才能负担得起这些支出呢？一般来说，同一行业中的不同企业所支出的费用种类往往是相似的，产品的毛利也差不多。而不同行业之间产品毛利的差别非常大，因为商业运营方式有很大区别。

对于一个给定的行业而言，只要稍做调查就能知道毛利有多少。比如，软件行业的毛利往往很高，一般是 75%~100%，这是因为它的物料成本很低（经常只是一个软件下载或网页点击，成本几乎为 0），软件开发者需要有足够多的利润来冲抵做大量研究、开发和维护所支付的费用。

加油站的毛利一般只有 10%。为什么只有 10%，而不是 20% 或更高呢？原因在于，加油站在把汽油从油罐加注到汽车油箱时并不需要做太多工作（也就不需要为此花多少钱）。加油站的所有开销几乎就是购买、转售汽油的费用。如果加油站提高油价以增加毛利，那么其油价就会比同一条街道上的其他加油站高，因而会失去大量用户。基本上，汽油就是汽油，没有什么区别，人们不会为了某个品牌而多付一大笔钱。

同一行业中大多数公司的产品毛利差不多，因此为一款产品评估毛利有助于我们判断这款产品是否具有商业潜力。

就 MicroPed 而言，我们评估出的售价为 50 美元，单件产品生产成本为 20 美元，这样毛利就有 60%。

对于一款消费类电子产品来说（MicroPed 属于此类），其毛利在 30%~50%。比如，2012

年，苹果计算机的毛利大约是 44%。我们把 MicroPed 的毛利估为 60% 大致是正确的。如果毛利远低于这个数，就要认真计算收入能否冲抵所有支出。当然，毛利越高越好，但前提是产品能够卖得出去。当一款产品毛利很高时，竞争对手为了抢占市场可能会采取降价促销策略，这样就会导致产品毛利下降。

我们还不清楚销售 MicroPed 的收入能否负担得起所有费用，包括研发成本。有关这一点，我们将在下一个阶段（详细计划）进行讨论，但就目前来看，一切还不错：首先我们肯定不会赔钱，其次从整个行业看，我们为 MicroPed 估算的毛利比较合理。

到目前为止，我们对毛利的估算有一个假设前提，那就是直接把产品卖给了消费者。如果我们通过分销商和零售商来卖，必须给他们一定的折扣，以便他们可以从产品销售中赚取一定的利润。零售商从我们这里直接进货时，会有折扣，一般是产品售价的 15%~33%。

在非直销方式下，产品的零售价格往往会比较高，这样当零售商分走一部分利润后，我们还会有不错的利润。假设一种最“坏”的情况，我们提供给零售商的折扣是 33%（33.5 美元），他们以 50 美元的单价卖给消费者。这时，MicroPed 的毛利就降到了 40%，这比原来估算的 60% 要低不少，但是仍然在普通消费类电子产品的合理毛利范围内。

但是，如果通过零售商来销售产品，可能会卖掉更多产品，这样单件产品生产成本会相应降低，这会为我们带来一些利润。如果我们大批量生产产品，比如每年生产 10 万件以上，那么单件产品生产成本也会下降很多。在这种情况下，物料成本和组装成本都会大幅下降。在大批量生产条件下，单件产品生产成本降到 10 美元也是有可能的，我们不必为此感到震惊。在单件产品生产成本为 10 美元的情况下，采用直销方式，单件产品的毛利将高达 80%；采用分销方式，单件产品的毛利也能达到 70%。

总而言之，制造 MicroPed 是个不错的生意，它会为我们带来可观的收益。但是，前提是我们要先把它开发出来。接下来，我们将快速判断开发这款产品是否可行：它容易开发吗？开发中我们会碰到大麻烦吗？

4.3 我们能把它开发出来吗

从根本上说，研发一款产品需要做长期投资。我们花时间和金钱研发一款产品，是希望能够赚到钱，把投入的成本赚回来，最好还能赚一些利润。

在项目的详细计划阶段（第 5 章），我们会准备一个开发计划，尽可能地根据实际情况列出各项成本支出。但目前，我们只关注一个问题就可以了：在产品开发中，有没有哪项技术是我们无法实现的，既买不到也无法通过其他方式获得。这些难以获得的东西有时就像《阿凡达》里的“超导悬浮石”，有以下几种形式。

- 那些我们已知的违背物理定律的东西。比如，制造一个通过人体热量来供电的手机是不太可能的，因为人体的热能很微小，即使能够把它们 100% 转换成电力，也不足以支撑打一通电话或点亮 LED 屏幕需要的电量。能量可以从一种形式转换为另一种形式，但是不能凭空创造出能量。
- 有些东西存在，但我们得不到。比如，如果宏碁需要定制一块 15 英寸的 LCD 面板，并且价格低于 50 美元，他们能够做到，因为他们的购买量是数百万个，总有厂商愿意为他们生产。但是，当我们提出这个要求时，肯定不会有哪家 LCD 面板厂商愿意做，因为我们的订购数量很少。

- 那些尚不存在且不违背物理定律的东西，但是这样的东西往往极其昂贵。比如，私人宇宙飞船重返地球大气层时用来保护船体的热防护罩（可靠、坚固、可重复使用）。

当然，“超导悬浮石”这类东西是不存在的，如果一款产品需要用到这种东西，那么这款产品本身就成了“超导悬浮石”。遇到这种情况时，你要么想方设法去掉对这种东西的依赖，要么放弃这款产品转而去做其他产品。在大多数情况下，我发现那些需要用到“超导悬浮石”这类东西的产品创意通过一些有趣或富有创造性的思路可以重新调整，进而消除这种需求。

显然，我们不愿看到自己的产品用到“超导悬浮石”。但是，如何才能知道自己的产品需不需要它呢?

识别“超导悬浮石”

“超导悬浮石”往往隐藏于一个项目的各个阶段，包含了许多未知因素和风险。要判断一个项目是否存在“超导悬浮石”，有效的办法是把项目涉及的重要技术未知因素和风险全部列出来，指出应不应该担心以及理由是什么。就 MicroPed 来说，表 4-3 列出了我识别出的几个风险。

表4-3：制造MicroPed的一些风险

	风险	是“超导悬浮石”吗？	应对方法
1	电池可以用一整年	或许不算，这要看芯片制造商的营销口碑和用户的个人经验	了解能耗情况，选用功耗符合要求的元件；测量原型在各个运行模式下的耗电量；做高加速寿命试验；必要时调整电池大小
2	防水	不是。能实现，但并不容易	向开发过防水外壳的机械工程师征求意见；进行测试
3	防碾压	不是，根据个人经验	利用压力模拟工具设计外壳 CAD 模型，并进行测试
4	为不会修改固件的创客提供支持	并非不可能；MakerShed、Adafruit、SparkFun 等公司都这样做。但这仍是个沉重的负担	使用标准的 Arudino 硬件 / 固件 / 软件，充分利用社区优势；在发布之前建立产品支持网站

MicroPed 相对简单，既没有无法实现的功能，也不存在重大风险，这是个好消息。但我们在分析时发现了几个潜在问题，如果处理不当有可能会引起大麻烦。为此，我们想出了一些办法，用来降低出现这些问题的概率。如果我们打算把 MicroPed 做出来，就一定要把这些办法添加到项目的详细计划中。

到目前为止，我们探讨了研发产品需要应用的技术，针对产品的可行性也做了非常全面的分析。接下来把这些研究综合在一起，回答这样一个问题：要不要把它做出来。

4.4 做，还是不做

我记得小时候观看过阿波罗载人航天任务的电视节目。在任务控制中心有一群“飞行控制人员”，他们各有专长，分别负责飞船的不同系统：助推器负责人（负责火箭）、飞行动力学负责人（负责火箭飞行路径）、外科医生（负责医疗）、网络负责人（负责太空舱和地面之间的无线通信网络）等。发射之前，飞行总指挥会向每个人询问各个系统的状态：

“助推器？”“正常！”“制动火箭？”“正常！”“网络连接？”“正常！”，依次确认下去。

当所有系统都准备就绪后，火箭就可以发射了。如果有人回答“异常！”，就表示在发射前还有事情需要处理。

我可能有点妄想症，但是我觉得计划的第一个阶段与地面控制中心做状态检查很类似。就 MicroPed 而言，需要做的检查有：“这款产品能卖出去吗？”“正常！”“这个价格能赚到钱吗？”“正常！”“开发可行吗？”“正常！”

如果所有回答都是肯定的，那我们就能确定，开发 MicroPed 不是个愚蠢的行为，可以继续往下进行，进入详细产品定义阶段。第 5 章将讲解相关内容。

第5章

详细产品定义

我们已经大致了解了 Microped 这款产品，并且认为它有机会获得成功，那么接下来就该做实际的开发工作了。实际开发分为两个主要阶段。本章只涉及第一个阶段，讲解如何对我们制造的产品产生信心以及制造时要付出哪些成本。具体来说，实际开发包含如下内容：

- 产品的详细定义（包括产品外观和功能）；
- 对产品开发投入（资源、成本、时间）的合理评估；
- 深入了解产品的制造成本。

这些项目有时也称为设计输出或阶段输出，它们同时又是下一个阶段的设计（阶段）输入。

在这个阶段的最后，对产品有了更深入的了解之后，我们再次思考“这款产品值得开发吗”这个问题。如果回答仍然是肯定的，我们将进入第二个开发阶段，第 6 章将讲解相关内容，在“设计—原型—测试”之间不断迭代，直到产品可以投入生产为止。

5.1 详细产品定义概览

产品开发的第一阶段流程如下。

1. 产品定义：从外部视角详细描绘产品特征。这款产品有什么用？外观是什么样子的？这些问题最终会成为产品需求，指导设计师开发出既实用又吸引人的外壳，还能指导开发者开发外壳内的东西（电路和软件）。
2. 减少风险：找出并减少主要项目风险，比如那些我们不确定能否做或者不确定需要付出多少努力才能做出来的东西。
3. 生产成本：对产品的生产成本做合理估计。
4. 评估开发投入：对产品开发做全面的计划和安排。我们的预期目标是什么？实现这些目标要花多长时间、多少钱？它们之间有什么关系，比如哪些需要先完成，哪些需要后完成？弄清这些问题后，我们就有了项目计划和预算，这样就能判断项目是否具备可行性，并为相关人员设定预期值。

本章重点讲解步骤 1~3。有关开发投入评估的内容，将在第 12 章讲解，只有把整个开发流程讲完之后，评估开发投入才更有意义。如果我们事先知道将来会发生什么，计划起来才会更容易。

> TIP 作为系统工程师，有一点我必须强调，这个阶段中的大部分活动属于系统工程范畴，包括指导需求生成和创建系统与其他架构。在进行这些活动时，建议系统工程师参与（在诸如同步加速器和飞机之类的大型产品开发项目中，系统工程师是必须参与的）。无论任何项目，这些活动的技术负责人最好具备丰富的经验，有强烈的好奇心，性格执着，待人和蔼，多少有几分健谈（基本上这些就是典型的系统工程师的特点）。

接下来把这些高级步骤拆解成更小的步骤，但是在讲解具体内容之前，先讨论迭代的重要性，这对于理解产品开发至关重要。

5.2 迭代

那些没开发过产品的人总是希望产品开发按照线性方式进行：定义产品（需求）；设计师和技术人员动手设计、开发；对产品做测试 / 调整；制造 / 维护。这就是著名的“瀑布模型”，如图 5-1 所示，开发进程朝一个方向从一个阶段“流动”到下一个阶段，就像一条瀑布，“瀑布模型”的名称由此而来。

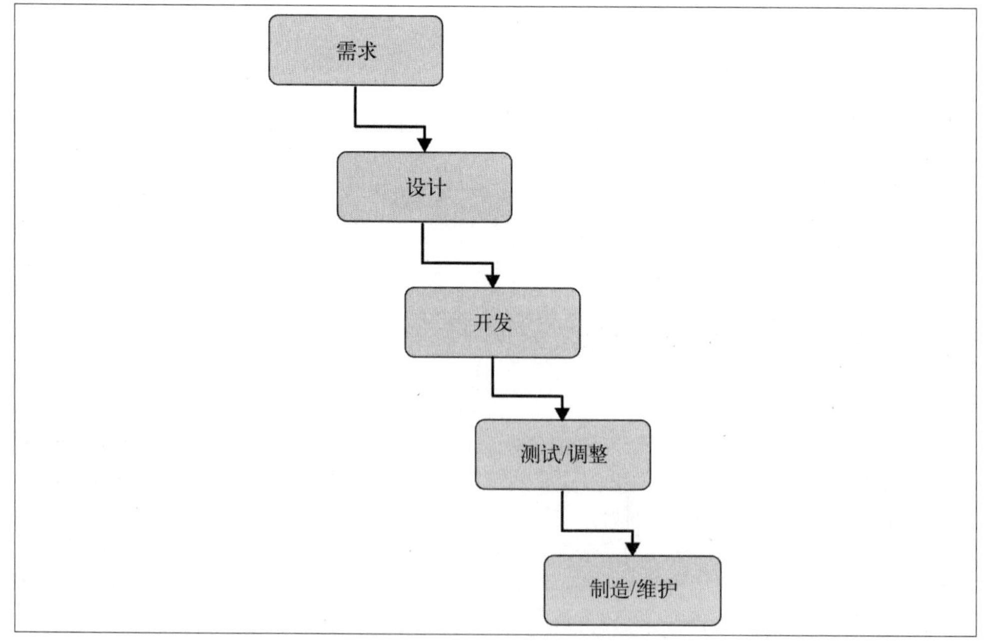

图 5-1：瀑布模型

虽然瀑布模型很简洁，但不太符合现实情况，因为计划并非总能获得期望的结果。我们最终得到的结果可能与预期的差别很大，或因为我们漏掉了某些细节，或因为我们使用的芯片或计算机语言存在缺陷，又或因为市场调查不准确，夸大了消费者购买产品的愿望，等等。

在实际的产品开发过程中，我们会根据模型和原型反馈回来的信息，对模型和原型不断做调整和修改，直到投入生产，进而把满意的产品卖给消费者。

基本的迭代框图如图 5-2 所示。

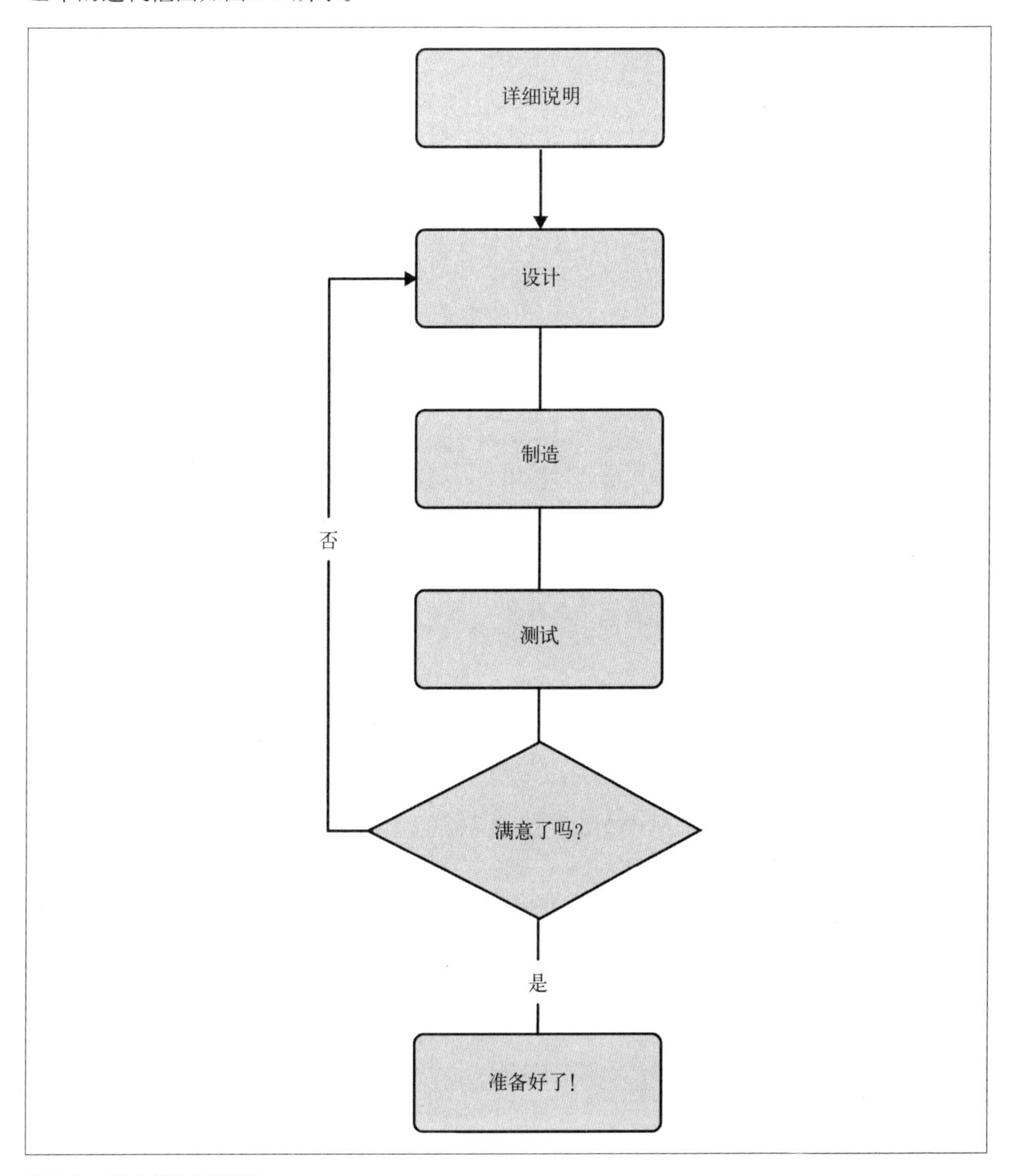

图 5-2：基本的迭代框图

迭代贯穿整个产品开发过程。开发软件时，软件开发者会做大量迭代工作，每天有几十次之多：想一会儿，写一会儿，再测试一下，如此往复。在产品开发中，技术人员和设计师也要不断迭代，直到获得满意的结果为止。比如，设计师会先画一张草图或制作一个泡沫模型，给别人看看，听听他们的意见，然后修改，再给别人看看，如此往复。电子工程师会在纸上设计一个电路（电路图），在面包板上搭建好电路，测量各种参数，然后修改电路图，如此往复。

迭代也会在更高的层面上出现：我们做出了一个完整的产品原型，它在外观上和功能上都与最终产品很相似，我们对其进行测试，如果发现问题，就返回去，做一些系统层面的修改。在测试中，我们会发现需要修改某个需求，而这样的修改可能会影响产品的诸多方面，比如修改尺寸。

软件和硬件的一个重要区别是，软件迭代时间短，硬件迭代时间长。硬件有时需要几周甚至几个月来制造和测试，可能还要花不少钱。要让我举些常见的例子，那我首先想到的是印制电路板和某些注塑成型工艺。因此，硬件开发工程师在开发过程中往往表现得很固执，也很认真，唯恐在产品制造前有愚蠢的小问题蒙混过关。一旦出问题，就会造成很大的浪费，也会让迭代周期变得更长。相比之下，在开发过程中，软件开发者要轻松得多，因为即使日后发现软件有问题，修改起来也相对容易。

软硬件迭代成本的差异引发的另一个重要结果是，软件开发通常是一个有机性更强的过程，有一些现成的方法可用，比如敏捷开发、精益创业法等。对软件来说，即使只有部分功能，也可以提前交付给用户，这样可以尽早收集反馈信息，之后根据反馈信息对软件做增量修改，做进一步改进，然后快速交付给用户。软件每次迭代成本较低，通过试用来获得反馈信息相对廉价（通过试用了解软件的哪些功能可以工作，哪些功能不工作，然后改进）。而硬件截然不同。对硬件做迭代代价高昂。基于 CAD 的模拟能够帮助我们了解与硬件有关的信息，同时无须构建产品原型。但是，根据我的经验，模拟无法完全取代真实的原型，制作原型要花很多时间和金钱。硬件迭代的关键是确定如何迭代，以便我们能够获得最大利益（金钱和时间）。

后文会讲到，在产品开发过程中，大部分开发流程包含迭代过程，并且充分利用了迭代过程。

前面介绍了有关产品开发阶段和迭代的内容，接下来从更高的层次讲解从详细产品定义到产品发布这段时间中都有哪些开发活动。

5.3 流程概览

从详细产品定义到产品投入生产之间还有大量工作要做。迭代和任务之间的相互依赖让后面的开发流程变得非常复杂。接下来，我们尝试把这个阶段中要做的事情用流程图描绘出来，如图 5-3 所示。

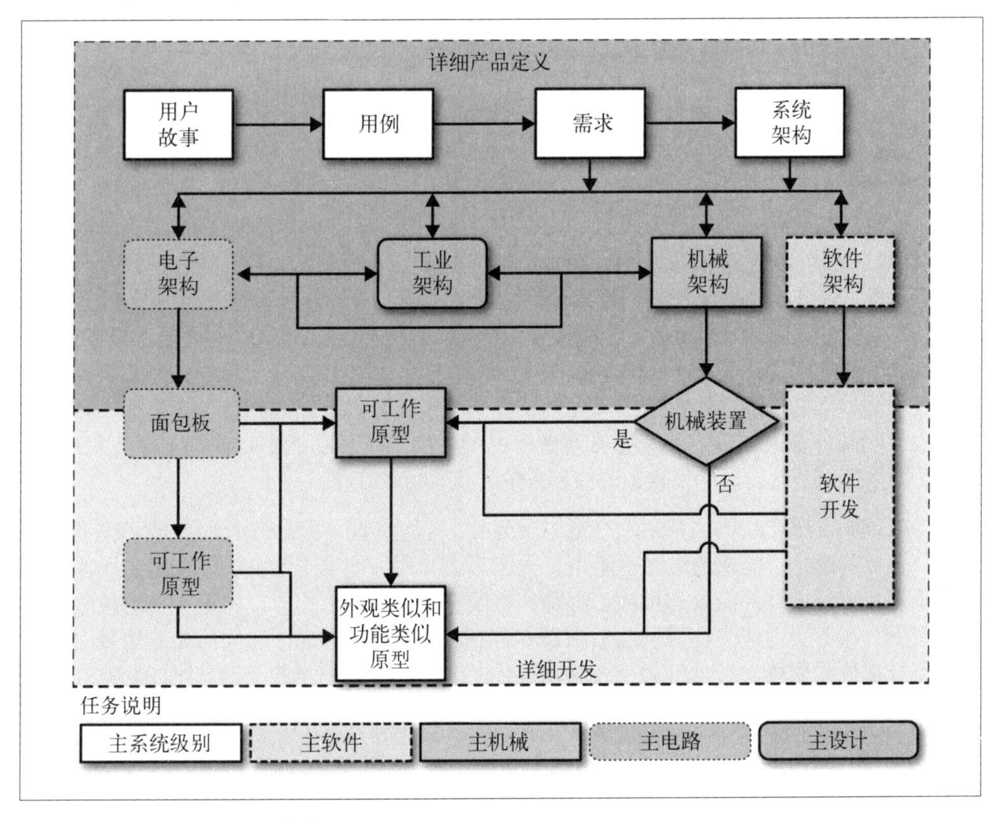

图 5-3：详细产品说明和开发流程

这里需要注意几个问题。首先，在产品开发行业里，可能没有几个人完全认可图 5-3 的全部内容。每个人会有不同的任务、依赖关系和部门。

其次，每款产品的开发投入都有所不同。人造心脏和语音闹钟有很大区别，像工期太紧（比如指定项目必须在某个日期前投入使用）或涉及大量新技术（比如航天飞机）等这类有着严格限制的项目，就会与普通项目有很大差异。

尽管如此，从事产品开发的人对图 5-3 中画出的开发流程还是非常熟悉的，接下来我们会一直使用它。但是，请记住，这并不是大家一致认可的流程，而是我个人的经验总结，仅代表我个人的看法。

请注意，有些方框横跨两个阶段，这是有意为之。因为这些任务开始时可能处在详细定义阶段，然而在推进过程中又到了详细开发阶段。比如，在详细定义阶段，在面包板上搭建电路做概念验证可以大大降低风险，继续开发，就会进入下一个阶段（但愿项目都如此顺利，而无须回到开头重新走一遍流程）。

接下来围绕图 5-3 讲解开发流程。

5.4 详细产品定义

至此，我们大致确定了要制造什么。我们的脑海里已经有了成型的产品，甚至还有一些使用它的画面。在这个阶段，我们将把头脑中的想象转变成物理设计，把产品的使用画面变成具体的需求，借以指明产品的使用方式（或者经过调研对这些内容进行微调）。

或许你认为最开始时我们应该为产品画幅漂亮的外观图，但是有句话说得好，“形式服从功能”，要想在产品功能完全清晰之前就确定产品的最终外观，是不太可能的。针对产品开发，更准确一点儿的说法或许是“形式和功能必须共存”。有些产品只关注形式（比如玩具和家具），有些产品只关注功能（比如军用飞机和粒子加速器），还有一些介于这两者之间，是形式和功能的统一体。那些带有嵌入式电路的智能产品往往属于“我们知道想要什么功能，但如何尽可能地让功能更吸引人呢”这样的类别。所以，在我们费尽心思为一款智能产品设计物理外观之前，应该先仔细想想产品的功能。产品功能源自我们怎样使用产品。把产品功能摸清楚之后，再根据相关信息来做产品的物理设计。

比如，当我们发现产品要经常从一个地方带到另一个地方时，那做设计时就要考虑产品的尺寸，还要考虑是否需要为它加上手柄，或者考虑其他方便携带的方式。反过来，为产品添加手柄意味着设计师需要和机械工程师、电子工程师协同工作，以保证手柄的位置和产品的重量分布不会造成失衡等问题。在图 5-3 中，可以看到各部分之间的相互依赖关系！各个部分都彼此依赖，有时候会让人感觉棘手，因为一点儿小小的改动就可能影响其他所有部分。

> TIP 为一款新产品定义外观和功能非常重要，对那些包含硬件的设备而言更是如此。把绝佳创意和严谨性融合起来需要付出巨大的努力，相关内容在第 1 章中有所提及（第 2 宗罪和第 3 宗罪），判断用户的真实需求非常困难。业界中出现了一些公司专门为其他公司做产品定义，其中比较著名的有 Continuum、Frog Design 和 IDEO 等。本章介绍了一些定义产品功能的技术和流程，在“资源”版块会提供更多相关内容。此外，一定要认识到这是一个重要的工作领域。

有很多方法可以帮助我们用一种比较有条理的方式完成对产品功能的定义。我发现最有用的方法是使用软件和工业设计领域的工具，先从高层的“用户故事”开始，然后扩展至详细的“用例”和“用例图”。

> ! 关于用例图的定义，人们已经达成了一致的看法，但是关于用户故事和用例的定义，却没有形成一致的意见。通常这两者的意思与这里描述的几无二致，但是不同人在使用它们时所表达的含义可能略有不同。在产品开发过程中，为避免出现混淆，最好事先与大家讨论，把这些词的含义确定下来，找出一个大家都认可的定义。

5.4.1 用户故事

用户故事用来描述那些用户会做并且与产品相关的事，比如：

- 用户会从 MicroPed 收到电量低的通知，因此会主动为其更换电池；
- 用户会把他们的 MicroPed 和数据库关联起来，以积累用于分析的数据；
- 发货前工厂技术人员会测试 MicroPed，确保其能正常工作。

每个用户故事都会产生一个高级活动，包括从事这项活动的人（用户、技术员、分析员等）以及这样做的原因。通过这一系列场景，我们能够大致搞清楚产品必须满足的高级需求，从而全面了解要开发的产品。

目前，每个用户故事都只说了个大概。你可能很想添加细节，但是几个原因将其延后。首先，添加细节会让我们过早进入设计 / 开发阶段。从第一个故事可以知道，MicroPed 需要有一种方法测量电池容量，还要有一种方法来通知用户。这时如果细节描述过多，比如"使用弹窗通知用户电量低，以便用户及时更换电池"，那么我们就要尽早确定设计，但其实等到我们掌握了所有用户故事，并能处理所有需求之后，再确定设计会更好一些。

其次，我们很容易陷入设计细节的泥潭中而忽视大局。大局观在整个产品的设计中非常关键。如果我们专注于实现某种通知机制，就很容易忽略一些不那么显眼的事情，比如工厂生产需要注意什么，哪个软件需要增加更新机制，等等。

5.4.2 用例

一旦不同的用户和产品之间形成了一系列高级的交互关系，我们就可以使用用例来充实用户故事了。比如"用户会把他们的 MicroPed 和数据库关联起来，以积累用于分析的数据"可以转换成如下用例。

"用户可以通过一块屏幕看到当前手机发现的所有 MicroPed 设备（在射频识别范围内），然后请求用户轻拍一下要关联的 MicroPed，每秒一次。受到拍击的 MicroPed 通过射频连接到手机，用户屏幕将显示所选的设备。用户可以确认选择，请求更新扫描，或者取消操作。选择确认后，若还没有在数据库中进行注册，就显示注册画面。否则……"

这里有几点要注意。首先，我们开始做设计决策了，比如 MicroPed 将经由无线识别自己，这并不是通过用户输入序列号或扫描器来实现的。这时候做的设计决策都是详细的，但未必是最终决策。随着我们在详细产品定义这一阶段的迭代，我们多半还会做出一些修改，让设计趋向简单、对用户友好，同时力争降低成本，提高可靠性。

这些决策是关于用户如何与产品进行交互的，所以这个过程一般由负责用户体验的团队成员来主导，比如用户体验设计师、营销人员和产品管理人员，还要有相关技术专家的大力支持。第 1 章讲过，技术人员对技术的看法与普通用户不同，这也正是他们从事技术的缘由所在。

你可能已经注意到了，上述用例中，文字描述有些啰唆，也许有点难以理解，这是用例描述普遍存在的问题。出于这个原因，我们更常用用例图，而不是用例描述。我个人就喜欢用普通、简单的流程图来表示交互，但仍有许多其他方式供你选择，比如用例图，它是著名的统一建模语言（UML）的一部分，软件开发者应该更熟悉它。

我们把使用文字描述的用例用流程图表示出来，如图 5-4 所示。相比于文字，流程图更简洁易懂，而且创建、编辑也更简单。

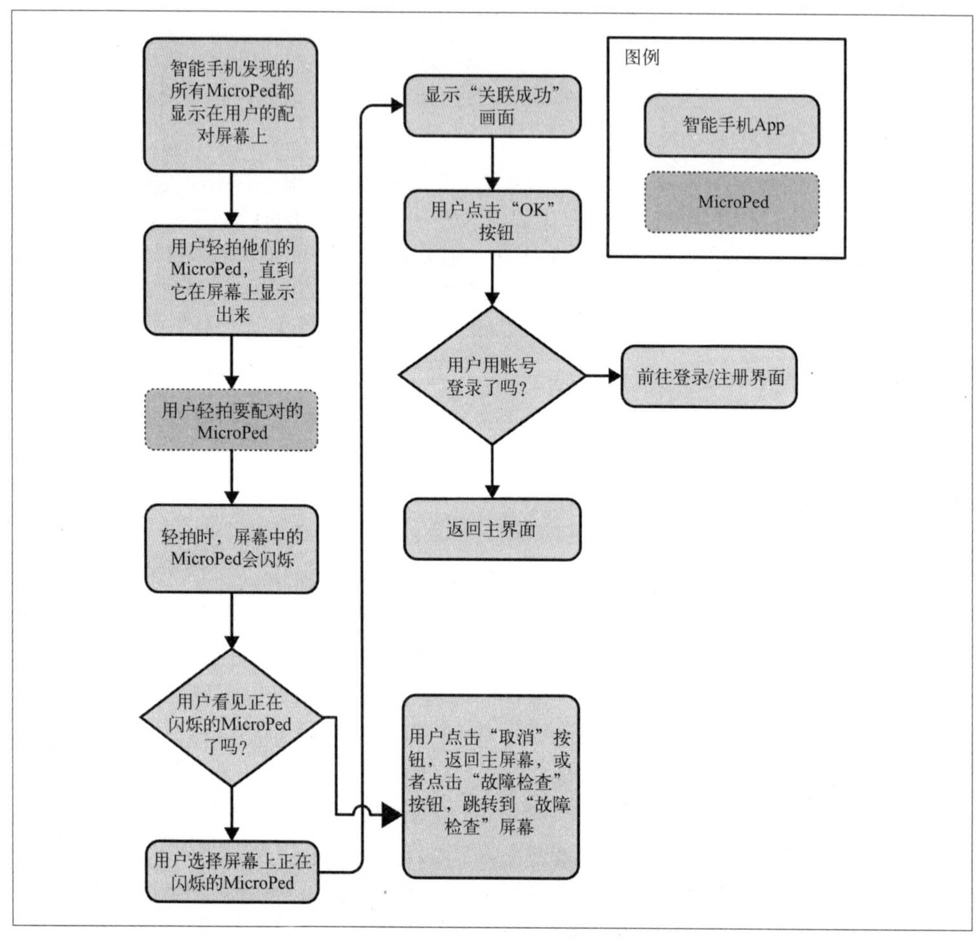

图 5-4：MicroPed 与智能手机配对流程图

- 虚实框指明了动作执行的实体。根据整个流程图来维护系统会很容易，哪个实体执行哪些动作一目了然。
- 各屏名称使用不同于其他文本的颜色表示，设计师或开发者很容易辨认，在开始设计之前，他们可以轻松地对各屏显示的动作进行分类。如果想要各屏画面显得更酷炫，可以为各屏名称添加超链接，点击超链接就可以跳转到另外一个用例图、线框图或屏幕图片。

做完用例后，我们应该对产品在实际环境中的工作原理有了非常清晰的认识。功能描述至关重要，但是，我们还需要其他一些需求来更完整地描述产品。接下来集中讲解这些需求。

5.4.3 需求

所谓需求，就是产品的一系列属性，用来描述产品，相关人员根据需求了解我们要制造的产品是什么样子的。我认为，可靠的需求至关重要，它甚至会决定一款复杂产品的成败（项目成败与需求编写的情况密切相关），第 11 章会专门讲解需求。你可以跳到第 11 章深入学习有关内容，本章不做深入探讨。

表 5-1 是 MicroPed 需求列表，里面只包含一部分需求。关于这些需求，有两点需要注意。

- 表 5-1 中列出的许多需求不是基础需求，而是锦上添花的亮点功能。基础需求（必须满足的需求）倘若未被满足，整个产品就会失败。就 MicroPed 来说，它是一个小项目，开发它的主要目的是用作教具，辅助讲解本书内容（同时也是为了自我学习），我可以自行决定哪些需求是真正的需求。但事实上，在公司里，需求通常由市场营销人员根据用户提出的想法来确定，当然还需要其他部门的大力支持。
- 相比于其他产品，有些需求编写得不够严谨、准确。那些由大公司开发的产品，或者由已有产品不断改进得到的产品（比如新款汽车），或者军事、医疗、航空航天领域使用的产品，需求描述通常会更详细。例如，我会安排召集一批用户来做测试，让产品在平坦的铺筑路面上有 5% 以内的步距精度。但更出色的需求描述不止如此，而是类似这样的：在一批年龄为 15~85 岁的美国用户（筛选条件置信区间为 95%）的测试中，能有 90% 的用户使用本产品在平坦的铺筑路面上达到 5% 以内的步距精度。这是一个精确而几乎没有余地的需求描述，但测试起来颇具挑战性。我们将需要为此做大量调查，以确定参加测试的目标用户样本，同时需要大量的用户样本。这是一条对产品做出的合理折中的需求。在大公司里，这条需求可能会被表述成后者，也可能不会。每个公司都有自己的做法。

表5-1：MicroPed需求

	我们想要什么	需求程度	理由	如何测试
1	智能蓝牙无线接口	必需	智能蓝牙是低功耗传感器（超长电池寿命）进行通信的工业标准。当今市面上销售的各种智能手机都支持它	认证测试或使用经过认证的模块
2	在平坦的铺筑路面上，步距精度在 5% 以内	亮点	显而易见	邀请具有代表性的用户群测试行走，对比人工计步数据
3	一块电池能运行 7 个月或更久	亮点	7 个月比其他无线设备宣称的要久	测量电路电流消耗、应用模型、电池性能参数、电路设计（比如关机电压）
4	编程 / 功能测试适配器	必需	工厂需要为每个单元编程，同时做功能测试	确认测试
5	9 英寸防水	亮点	最小池深遵循 ANSI/APSP-ICC-5 2011 地面泳池标准	确认测试，95% 置信水平
6	1 米防水	必需	IP67 标准	确认测试

（续）

	我们想要什么	需求程度	理由	如何测试
7	耐机洗	必需	可以随衣服一起丢进洗衣机洗涤	确认测试
8	保存数据的时间间隔为 1 分钟，能够存储 7 天或更长时间的步数	亮点	竞品大都这样做，但是这个粒度好像超出了大部分人的需求	分析和确认测试
9	正常使用时，数据收集计时（如存储开始时间）精确到 1 分钟之内	亮点	假如我们使用 1 分钟存储粒度，计时精确度就非常重要	分析和确认测试
10	满足 USPS、UPS、Fedex 对锂电池的运输要求	必需	用这些快递来发货	分析
11	符合 FCC B 级无意辐射规范	必需	在美国市场销售要求	确认测试
12	符合 FCC 辐射规范	必需	在美国市场销售要求	确认测试或模组认证

另外，把用户故事加进来当作需求也很合理。需求中可以包含用例或用例图，但用例或用例图通常描述的是“如何实现需求”而不是“实现什么需求”。诸如此类可能多半是亮点功能，而不是必须要满足的真实需求，可据此告知设计师和开发者需求的设计意图，但不要过度干涉他们的工作。

至此，我们基本已经了解了产品在用户看来会是什么样子，就差搞清楚它真正的样子了！接下来是围绕产品外观设计的一系列活动（设计产品外壳或者软件界面）以及一些关于产品内部技术的一些高级决策活动了。

5.5 从“做什么”到“如何做”以及“谁来做”

接下来的一个阶段是我最喜欢的部分，涉及工程、艺术、折中权衡等。在这个阶段，我们将创造出产品的物理外观（外壳）和软件界面（不包括功能），并进一步讨论产品内部的软件、电子、机械部分。

这些活动之间有高度依赖性，需要相互配合才能完成。比如，外壳需求确保所有产品零件都能放进去，但是在某种程度上，我们也可以根据特定的外壳挑选合适的零件。软件必须能够在所选的电子元件上运行，与其协同工作，但是我们也可以选择特定的电子元件，以便开发者开发软件。在这个过程中，谈判技巧也很重要。回头再看看这个阶段的流程图（图 5-3），哪些活动涉及系统架构、电子架构、工业设计、机械架构、软件架构等多种架构。在深入讲解之前，先简单介绍与常见架构相关的定义和概念。

5.5.1 架构的基础知识

通过架构，我们可以把复杂产品分解成更小的、具备抽象功能的构造块。这些构造块比独立元件的级别高，但比“产品”这样的独立块级别低，构造块的提法便于讨论和解释高级功能。

举个例子，请看图 5-5，它展现的是 MicroPed 可穿戴设备的初步电子架构。

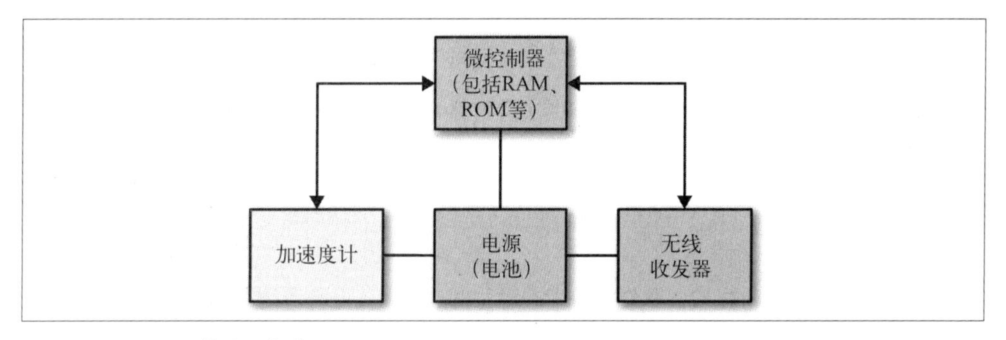

图 5-5：MicroPed 的电子架构

显然，使用图 5-5 描述 MicroPed 的功能要比使用图 5-6 的电路原理图更容易理解一些。

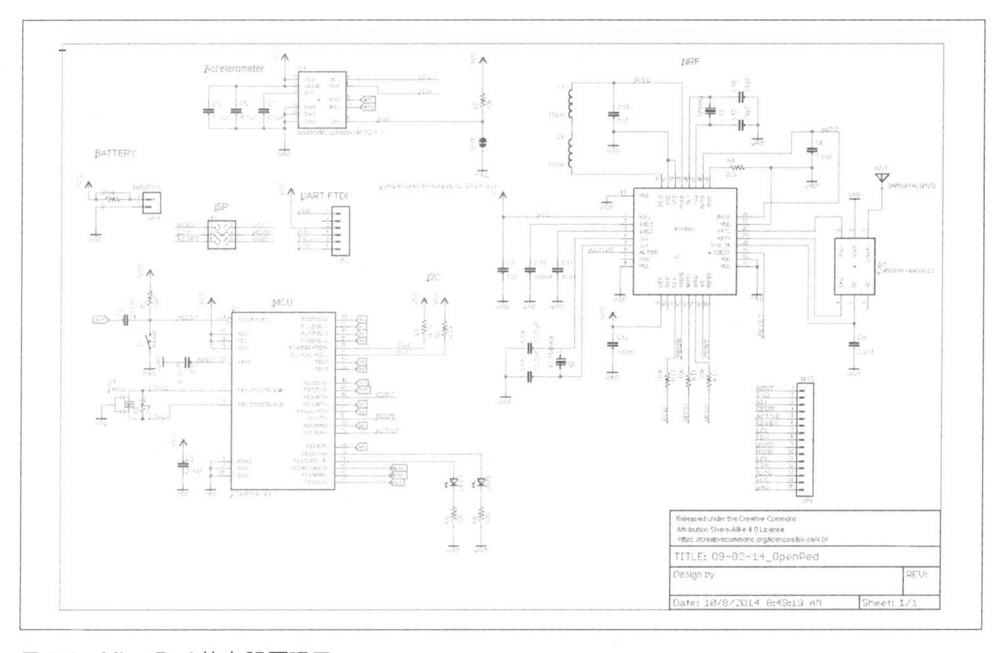

图 5-6：MicroPed 的电路原理图

一款产品有多种架构视图，每个视图反映系统的不同侧面，包括：

- 电路；
- 软件；
- 机械 / 物理；
- 逻辑（从逻辑上把系统划分成各种组件和服务）；
- 信息（表示流入、流出或驻留在系统中的关键数据）；
- 可操作性（定义组件和服务运行时的操作和交互）；
- 技术（定义所选的技术平台，包括射频芯片、Web 托管 / 服务等）。

并非所有产品开发都会用到多种架构视图。一般来说，开发的产品越复杂，越需要对复杂做抽象化，需要用到的架构视图就越多，这样做的好处也更明显。

架构也可以是分层的。一个产品可以先有一个顶级架构，而后这个架构中的各个构造块可以变成各种架构，然后这些构造块再继续往下形成各种更小的架构。从命名方面来看，这可能会造成一点儿困惑，尤其提到系统架构这个术语时，人们常常用它表示那些略微复杂一点儿的架构。就 MicroPed 来说，系统架构一般包含以下三个方面：

1. 整个 MicroPed 系统架构，包括可穿戴设备本身及其所连接的智能手机、存储和提供数据的后端架构等；
2. MicroPed 可穿戴设备架构，这也是一个系统，包括硬件、软件和机械部件；
3. MicroPed 可穿戴设备或其他实体中的子系统，比如可穿戴设备中的软件系统以及在后端服务器上运行的 Linux、Apache、PostgreSQL 等。

简明起见，使用“系统架构”这个术语时，最好明确指出具体是哪个架构，比如 MicroPed 顶级系统架构、MicroPed 可穿戴设备软件系统架构等。

TIP 命名警告

“架构”的定义在业界并未达成一致。本书中所提的“架构”一般如本节所指，即对复杂的产品做抽象化的构造块。不过，也有一些词语用于表示类似的抽象概念，比如“构造”和“原理图”。事物的名称固然重要，但更重要的是，确保相关方对事物的称谓是一致的。在实操中，最好在使用前率先定义好这些术语。

一般来说，大部分有经验的设计师和开发者会同意把构造块看成一个架构。但这个主题有时也会衍生出许多问题，因此下面简单探讨架构的粒度。粒度是指我们所定义的构造块的大小，它最终决定构造块的数量。

我喜欢把架构中的构造块数量最小化，因为构造块太多会加重产品负担。在具有很多细节的构造块之间，为每个构造块和接口编写文档是非常好的做法，在关键系统中更是如此。大量构造块意味着要编写大量文档。

比如，我们是有一个单独的构造块叫作“电源供给”，还是有多个构造块，每个构造块分别为部件供电？（如为电压调节器芯片和相关电路板供电）或者，我们会不会觉得电源供给构造块是多此一举，因为它们的存在不过是臆想出来的呢？

解决这些问题的一个方法是，考虑这样一个构造块是否有可能在开发过程的高级别讨论中被单独提及。回到电源的例子，如果我们的产品使用插座电源，那就几乎没有电源管理问题，只有一个单独的支持多电压的电源构造块足矣。电气工程师在设计或指定电源时很少会谈论独立电源的细微差异。但是，对于一个由电池供电的复杂设备而言（各电源供给构造块会切换以省电），可能就会有不同级别的电子工程师和软件开发者间的对话提及电源供给问题。在这种情况下，不妨细分电源供给，并另增一个构造块用以协调电源构造块的切换，在一个独立的电源供给架构中搭建这些构造块。

接下来从理论走向实践，了解如何把上述与架构有关的知识应用于 MicroPed。

5.5.2 MicroPed顶级系统架构

如前所述，最高级别的系统架构（如图 5-7 所示）涉及多个独立的物理实体与后端服务实体，比如 MicroPed 可穿戴硬件、智能手机、基于云的功能等。它指定了这些实体和信息彼此交互的接口。

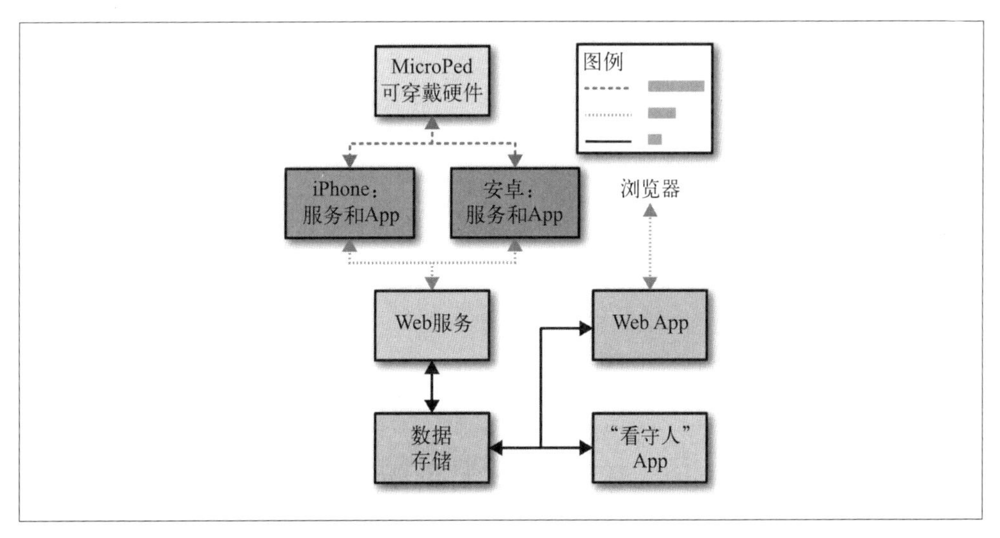

图 5-7：MicroPed 顶级系统架构

顶级架构为我们明确指出了需要创建或获取哪些东西：MicroPed 自身、iOS 与安卓 App、数据存储等。（"看守人" App 在架构图中仅作占位之用，指代后端一个执行，如发送各种提醒消息、备份之类必要事务的应用。）

当我们把用户故事、用例和需求放到一起时，在有经验的人看来，这款产品的架构就很清晰了。这是一个初步架构，可随着我们在详细产品定义阶段的行进而改动，而到本阶段的尾声时，架构就应该确定下来了。

开发架构时，我们应该关注现有的产品和服务，它们有可能会让我们的工作变得简单（比如减少开发成本或降低风险），尤其是那些后端基础设施，使用现成的服务往往比我们自己创建运行要好得多。这些服务有亚马逊的 AWS、S3、微软的 Azure 以及谷歌提供的各种服务等。

比如，在创建好图 5-7 所示的架构之后，我选择谷歌的 Google Fit 服务来存储和显示健康数据。使用 Google Fit 会大大简化系统架构的复杂度，减少开发投入，图 5-8 显示了把 Google Fit 服务添加到架构中的情形。这样做的代价是我们和用户都必须遵守谷歌的相关条款。是否真的要这样做，必须仔细权衡。

> **TIP** 这个阶段，尤其要注重尽量简化一切事物。把产品推向市场最快、最容易的办法通常也是最好的、风险最低的办法。如果产品很受欢迎，我们就能从产品销售中获得很多收益，这样就能减少产品成本，并进一步改进产品。有关降低技术风险的内容，稍后会进行讲解。

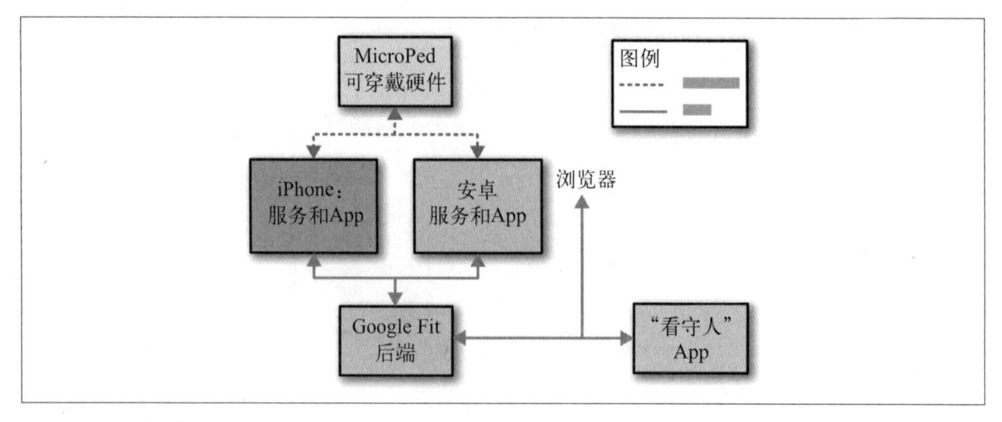

图 5-8：加入 Google Fit 后的 MicroPed 顶级架构

我们也可以使用苹果的 Health Kit，但对 MicroPed 来说，相比于 Google Fit，苹果的 Health Kit 限制更多。

从架构层次来看，每个构造块本身就是一个系统，如果它们是我们自己开发的，那么理应把它们分别分解为架构。

后文将重点讲解 MicroPed 可穿戴硬件，因为它与我们的主题关系更为密切，但是为了向用户提供更好的使用体验，我们对 MicroPed 系统的其他部分也要留心。

5.5.3 更多架构和设计

现在我们已经有了需求和一个顶级架构，接下来就要进行各种相关的开发工作了，包括：

- 电子架构（初步电子物料清单）；
- 软件架构（操作系统、库、软件模块等）；
- 工业设计（外壳）；
- 用户体验设计和用户界面设计（软件界面和屏幕流程）；
- 机械架构（机械零件以及它们如何组装在一起）。

用户体验和用户界面等术语可以描述在定义产品与外界如何交互时所涉及的不同任务（与阐明技术如何实现这些交互截然相反）。这些术语的用法不统一，大致情况如下。

用户界面设计：一般指各个软件界面的布局。

用户体验设计：一般指软件整体功能和软件流程，或指软件和硬件整体。

图形设计：一般指屏幕的像素级设计。

工业设计：一般指物理外壳设计，但是有时也指产品的所有美学设计（包括用户界面设计、用户体验设计和图形设计）。

上述每项工作会直接为我们的某些需求提供支持，但是如前所述，它们也必须彼此提供支持。比如，电子架构必须满足软件架构的需求（例如，若软件需要支持 Linux，电子架构也需要支持 Linux），还要兼容机械架构（例如，电路板必须能够放入预留的空间中，释放的热量不要超过机械零件的承受范围）。反过来，机械架构必须满足设计师的要求（比如按照设计师的要求做出外壳）。

接下来介绍每项活动以及各项活动之间的相关性，尤其是那些我们必须弄懂的相关性。

电子架构

这项任务主要由两项活动组成：改进初步电子架构；密切关注需求以及其他设计 / 开发方面的要求（软件、机械、设计）。我们在电子架构设计上应该深究那些独特的芯片和元件，至少要涉及那些对预估参数有影响的元件，比如处理器、传感器、显示器、电池和引擎等。在这项任务的最后阶段，我们会得到需要的电子元件的完整清单，还有 PCBA 的数量和功能、尺寸及其内部与外部相连的接口资料，电子元件的组装成本，电池功耗以及技术人员工作所需的任何信息。

在嵌入式电子系统中，处理器、显示器、传感器、无线电、引擎一般占用大部分电力，它们也是成本的大头，把它们确定下来非常重要。我们还要有与外部相连的物理接口的详细细节，包括各种连接器（比如电源、USB）和传感器（比如一个需要在某个位置伸出并以特定方式架置的摄像机组件等），这样设计师和机械工程师就能考虑到这一点。

就 MicroPed 来说，为它设计电子架构是很大的挑战，因为我们希望一块小电池就能保证它长时间运行，此外还有其他各种要求。接下来看看那些最终决策以及决策的原因。

经过一系列研究，我们发现第 4 章中对 MicroPed 电子架构的设想并不十分合适。与使用简单的射频收发器芯片相比，使用包含射频收发器与可编程微控制器的组件明显更便宜。这样 MicroPed 就有了两种候选的电子架构，分别如图 5-9 和图 5-10 所示。

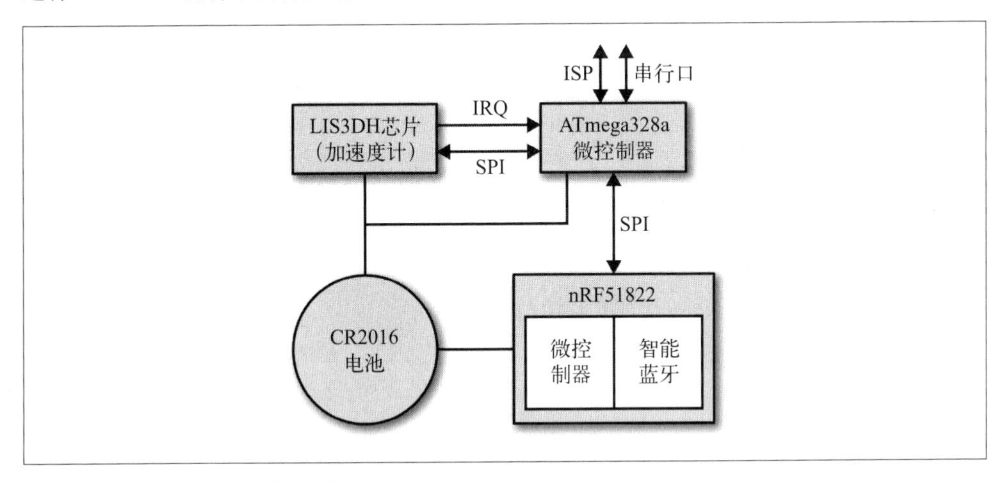

图 5-9：MicroPed 电子架构候选项 A

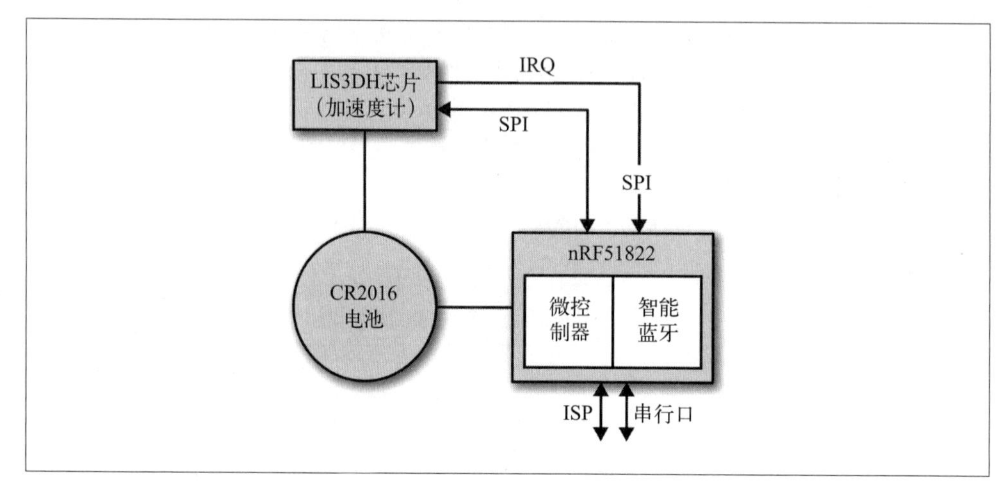

图 5-10：MicroPed 电子架构候选项 B

以上两个候选电子架构的不同之处在于，架构 A 中包含了一个 ATmega328a 微控制器，用来与 Arduino 保持兼容，而架构 B 中没有这个控制器。接下来先简单讨论两个候选架构中都有的部分，然后再分析它们之间的区别与影响。

我们之所以选择 CR2016 电池，是因为它尺寸最小（20 mm × 1.6 mm），并且能为 MicroPed 持续供电一年（容量 80 mA · h），这意味着供电期间电池平均提供 10 μA · h 电量。这个值是根据粗略计算和个人经验估算出来的（瞎猜），带有一定风险，但是我们可以通过更换电池降低风险。CR2016 是同系列电池中容量最小的，如果最终无法把平均耗电量降至 10 μA · h，我们可以换用其他容量更大的电池，比如 CR2025 和 CR2032。它们的电压和直径相同（与 CR2016 相比，它们的厚度分别为 2.5 mm 和 3.2 mm），可以把平均电流提升 3 倍，只是使用它们会让 MicroPed 变得更厚一点儿。

nRF51822 芯片内含智能蓝牙无线电路和微控制器（ARM Cortex Mo）。nRF51822 芯片使用微控制器通过控制无线电路实现了智能蓝牙功能。如果我们购买了特制开发套件并取得制造商北欧半导体公司的许可，他们还会允许我们使用微控制器的闲置资源和 CPU 周期。我们之所以从众多同类芯片中选中 nRF51822，基于以下几个原因：

- 耗电少，能耗低；
- 相对强大的内置微控制器；
- 可以由一次性锂电池驱动，比如 CR2016；
- 廉价且有良好技术支持的开发工具；
- 成本低；
- 可编程存储器。

而基于以下三个重要原因，nRF51822 芯片经常用在小型预组装模块中，这会大大降低开发成本和风险。

1. 这些模块中包含 nRF51822 运行所需的各种无源元件（电容、电阻、晶振等）。射频设计可能会特别棘手，而这种小型组装模块能减少一些微不足道的设计和开发风险，尤其在 PCB 设计方案不佳的情况下。
2. 射频在很多国家已经是预先核准使用的了。如果没有预先核准，我们将需要在开始（合法）销售 MicroPed 之前，花上几万美元来处理各种认证事宜。第 10 章会涉及关于认证的更多内容。
3. 每个元件的射频性能由供应商提供保障，我们就不必再为 MicroPed 开发和执行这些元件做测试了。第 6 章会谈到产品测试的相关内容。

我们选用 LIS3DH 加速度计的主要原因是它耗电量少，成本也低。

接下来讨论两种候选架构的不同之处，即是否包含 ATmega328a 微控制器。nRF51822 中的 ARM Cortex Mo 微控制器比 ATmega328a 更强大，并且能够轻松处理 MicroPed 必须执行的处理任务。从性能角度看，我们可以去掉 ATMega 元件，以便大幅降低成本和复杂度。但这样做的不利方面是产品从此失去了对 Arduino 的兼容性，因为 ATmega 为我们提供了现成的 Arduino 兼容功能。在不使用 ATmega 的架构中，我们仍然可以让它兼容 Arduino，但我们必须为此开发软件来实现兼容需求。

第 4 章讨论过，那些想对 MicroPed 再次编程的人在我们目标市场的比例较小，对我们来说，与 Arduino 保持兼容没那么重要。相比之下，我们更在乎削减生产成本以及更轻松地开发产品。因此，我们决定不使用 ATMega 处理器，暂时不兼容 Arduino。如果以后有大量用户强烈要求兼容 Arduino，我们可以通过软件升级的方式提供对 Arduino 兼容的支持。

物理架构

MicroPed 只是一个简单的设备，它的外面是一个外壳，里面是一个 PCBA，对外没有物理接口。更大、更复杂的设备一般有多个 PCBA，它们常常有一两个主板，布满了大量电子元件，还有几个辅助电路板，每个电路板上只有少量电子元件。一个典型的例子是拆开后的笔记本计算机，如图 5-11 所示，它可以用作我们深入了解物理架构的素材，或至少了解电子组装的例子。在图 5-11 中，可以看到 5 个 PCBA：

1. 大主板；
2. 左侧小电路板，带有两个 USB 端口连接器和一些电子元件；
3. PCBA，焊着内存；
4. 底部一块小电路板，焊有射频模块；
5. 安装在主板上、标签上印有“Anatel”字样的小电路板，焊有射频模块。

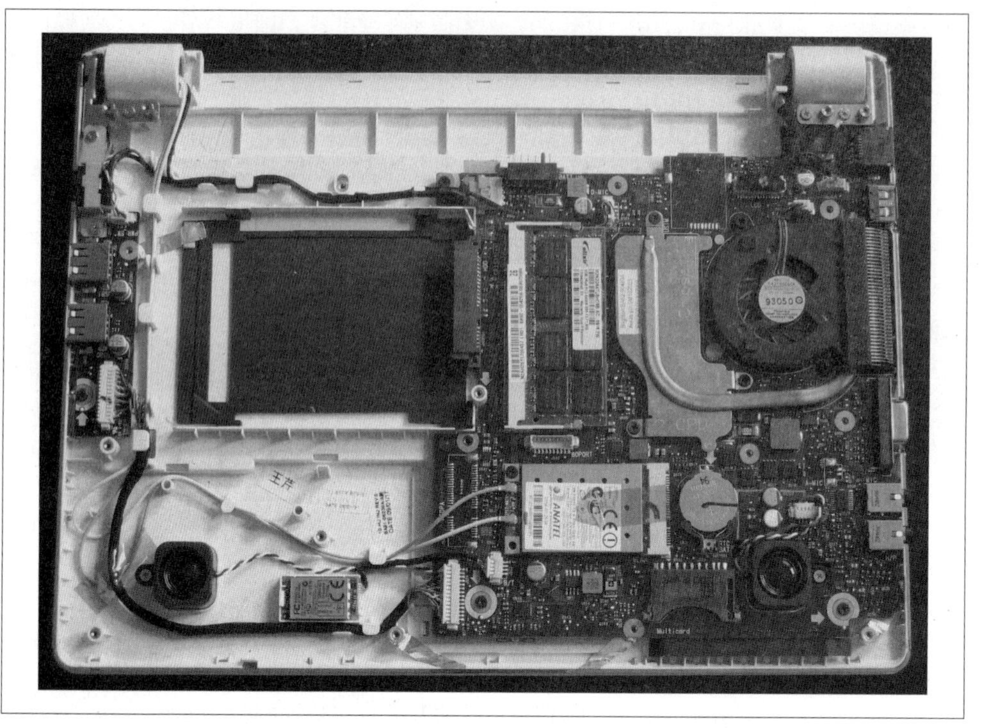

图 5-11：拆开的笔记本计算机

完全组装好之后，这台笔记本计算机还会包含更多电路板，键盘、硬盘、电池、电源都有相应的电路板。这样算起来至少有 8 块电路板，它们之间的机械和电气连接通过连接器、电缆与 PCBA 实现。

我们把电路划分成多个电路板有很多原因。其中一个是模块化，在模块化设计中，我们可以使用另外一块拥有相同功能的电路板更换指定电路板，只要它们拥有相同的连接器，使用相同的电气和软件协议，并且都能安放在指定物理空间中即可。比如，计算机内存采用的就是模块化设计方法，内存的尺寸、形状、连接器、性能都有特定的标准，当我们需要升级内存容量或更换有问题的内存时，可以很方便地使用新内存换掉旧内存。

使用多个 PCBA 的另一个原因是方便把不同电子元件安置到外壳的不同位置上。比如，一台打印机通常在正面靠上的位置有一个 LCD 显示器，在背面底部有电源，还有各种引擎和机电元件被安装在各个地方。虽然这些元件大都可以用电缆直接连到主 PCBA 上，但是它们还是应该有单独的 PCBA（包含一些需要的电子元件）。这样做的原因很多，比如，用来驱动引擎的电气信号在经过较长的电缆时会产生大量的射频噪声，因此更好的做法是在引擎附近放置单独的控制电路。

布线通常是架构设计之后才考虑的事情，但应该早点重视它。下面讨论这个主题。

布线

电缆和连接器（有时合称为连接线）并不是什么神奇的电子传输元件。这些元件的电气和机械特性各异，要正确使用它们，需要下一番功夫。

最明显的是它们都有物理大小。回看图 5-11 中的内存模块，如果直接把芯片焊到主板上，就能节省更多空间，这是显而易见的。就笔记本计算机来说，把芯片直接焊到主板上可能不会影响外壳的大小，这是因为它的外壳大致是个长方体，其他元件可能会限制大小（比如，铰链五金件比内存模块更外凸靠近摄像头，所以内存模块占据的是原本的空位）。

需要对外壳内的电缆规划线路，以便连接各个端点。电缆也不要弹性太大，以免拉脱连接头或者产生异响。也就是说，我们需要把较长的电缆固定在某些点上（一般是外壳上的固定点）。在图 5-11 中可以看到，一些电缆被用塑料标签或者胶带固定在外壳上了。

在使用电缆和连接器时，一定要考虑它们的电气特性，在高速电路中更是如此。它们可能会呈现出明显的电容、电感特性，出现传输延迟和信号串扰现象，还有可能成为天线，外泄射频能量，导致测试过程出现问题。

组装电缆、连接器、电路板时，我们要考虑很多问题，比如工厂的员工是否使用物理方法装配连接器和电缆？其他元件会产生影响吗？

相比于焊点，连接器的可靠性一般更差。组装期间，它们可能装得不好（如安得不紧），或者由于物理冲击和震动发生脱落。针对这些问题，我们要把连接头锁紧，甚至可以使用一些胶带辅助固定。

最后要注意，线缆和连接器都会增加材料和组装成本。

TIP 当有许多信号要在线缆中传输，甚至长距离传输时，我们应该考虑使用低电压差分信号技术。这项技术专门用来通过线缆长距离传输信号，它可以大大增加信号的传输距离，而信号不会明显衰减，可以降低总电力消耗，减少外泄的射频能量。一个额外的好处是，很容易地找到多种支持多路复用技术的芯片，这些芯片可以把 6 路及更多路信号组合在一根双绞线中进行传输。双绞线的另一端有另外一个芯片，这个芯片通过多路分离技术把信号格式还原。

接下来介绍 MicroPed 的软件架构，软件代码能让智能产品“活”起来。

软件架构

有关软件架构开发的资料随处可见，因此这里不会讲解得太深入。从根本上说，在软件架构开发过程中，我们要做的是把软件功能分解成相关的构造块，包括第三方软件，比如操作系统（若有）、各种库和工具（比如开发环境和调试器）等。

软件在电子元件之上运行，用来控制电子元件，软件开发者和电子工程师需要紧密合作，确保各个部分能够协同工作，保证软件不需要那些耗电多或成本太高的元件，电子工程师要选择那些软件容易控制的元件。

使用第三方软件时一定要做好审查工作，确保它们不仅满足技术要求，还要满足商业需求。

- 许可审查：选择的许可证满足我们的需要吗？它们要求我们公开敏感的源代码吗？如果需要付费，那在产品的整个生命周期中，需要支付多少费用？搞清楚这些问题非常重要，项目使用了开源代码时更是如此，因为开源许可法一直在变化。请律师帮忙审查或对你的审查结果做复查会有所帮助。
- 生命周期支持计划：在产品的整个生命周期中，我们能得到一定程度的支持吗？如 bug 修复。

就 MicroPed 来说，软件架构相当简单。我们甚至不需要操作系统。图 5-12 给出了一个简化版本。

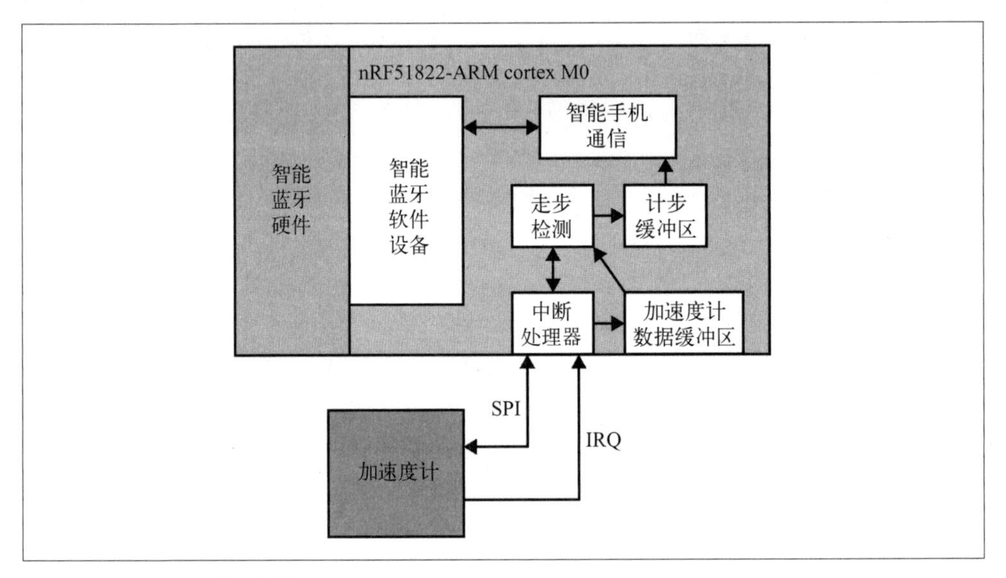

图 5-12：MicroPed 软件架构

一般情况下，nRF51822 芯片的处理器会处于休眠状态（低耗电模式）。当加速度计有新数据要发送时，它会通过硬件中断来唤醒处理器。加速度计中断处理器通过 SPI 总线读取新数据，并把它发送到一个用来保存加速度计原始数据的缓冲区中，然后调用走步检测算法判断其是否有新的步数。当算法从原始数据中检测到新步数时，步行时间就会存储到计步缓冲区中。其他 nRF51822 软件负责连接智能手机，通过智能蓝牙发送相关数据（步行、电池状态等数据）。

请注意，上述描述像产品设计而不是产品定义（的确如此），只是在做足够多的设计，明确详细设计阶段需要涵盖的任务，指定架构以及评估要投入多少。有时候，在开始做详细设计时，我们会发现最初的架构出了问题。但是，这远比我们从未在早期做修正要好得多。

位于 nRF51822 的 Cortex Mo 中的“智能蓝牙软件设备”是一个二进制代码库，它由芯片制造商提供。在组装过程中，我们必须把它加载到元件以及定制的固件中。这些聪明的做法整合了芯片的智能蓝牙硬件，将产品的复杂性隐藏到背后。Cortex Mo 中的代码通过调用这个软件设备来使用智能蓝牙。随着嵌入式处理器的造价走低，芯片制造商这种在外围芯片上嵌入处理器并使用二进制代码来驱动的做法日渐普及。这不仅免费为用户提供了一个处理器，还允许芯片制造商通过升级软件来提升周边部件的能力，更新现有设备。

安装在外壳中的电子部件（包括相关软件）介绍完毕。接下来该设计外壳了。

工业设计

本部分中提到的“工业设计”涵盖用来确定产品机械、软件、包装等外观的各个方面，包括用户体验设计和用户界面设计等。

在这个阶段，工业设计涉及的内容很多，包括外壳、软件屏幕以及其他用户体验等。在这个阶段的最后，这些设计活动（尤其是与机械设计相关的活动）一般都已经基本完成了，只需随着事情逐渐确定下来，在开发阶段微调即可。比如，如果技术人员发现他们需要增大外壳尺寸，以便装下比预想尺寸更大的 PCBA，机械工程师就会与工业设计师沟通，以确保所有改动都与设计意图一致。

与软件类似，有关工业设计的学习资料随处可见，因此这里不会详述。以下活动可能是设计师需要参与的。

- 仔细研究潜在用户，了解他们如何使用我们的新产品。希望营销人员能从更高的层次上尽早开展这项工作，这个阶段我们常常要改善产品的具体细节。
- 为外壳和软件用户界面设计多个概念草图，并向潜在用户和其他利益相关者展示，以便得到他们对产品外观的认可。
- 使用泡沫或 3D 打印技术制作产品概念模型，以便相关人员对产品有更具体形象的认知。
- 制作界面设计原型，给相关人员过目。具体过程如下：
  - 线框图（简单草图，包括文本、文本输入框以及其他元素）；
  - 屏幕界面图，包括图形，供用户查看；
  - 用来模拟界面和界面流程的交互模型，用户可以填入文本，点击按钮转到其他模拟界面，做些真实的活动。我们可以使用 Adobe Creative Suite 和其他相关软件工具来创建这种模型。如果软件开发者使用的是那些支持简单用户界面设计的平台或框架，比如微软的 .NET 或 Qt，我们也可以在这些平台上制作模型，为软件开发抢得先发优势。

就 MicroPed 来说，小比好看更重要，因为实际应用中它大部分时间被放在看不见的地方。在这种情况下，我们首先要确定能够装得下电路部分机械架构的最小外观尺寸，然后再将它设计得好看些。不过，一般来讲，在产品上尺寸上削减几毫米并非首要目标，我们还是有不少设计空间的。

机械架构

在这个阶段的大量协商沟通中，机械工程师居于核心位置。机械工程师的工作是从设计师那里收集外观的信息，从电子工程师那里了解有哪些东西要放入外壳中，然后运用机械工程技术实现这些要求。

制订机械计划的目标是确定一个基本思路，指出要开发和制造的机械部件（尽管设计还未完成）以及各个部件之间的电路配置。如前所述，我们最终会得到一两个载有大量电路的 PCB，但一般也会有大量小的配件板，机械工程师用它们安放电池芯片、LED 灯和显示器等。所有 PCB 通过线缆连接在一起。机械计划包括商定 PCB 的安放位置、大小、固定方式以及布线路径。

MicroPed 的机械架构真的很简单。图 5-13 下部显示的是 MicroPed 的初步机械架构。在这个模型中，右侧圆形表示 CR2016 电池，左侧矩形表示电路的大小和高度（基于最初的电子架构推算），底部是电路板。

图 5-13：MicroPed 初步机械架构

在机械架构上方标有“OpenPed”（MicroPed 早前的名字）字样的那个东西是我们最初设想的 MicroPed 的外观，基本上就是一个能够装下机械部件的盒子，其左上角有一个孔，方便固定到钥匙环或鞋带上。（你可能已经注意到了在相应的电路板上并没有孔，电路板和外壳被设计为一体的，稍后再为孔洞做调整。）

旁边的 25 美分硬币用来比对大小，以便各位对 MicroPed 的大小有直观的认知。

机械装置

机械装置是由多种机械部件组成的机械组合，这些机械部件之间存在相对运动，比如引擎、齿轮和连杆等。像外壳这类机械部件都是由机械工程师开发的。大部分智能产品（比如 MicroPed、智能手机或电视等）不需要有明显的机械装置，这些项目中的机械工程师专注于设计外壳。

而像打印机、机器人、摄像机这类本身有着复杂机械装置的产品，相比于外壳，设计和开发这些机械装置有很大区别。图 5-14 展示的是一台拆开的喷墨打印机的送纸机械装置。在该装置中，由引擎驱动着各种齿轮、皮带、装有弹簧的滚轴等。该装置用以从一沓纸中抓取一张纸，把它精准送入打印机，同时不能损坏纸张，如此往复，在生命期内使用次数达数万。制作这样的机械装置只需要花几美元，组装也比较容易。

图 5-14：一台拆开的 HP Deskjet 940c 打印机的送纸装置（图片来源：Snewkirk7953，遵循 CC BY-SA 3.0 协议）

外壳一般是可进行合理性预测的：

- 制造出的外壳通常与 CAD 模型一模一样；
- 外壳都能满足正常使用需要。

从本质上说，机械装置往往很容易受到制造与组装过程中发生的细微变化的影响，除非我们采取了必要的防范措施。比如，在注塑成型工艺中，出现 1 张纸厚度的误差是很常见的。这个误差对外壳来说可能根本不算什么，但是对打印机的送纸装置有很大影响。为了从一沓纸中抽取一张纸，打印机送纸装置中使用的塑料零件的尺寸必须精准，1 张纸厚度的误差可能会导致送纸装置无法正常工作。此外，在正常使用过程中，各个部件之间要相互接触，随着使用次数的增加，这些部件会磨损，使尺寸发生变化，从而加剧问题。

设计与开发机械装置时必须考虑产品的制造误差和使用磨损情况。这可以借助 CAD 工具的精度来完成，但是使用原型做充分测试也很有必要。在实操中，我们要用多个原型做成千上万次测试，以检查产品的功能和可靠性是否与预期一致。

制作机械装置颇为棘手。如果我们的产品需要用到一些复杂的机械架构，那会有几方面的影响：

- 由于测试周期很长，开发过程中必须尽早开始做机械架构，比如从产品定义阶段就开始，不要等到详细设计阶段再做；
- 为了明确指出产品的机械架构，我们需要预估一下，弄清哪些机械装置的可靠性好，花费又在我们的承受范围内。在这个过程中，最关键的是动员拥有不同经验的人参与其中，听取大家的意见，集思广益，共同做出评估。

在做完这些工作和决策之后，产品就呼之欲出了！至此，我们应该非常了解自家产品的功能、工作原理和外观了。

但是，在进入详细开发阶段之前，还有一些步骤需要处理，把一些未知因素变成已知因素，会提高成功的概率。

1. 调查和评估技术上的未知风险。
2. 当我们为产品上市做准备时，修正对产品生产成本的预估。
3. 制作详细开发项目计划，以便对项目需要的资源（比如人力、原材料、差旅、分析、研究、机构测试和认证、供应商）做到心中有数，明确项目周期和成本。

我们从降低技术风险开始，因为其他两个任务都取决于这个过程中我们发现了什么。当我们详细了解了项目的各个部分之后，制订项目计划就变得很容易了。在介绍完所有开发阶段之后，再讲解与项目计划有关的内容，主要集中在第 12 章。

5.6 降低技术风险

从某种意义上说，风险是不确定性的同义词，减少不确定性就是降低风险。这个阶段的目标是减少产品技术中的大量不确定性，以便比较准确地评估开发时间和成本。

TIP 本书探讨的项目风险是指那些可能会增加项目成本和时间并导致项目失控的因素。另一类风险涉及产品失败与用户受伤害的可能性。在开发那些一旦出现故障就会造成严重人身伤害或重大经济损失的产品（比如汽车、火车、飞机、医疗设备或军事设备等）时，控制这类风险就显得尤为重要。这还会影响那些有高可靠性要求的产品，其中就包括要求极低退货率的消费类产品。退货会导致产品成本升高，即使退货率只有 1%，也会大大降低产品在竞争市场（低利润市场）上的盈利能力。在本章的“资源”板块中，有分析和降低产品失败风险方面的相关资料和信息。若有兴趣，可以认真学习一下。

第 4 章曾提到，列出所有重要技术和开发风险大有裨益，比如“电池需要持续供电一年”。那张表有时称为“风险登记表”。第 4 章中我们用这种表查找可能会阻碍产品开发进程的严重问题。本阶段重点研究降低这些风险，确保在后续产品开发中这些风险不会卷土重来，造成严重的后果。

在实践中，降低技术风险的主要方法如下。

1. 向他人购买：用可以承受的价格购买那些能够满足需要的现有硬件和软件。
2. 自己开发：进行技术开发试验，此举能提高我们的自信心，相信能在可容忍的工期和成本内完成有风险的任务。

3. 重新定义产品，完全避开可能的风险。

第一个方法相当简单。通过网络搜索从现有产品中寻找符合我们需求的产品，了解其他产品如何实现相同需求是很有启发意义的。在某些情况下，在网络上可以看到或购买到这些产品的拆卸件，你可以买下它们，然后自己拆解。第三方拆卸件的一个有用特性是它们一般有产品成本评估，这对我们估计自己产品的成本有重要的参考意义。比如，竞争对手生产的同类产品中用到了某种无线芯片，并且性能表现非常好，那么这款芯片可能也是我们不错的选择。

有些公司拥有的技术能够帮助我们实现需求，因此另一个选择是去向这样的公司购买技术。比如，我曾经参与过一个项目，它使用 Windows 作为嵌入式操作系统，每次启动系统都需要检查一遍磁盘完整性，如果发现什么错误，还需要用户通过图形用户界面交互解决问题。当时 Windows 还不提供公共 API，因此我们自己的应用程序无法使用操作系统的功能，这严重影响到项目的开发进度和测试周期。在解决这个问题时，我们并没有自己开发软件，而是找到了一款著名的磁盘检查软件的作者，与他达成了一项协议，请软件作者把我们需要的功能单独打包卖给我们，并提供源码供我们使用。这对软件作者来说并不需要费什么工夫，因为这些代码他早就写好了，并且能够正常工作；对我们来说，无须自己动手开发相关程序，大大节省了时间和金钱。

即使我们购买了部分解决方案，大大减少了要投入的精力和风险，还是必须做大量试验，确保一切安全可靠。每个产品都是独一无二的，这种独特性背后往往潜藏着多种风险。即使我们选用了现成的电子模块，也要对系统做整体测试，确保它能够满足需求。外壳和布局结构可能是唯一的，这可能会给温度管理、生产、组装和其他方面带来风险。一切能简则简，所有能花钱减少的风险——哪怕只是减少了部分风险，花钱也是值得的。

就电路和软件来说，做试验就是用面包板和预建 PCBA 实现我们的部分想法。这些预建电路板（也叫开发套件、评估套件或分线板）有各种样式，有的是一个芯片焊到一个电路板上，带有连接头，方便连接面包板；有的是带有多个芯片的复杂 PCBA。在大多数情况下，这些 PCBA 经过专门设计，很容易与面包板上的其他电路相连。

> TIP
>
> 理论上，分线板只带一个芯片，用来把芯片引脚连到连接头，以便与面包板连接。“分线板”这个术语还常常指那些包含一个芯片和若干无源元件的电路板，但并非总是这样。比如英特尔的 Edison Breakout Board 就包含 30 多个元件，其中有 7 个芯片。
>
> 开发套件一般是指功能更齐全的电路板，带有某种可编程处理器。

图 5-15 展示的是 MicroPed 最初的面包板原型，用来验证原理，以增强我们对智能蓝牙连接和应用加速度计的信心。这个面包板原型中包含现成的 PCBA：

- SparkFun 生产的 Arduino Pro 迷你板，充当微控制器；
- Adafruit 生产的 nRF8001 智能蓝牙芯片电路板；
- SparkFun 生产的 mma8452q 加速度计电路板。

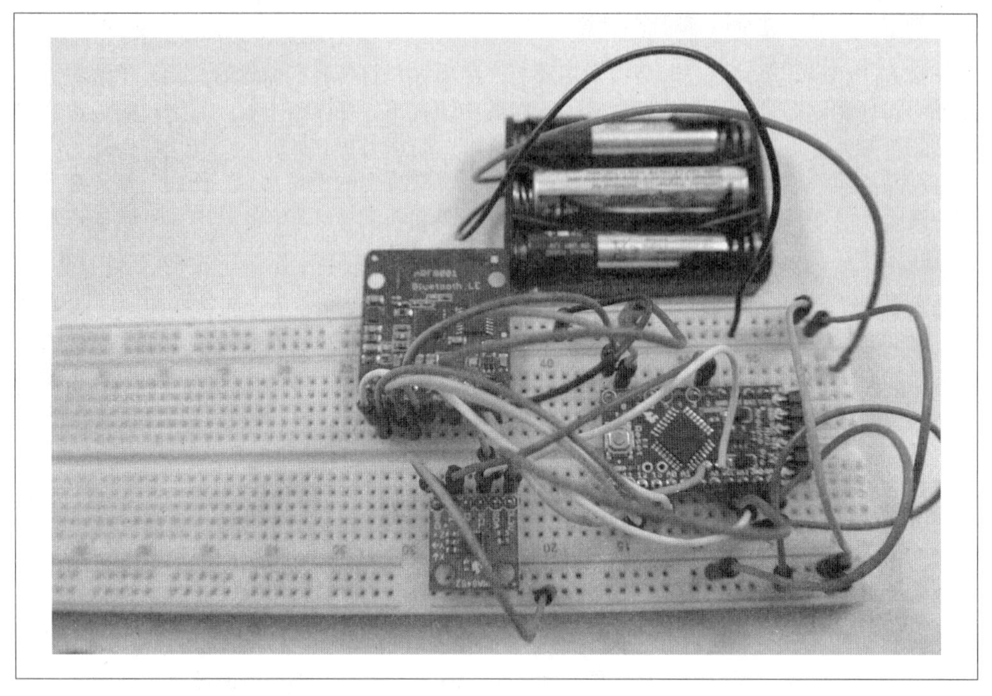

图 5-15：MicroPed 面包板原型

MicroPed 只需要用到几个芯片，使用一个面包板就能按照最初设想实现 MicroPed 的整个架构。大部分产品比 MicroPed 更复杂，在早期，它们的面包板通常只包含完整电路的一部分，而且通常是我们最不放心的那些部分。

借助面包板可以证明，通过电路和软件能够把这些元件组织在一起，并且可以使用一个软件算法根据加速度计传回的数据侦测步数。nRF8001 电路板有开源的 iPhone 软件可用，我们需要进行一些试验以了解软件在智能蓝牙“管道”两端是如何工作的。

我们无法根据面包板掌握所有情况，比如无法准确了解电量消耗情况，也就无法知道一枚纽扣电池能否供 MicroPed 运行一年。我们继续尝试一个不同的智能蓝牙芯片——nRF51822。这个芯片尽管用起来更复杂，但是也有很多优点，有助于减少耗电量。这个“失败”还挺令人失望的，但是我们在早期开发阶段得知这一坏消息，也是好事，此时更换芯片相对轻松。

针对 MicroPed 的几个降低风险的试验都是围绕外壳进行的。我们可以根据对 MicroPed 最终尺寸和形状的猜测，使用 3D 打印机把外壳打印出来，如图 5-16 所示。我把它放进钱包里几个月，还把一些复制品给了其他人，让他们也这样做，对于这个尺寸是否合适，我想听听他们的反馈意见。

图 5-16：MicroPed 早期外壳模型

另外，需要仔细检查外壳的防水性能。图 5-17 展示的是一个拆开的外壳原型，里面放的是吸水试纸，这种试纸只要一接触到水分，就会变成亮紫色。把这种内部含有吸水试纸的外壳丢进洗衣机或洗碗机里，启动机器，进行洗衣或洗碗作业，作业完成后，取出外壳，检查里面的吸水试纸，这样就可以判断出外壳的防水性如何了（这是第 4 章提到的 MicroPed 的风险之一）。

图 5-17：测试防水性

就硬件而言，有些试验最好在开始设计物理部件和测量之前做。电子表格或建模软件（CAD 工具、数学工具、模拟等）等软件工具对于发现早期问题非常有帮助，比如在制造机械部件之前使用有限元分析 CAD 软件可以确保机械部件在使用过程中不会因过度压迫而变形。

创建虚拟模型和仿真模型也能为我们提供一些基准，当原型制造好之后，我们可以使用这些基准对物理结果进行测试。估计和实测结果之间的差异可能表示我们对某个部分有误解或犯了错误，需要再做评估。

比如，有一些理论耗电目标供电路比对是很有效的。如果我们的原型和产品电路的耗电量高于预期，就表明我们可能在某个地方出错了。通常，修正错误就像软件中修改“未正确设置好控制寄存器”这样的错误一样简单，但若是硬件设计或生产上的问题那就麻烦了。

希望这些内容能够让大家对各种可能出现的降低风险的活动有所认识，这些活动因需求和设想而有所不同。这个阶段的最终目标是对风险登记表中的所有项目迭代，并说出每个项目风险可控的原因。

我们为减少风险所做的大部分开发成果在整个产品研发中是可重用的。但在某些情况下，如果要开发出真正的功能太费力，那么做一个“用完即弃”的版本也是可以的。比如，假设我们想证明通过组合射频芯片组和天线能够在某个范围内提供某些数据吞吐量，如果我们打算在产品中使用基于 Linux 内核的芯片组 / 天线，但是目前只有 Windows 平台上的驱动程序可用，那么使用 Windows 平台来测试就很合理了。在配置 Windows 的过程中，有些努力可能就会被“浪费”，但是这可能比动手编写一个 Linux 平台上的驱动程序要轻松。在某个时候，我们仍需要编写 Linux 驱动程序，但是这一般在详细设计阶段，除非这个驱动程序本身存在高风险。假如我们发现芯片组无法提供理想的数据吞吐量和范围，而在开始时编写了 Linux 驱动程序，那我们将会白费功夫。先用最少的努力消除重大风险是最佳选择。

在经过一系列降低技术风险的试验之后，我们会改变产品中要使用的元件，在 MicroPed 中就是这样做的。我们希望到产品定义阶段结束时，能得到一个接近最终版的元件列表，特别是要把那些占成本大头的高价元件定下来。接下来使用这份元件清单对产品制造成本做可靠的评估。

5.7 更新单个产品生产成本评估

第 4 章做了一个粗略的初期生产成本评估，大致了解了我们的产品是否有利可图。下面对评估进行修正和完善，进一步确认产品的利润空间。

首先回顾一下，生产成本由以下几部分组成：

- 电子元件；
- PCB；
- PCB 组装（包括测试）；
- 机械部件；
- 产品组装（如整机装配，包括测试）；

- 装箱和发货。

现在，我们应该有了足够多的信息，能够掌握各项成本的真实情况了。但这样还不够，还要寻求反馈意见，以进一步改善详细开发工作。为此，我们最好以合作者的身份与供应商接触。通常供应商都有极其丰富的经验，我们应该好好利用这座知识金矿。与他们聊的时候，不要直接问“某个东西要花多少钱”，更好的问法是“我们正在考虑使用某个东西。你们能否帮我们看看，它是否满足需求，说说我们该怎么做好，然后报价”。

供应商的反馈无所不包，既有简单的建议，也有更高水平的设计 / 开发建议，比如：

- “你最好用 ENIG 代替 HASL，这样 BGA 会焊得更牢。”
- “那款显示器你可能得重新考虑一下。偷偷告诉你，我们发现那款显示器有很多问题，线缆也有些不对劲。”
- “我发现，你们打算使用金属件固定机械部件。其实，你们完全可以使用玻璃纤维来代替金属件，它在刚度和误差方面同样能达到你们的要求，这么做能省下一大笔钱。”

通过这种协作方式，最终制造出的产品不仅质量更好，成本也更低。

不同的制造商能力各异，你一定要同最终制造商讲明自己的具体要求。

回到 MicroPed 上来。表 5-2 列出了供应商的第一轮报价，它们基于修改后的生产成本。请注意，表中报价和第 4 章的有些不同，主要是由于把 PCB 的制造和组装作为一个单独项目来进行报价了。

表5-2：修改后的MicroPed 成本清单 单位（美元）

描述	数量100	数量500	数量1000	数量5000
电子元件成本（不包括 PCB）	10.50	9.00	8.50	8.25
外壳	14.75	6.75	5.75	3.25
PCB 成本（包括 PCB 组装）	10.00	5.00	4.50	4.25
最终组装、测试、装箱	6.00	4.00	3.00	2.00
单位成本	41.25	24.75	21.75	17.75

当产量较高时（1000~5000），生产成本看上去比第 4 章中的预测稍高。最大的不同来自外壳，同等数量下比预期高出了 2 美元多。好在第 4 章就预料到可能会发生一些意外，产量为 1000 件的情况下，单位成本可能涨到 20 美元。所以，只要定价方面不出现大问题，一般来说，我们计算的利润不会变化，还是能赚到钱的。

5.8 重新思考：做还是不做

在详细产品定义阶段开始时，我们的产品还只是设想。现在走到了这个阶段的末尾，设想已经定义好了，并且很快就会成真。至此，如果所有工作都已经做好了，那么整个产品的开发工作就接近完成了。也就是说，只剩下具体细节了，对吗？根据我的个人经验，到目前为止只花掉了全部开发预算的 25%~30%，剩下的预算将花在具体细节上。

在继续进行之前，还是要先做一次现实核查，就像第 4 章所做的那样。不同的是，这次我们有了更多信息，并且决定继续推进项目，为项目投入更多资源（约占项目总预算的75%）。

我们能这么做吗？所有利益相关者打算继续推进项目吗？

就 MicroPed 来说，我们还是充满信心的：

- 所有令人担忧的技术风险都已最小化；
- 生产成本和利润与我们期望的相当；
- 开发成本和周期看起来也可以接受。

至此，我们满怀信心，准备进入详细开发阶段，这也是我们准备制造和销售产品之前的最后一个阶段了。

5.9 资源

当谈到指定功能和美学时，关于如何在这两方面获得成功的见解莫衷一是，有人说："我们告诉用户他们需要什么。"（苹果公司就是这样做的，至少乔布斯时代是这样的。）有人说："我们先对用户做大量研究，然后运用强大的统计技术搞清楚他们需要什么。"我的个人经验是，优秀的设计是充分的准备（了解用户需求与研究同类产品）、创意的灵感以及让东西变得易用的强烈欲望三者的统一。

针对这些内容的图书、文章、网站有很多，下面推荐一些。

"设计思维"这个术语无人不晓，不同人对这个词有不同的理解，但从根本上说，它是指以用户为中心的形式与功能应该如何驱动技术，而不是反过来。首先确定产品应该做什么，然后确定如何去做。当然，这样说过于简单化，它涉及的内容其实很多。学习这些内容的一个好的起点是阅读 IDEO 公司的 CEO 蒂姆·布朗（Tim Brown）在《哈佛商业评论》上撰写的"Design Thinking"一文，你也可以在 IDEO 的网站上找到这篇文章。

关于创新设计，我最喜欢的是有关 Palm Pilot 的设计故事。Palm Pilot 是第一款成功的口袋式个人数字助理，也是智能手机的前身。当时，许多袖珍计算机项目失败了，其中就包括苹果公司的牛顿掌上计算机。因此，技术圈中的大部分人认为这块市场永远不可能取得成功。杰夫·霍金斯（Jeff Hawkins）想证明大家的看法是错误的，他运用很好的实用设计思维解决了这个问题。他削好一块木头，使它可以放入口袋中，把它作为个人数字助理来使用（关于这点，《连线》杂志曾专门写了一篇文章）。虽然 Palm 系列后续产品的失败在今天更为我们所熟知，但是 Palm Pilot 的确为我们打开了一个新市场的大门，这要归功于创造力和规则的神奇组合，它们是定义伟大产品所必需的。

关于软件的可用性测试，《妙手回春：网站可用性测试及优化指南》（*Rocket Surgery Made Easy: The Do-It-Yourself Guide to Finding and Fixing Usability Problems*）一书非常实用。与大部分同类书不同，该书所提出的方法更加切合实际，在实际操作中易于实施，并且能够立即被或大或小的开发团队应用。它主要讲网站的可用性测试，但是同样适用于智能设备界面设计，因为两者区别并不大，这要归功于 HTML5 和各种相关技术，它们每天都在趋同。

《用户故事地图》(*User Story Mapping*)由杰夫·帕顿(Jeff Patton)和彼得·伊科诺米(Peter Economy)合著，主要讲解如何创建和使用用户故事定义软件产品，内容通俗易懂又无所不包。我的经验是，软件和硬件产品的处理方法差不多相同。

《精益创业》强调了在产品开发中存在大量假设。书中指出，与其做大量假设然后集中测试(等到最终产品做好再测试)，不如把测试分散在多个迭代周期中，每个周期做少量假设，然后邀请用户来快速测试它们。频繁测试和改进也是设计思维的一条原则，在上述其他书中也一再强调这条原则。

《产品设计和开发》(*Product Design and Development*)一书很好地讲解了产品开发，内容偏学术，但是仍然很实用，其中有关开发过程阶段和架构的讲解是对本章很好的补充。

本章讲解了有关降低未知技术风险的内容。此外，还有其他一些风险需要关注，比如那些导致产品故障(不可靠性)和损害产生的风险(比如在医疗设备或交通工具中)。这些类型的风险通常可以通过失效模式与影响分析(failure modes and effects analysis，FMEA)、故障模式及影响分析和危害性分析(failure modes and effects and criticality analysis，FMECA)和故障树分析(fault tree analysis，FTA)等分析方法找出、排序并消除。

TIP **专家建议**

如果你承担FMEA、FMECA、FTA等分析工作，那你绝对需要准备大量饮料和甜点，以便在召开团队会议时与大家分享。这是我给你的友情提示!

第6章

详细开发

目前，我们已经定义好了产品的功能和外观，也大致确定了组成产品的机械部分、电子部分、软件系统。接下来着手开发产品，而这一般占总开发投入的一半以上。

原则上，现在可以根据详细产品定义阶段的结果（需求、架构和用例等）把各项任务分配给设计师与开发者，由他们分别制造出产品的各个部分。当产品的各部件制造好之后，就可以把它们组装成一个完整的产品了。

当然，实际情况要比这复杂得多，还有很多细节要搞清楚。让每个部分正常工作并不容易，而让所有部分协同工作更加不易。

第 5 章曾提到过详细产品定义和开发流程图（见图 5-3），从图中可以看出，详细开发是个不断迭代的过程。

设计师和开发者分别制造自己负责的部分，不断开发、测试，重复这个过程直到产品能够正常工作。然后，我们把这些独立的部件组装成产品原型，不断做各种测试，检查产品是否如我们期望的那样工作。随后根据原型测试得到的反馈进一步改善产品的各个部件，再把各个部件组装起来，得到新的产品原型。这个过程会一直持续进行，直到可以把产品投放到市场为止。

这个阶段大部分日常工作就是设计师和开发者分别做好自己的本职工作，即电子工程师开发电路，软件开发者编写软件代码，机械工程师设计机械部件。在这个过程中，获得成功的关键不是每个参与者的技术能力，而是要有一个流程，确保每个人都向着同一目标，齐心协力，形成一个整体。

这类似于交响乐团的演奏。在乐团中，每一名演奏者都很优秀，但我们不希望每个人各自为政。我们希望每一名演奏者都能与其所在区部的各个成员通力合作，进而实现全体成员的合作，共同演奏出一支美妙的曲子。同样，在产品开发中，我们也希望设计师和开发者能够协同工作，一同制造出好产品。

本章将简述在详细开发阶段都有哪些类型的活动，并稍微深入研究那些跨学科的领域以及那些在其他资料中未能完全覆盖的内容。首先介绍详细开发的流程，然后讨论那些决定成败的关键部分。

6.1 详细开发流程

第 2 章曾提到马克·吐温的一句名言："历史不会重演，但总会惊人地相似。"同样，没有哪两个详细开发过程在迭代数量和类型上完全相同，但是它们都有类似的路径，会遇到相似的问题。

为了建立基本认识，首先看看 MicroPed 的详细开发流程，如图 6-1 所示。

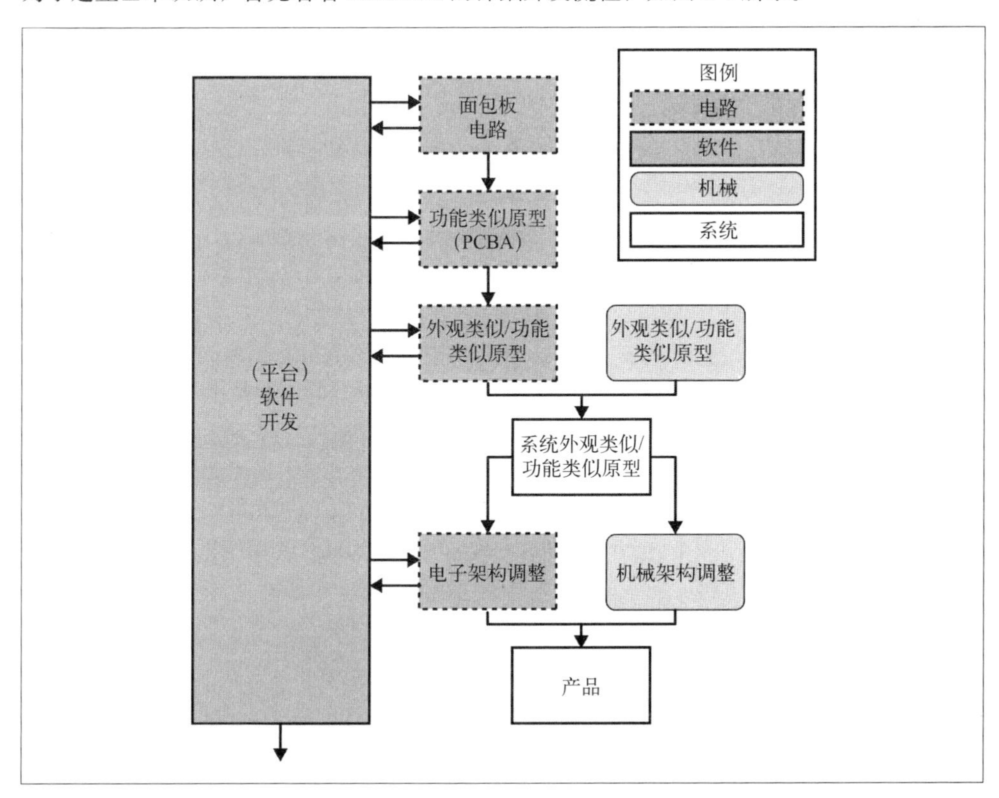

图 6-1：MicroPed 详细开发流程

相比于大部分智能产品，MicroPed 本身元件很少，但如图 6-1 所示的这个流程很典型，适用于大部分智能产品的详细开发。接下来具体介绍详细开发流程中的一些细节。很多产品比 MicroPed 复杂得多，或者在某些方面存在明显差异，我们会适时扩大讨论范围，指出某些步骤在其他情境下的不同做法。

我们从电路和软件开发之间的整体作用讲起，因为这在智能产品的详细开发中至关重要。

6.1.1 软件和电路：鸡和蛋

在软件和电路开发过程中，需要重点考虑两个主要因素：

1. 软件通常需要依托硬件（电路）来运行[1]；
2. 现在大部分硬件正常运行也需要依赖软件，即便最基本的功能也是如此，比如设置寄存器让显示器正常工作。

这是一个鸡生蛋还是蛋生鸡的问题。

一种可行的办法是，在不涉及软件的情况下，尽我们所能开发出所有电路，然后制作 PCBA，寄希望于软件开发者能够让它们正常工作起来。开发电子产品时，人们经常会采用这种方法，但其实这并不是一种好方法。一旦运行起软件，PCBA 中那些未经测试的硬件就会出现问题，然后就必须重新修改 PCBA。硬件的这些问题可能还会妨碍软件正常运行，妨碍测试进程。

通常的情况是，在硬件上运行软件能让我们知道如何把事情做得更好，这反过来又会引起硬件发生重大改变。

从设计来看，修改 PCBA（重新布线）并不容易。在开发阶段，通过迭代做修改是至关重要的。解决“鸡生蛋还是蛋生鸡”问题的一个更好的方法是，在逐步搭建电路的过程中进行迭代，每次用一个或多个面包板充当一个功能块。

在实操中应该是这样开始的：电子工程师和软件开发者紧密合作，为我们选好的处理器和关键部件开发出现成的开发包。接着，制作面包板，添加电子功能块，在电气上，这些功能块可以很好地与处理器开发套件集成在一起。

回想一下，第 5 章中也制作过面包板，但是更确切地说，那些面包板是用来探究高风险未知因素的，以便确定项目的可行性和范围。在我看来，我们不仅要用面包板来探究系统的未知因素，还要用它们来探查电路中那些不应该出现问题的部分。用面包板探查电路中那些不应该出现问题的部分时，通常会发生一些错误。在面包板上我们只要调整几根连线就能改正这些错误，而在 PCBA 上，如果不重新设计和制作 PCBA，就很难甚至不可能改正错误。

在面包板上搭建好新功能块的电路，并与处理器开发套件集成之后，软硬件技术人员会紧密协作，确保这个功能块可以正常工作（通常在一个工作台上），并且能够由软件进行控制，或者电气工程师需要修改设计。图 6-2 描述了这个基本的迭代过程。

---

1 除非我们在虚拟硬件（模拟器）上运行软件。但即便如此，最终还是需要在实际的硬件上运行软件。

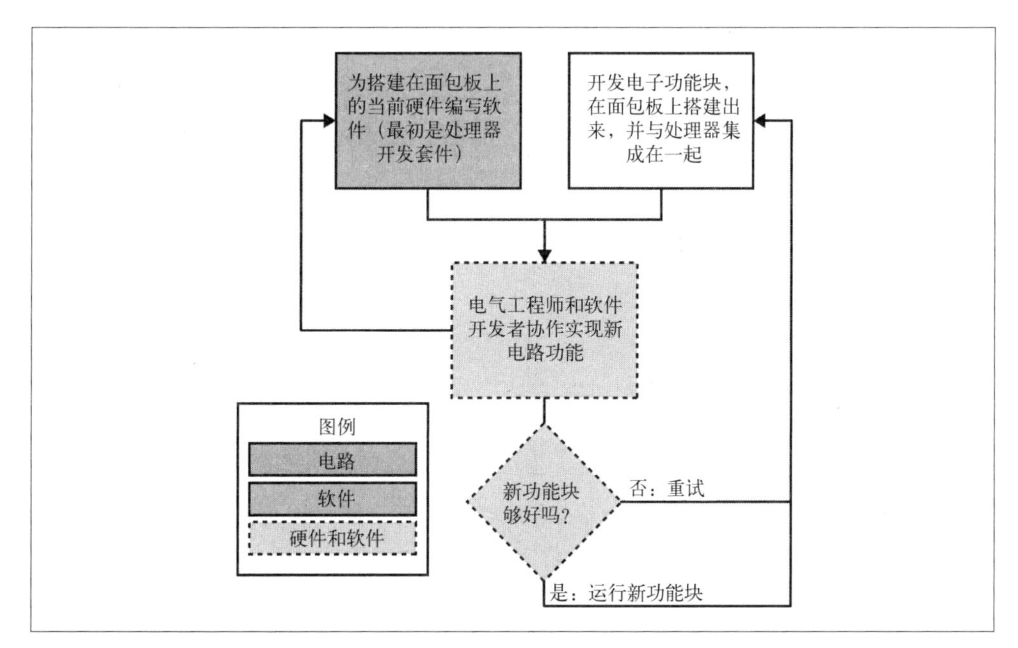

图 6-2：电路和软件迭代

这个过程会一直持续进行，直到我们做完所有能做的，然后才开始做 PCBA，实现所有设计。

至此，大致介绍了电路和软件设计开发如何协同，接下来，详细看看各项活动如何向前推进。

6.1.2 电路

第 5 章讲解产品详细定义阶段时，我们已经选好了要使用的电子元件，包括芯片、显示器等，因此我们对产品的生产成本做出了比较准确的评估。在这个阶段，电路开发的一般流程如下：

1. 设计和开发电路，在面包板上它们是独立的构造块；
2. 把面包板集成在一起，确保这些构造块所组成的系统能够协同工作；
3. 制作 PCBA 实现产品所有功能，将其用作测试和调试，而非实际产品；
4. 设计最终 PCBA，为产品生产做准备。

搭建面包板原型

在当今时代，大部分东西可以通过计算机和软件进行模拟。用计算机模拟电路很有用，但是通常只限于特定情况，比如高速连接和模拟电路。然而，更普遍的做法是，使用真实的电子元件（非虚拟的电子元件）来设计和测试电路。

MicroPed 的电子架构相当简单，只包含几个部分。我们先来看看它的电路，再将其与复杂的电路做对比。比如，我们选择的所有芯片都直接由电池供电。因此，与其他大部分产品不同，MicroPed 并不需要单独的电源电路。因为 MicroPed 本身包含的元件很少，所以使用一个面包板就能轻松实现 MicroPed 的所有功能，如图 6-3 所示。

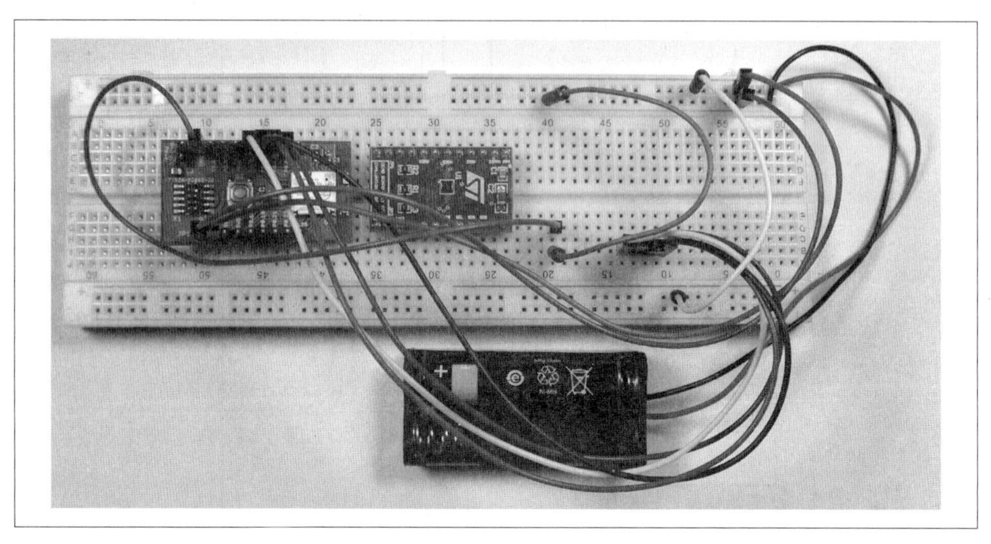

图 6-3：MicroPed 的面包板原型，实现了所有功能

第 5 章提到过，在面包板上尽可能多地使用开发套件和分线板搭建电路是最为方便的。就 MicroPed 而言，我们为它选择的所有元件都可以用在分线板上，这使得在面包板上搭建电路原型变得异常简单。否则，我们就需要自己制作分线板，而现在大部分元件尺寸很小，还使用表面贴装焊盘取代了针脚。

图 6-4 显示的就是这样一种分线板，我们基于最终选用的智能蓝牙芯片 Nordic nRF51822 创建出智能蓝牙模块。图 6-4 中圈内的元件就是智能蓝牙模块。它比一枚硬币还小，底部有 40 多个电气连接。

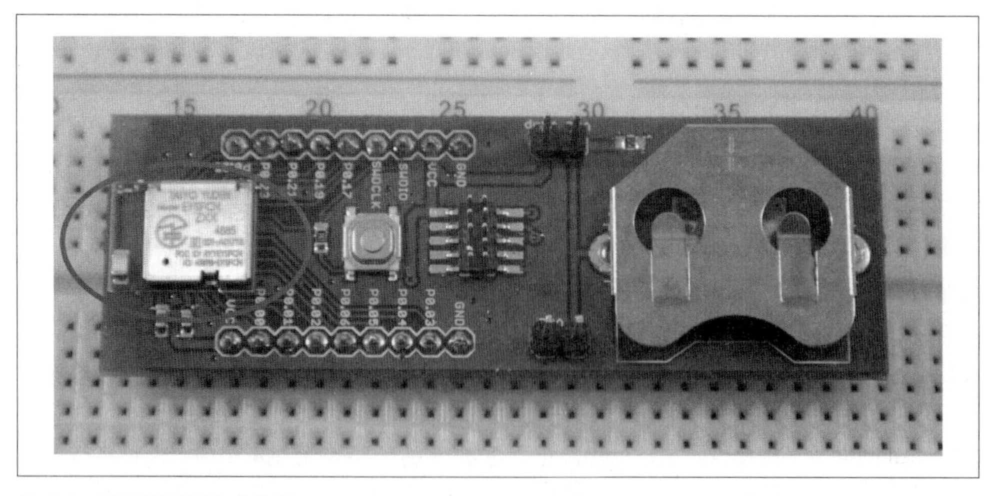

图 6-4：智能蓝牙模块分线板

为什么我们选择了一个智能蓝牙模块，而不是购买智能蓝牙芯片和相关元件进行组装呢？虽然购买现成模块要比买元件组装贵得多，但是在小批量生产中使用现成模块有如下好处。

- 这些模块已经组装好，并且经过了测试，这可以减少设计风险和生产风险，尤其是与射频有关的元件。
- 这些模块都通过了 FCC 认证，我们不必再做国际射频辐射认证（蓝牙传输认证），这可以省下几千美元（但对于电子产品整机，我们仍然需要获得无意辐射体认证）。
- 这些元件都通过了智能蓝牙资格认证，这样我们就可以向消费者宣传这种功能。否则，我们需要自己向蓝牙技术联盟（Special Interest Group，该组织持有智能蓝牙标志）提出申请，请求获得资格认证。这又能节省几千美元。
- 如果产量大幅提高，所使用的部件从模块变成了元件，我们可以使用同样的芯片，这样可以保持无线电的主要特征（范围、耗电等）。

请注意，有些电路可能很难或者根本无法用在面包板上：PCBA 上的电子信号线路经过了高度优化，而面包板上的信号线路一般不是最优的，比如那些见风摆动的长导线。对于某些类型的信号，比如低速数字信号和电源，使用面包板没有问题，也许还要采取一些预防措施，比如额外的去耦电容。而对于其他类型的信号，比如高速数字信号和敏感的模拟线路，使用面包板可能会严重影响电路性能，这时面包板就不合适了。在这些情况下，制作供测试使用的小型 PCBA 非常有效，它包含了电路中那些不适合用在面包板上的元件，带有把信号从板子引出的装置，也很适合和面包板配合使用。

MicroPed 本身的电子元件很少，我们只需用一个面包板就能轻松容纳所有电路。而大多数智能产品往往包含几十乃至几百个元件，这些元件又可以分成十几个子系统，为它们制作面包板时最好分段进行。比如，电子工程师每次制作一个带有一个或几个子系统的面包板，验证好这些面包板之后，再把它们集成在一起，形成更大的面包板（包含大量线路），借以测试所有电路协同工作的能力。

功能类似原型

经过面包板验证整个系统功能正常之后，接下来创建功能类似的 PCBA 原型，以便做测试。原则上，这些 PCBA 可以在功能上和外观上与最终产品相似，但实际上这并不是个好主意。实际产品的电路板往往很狭小拥挤，很难查找问题，而功能类似原型的电路板很容易查找问题和进行测试。大尺寸电路板都带有大量测试点和其他便于调试的特征，它们是不错的选择。

TIP 功能类似原型是指原型和最终产品在功能上类似；外观类似原型是指原型和最终产品在外观上类似。功能类似 / 外观类似原型指原型和最终产品在功能上和外观上都类似。

图 6-5 给出了 MicroPed 的功能类似原型。这个原型采用的电路与最终产品一样，但是它更

容易进行测试和查找问题。相比最终产品的 PCBA，这个原型中加入了如下便于调试和测试的特征。

1. 外部电源连接，允许我们使用电压与电流可调的电源代替电池。这样有很多好处，比如通过调低电压和电流模拟电池电量逐渐耗尽的情况。
2. 支持在每个集成电路的电源引脚前添加电流检测电路，方便我们监控集成电路的耗电量。这样很方便，比如电路的整体耗电量比预期高，我们想搞清楚是哪个或哪些元件引起了这个问题，通过添加电流检测电路，就能知道从哪里开始查找问题了。
3. 支持把电路板上我们感兴趣的信号引到板外以便观察。比如通过 SPI 总线（在两个芯片之间通信），我们可以把信号引到间隔为 100 密耳的排针针脚上，如此就可以把 PCBA 插到一个标准的面包板上，方便查找问题。如前所述，有些信号“不喜欢”被引到电路板外，调试这些信号时，我们必须格外小心，切勿造成损坏（调试时会产生“观察者效应”）。
4. 支持把一些额外的未使用的信号引出板外。这对软件开发者很有用，有助于他们测试和调试功能和计时。软件可以在不同时间点开启或关闭信号，并通过逻辑分析仪或示波器进行监视，以便我们了解顺序和计时等。经常能听到实时软件的开发者说：“示波器是我们最喜欢的调试器。”软件开发者通常把这些硬件测试和调试看成软件工具链的一部分。
5. 带有一个真实的连接器，不是产品电路板上的那种测试点，用来为处理器编写程序以及对其进行调试。连接器的类型通常由我们使用的调试器决定。不管怎样，在测试和调试期间，使用连接器的情况很多，因此它需要能够承受多次插拔操作。有时，在产品电路板上也有同种连接器，但是由于这些元件往往只允许做一次编程（或者编程次数不多），并且在最终成品中不需要再调试处理器，我们通常会做些改变，以节省空间和成本。比如可以去掉连接器，通过 PCB 测试点为处理器编程，或者购买那些在内存上已由经销商预装了软件的元件（这是一种常见又有效的增值服务）。

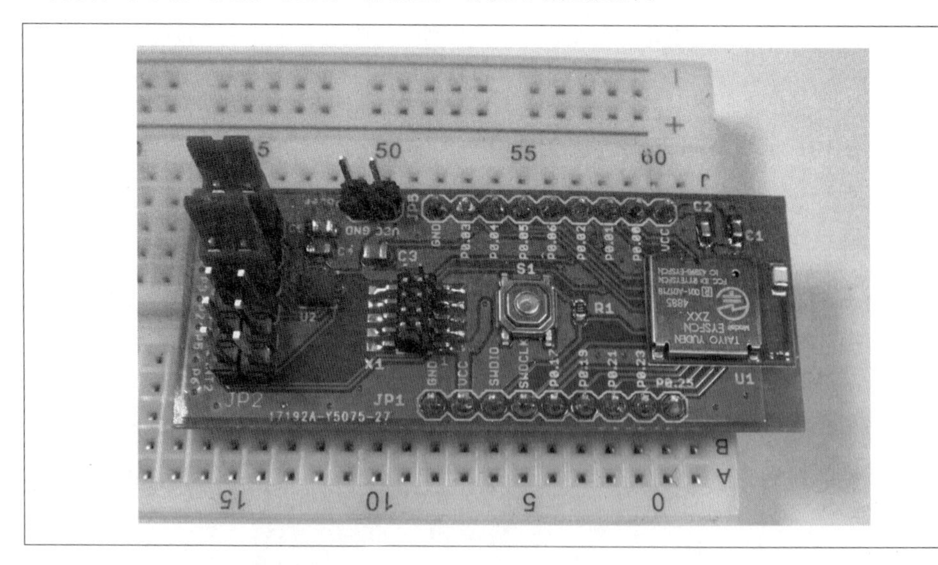

图 6-5：MicroPed 的功能类似原型

芯片的封装形式各不相同：采用更大封装形式的芯片往往更容易直接访问，而采用小封装形式的芯片往往很难或者不可能直接访问。在这些功能类似的原型板上，所用元件的引脚通常很容易访问，这样便于查找问题和焊接。当想缩小尺寸时，可以把这些元件换成更小的元件，即最终产品 PCBA 上的那些小元件。然而，在某些情况下，我们可能想在原型板上使用小尺寸元件，比如趁机测试一个不常见的 PCB 封装，或者测试 PCB 装配厂正确焊接某个元件的能力，又或者测试更换封装时电路特性是否受到明显影响等，这些时候使用小尺寸元件更合理。

PCB

经过一系列测试之后，我们对电路的功能已经很满意了。接下来把功能类似原型转换成功能类似 / 外观类似原型，如图 6-6 所示。转换过程如下：

- 移除我们添加的调试特征；
- 添加用于生产测试的特征；
- 若需要，更换集成电路的封装形式；
- 把电路板尺寸缩小到指定大小，若有必要，可以使用各种支持高密度布局的 PCB 技术，以节省成本。

图 6-6：MicroPed 功能类似 / 外观类似原型（带外壳）

第 3 章讲解了 PCB 的组装过程。仔细留意组装过程，对制作出能配合组装的电路板非常有帮助，否则很容易做出来需要硬塞或者其他让步才能组装的电路板。在设计产品的 PCB 时，很重要的一点是要与制造 PCB 的人员和装配人员密切合作。与制造商合作愉快，成本就能降低，产出也更喜人，大家的压力也会相应更小。

PCB 制造方通常会有大量方案可供选择，他们决定了电路板的大小、噪声、布局走线等问题。其中包括导电层数、电路板材料和厚度、最小线宽和间隔、面板大小、测试、周转时间、盲孔和埋孔、微孔以及其他高密度互连技术等。这些方案会对产品的成本、周期、可靠性产生重大影响。与其寄希望于神秘力量让我们的设计能够实现，又不至于破产，不如在着手设计之前就与 PCB 制造商一起讨论，找出最有利的方案。

说到 PCBA 组装，相关厂商通常会要求我们遵守一套设计规则，比如迹线 / 元件和 PCB 边缘之间的最小间距、面板中 PCB 之间的间隙、面板大小等。他们可能会参考 IPC 发布的相关标准。除了这些设计规则，在设计过程中，装配厂商还会查看我们的电路板，他们通常很乐意这样做，因为他们觉得这样可以尽早发现潜在问题，让后续的工作更简单。

当功能类似 / 外观类似的 PCBA 装配好之后，我们就可以做更多确认测试，以确保它们符合要求。我们会测试电路本身，还会把电路板集成到一个完整的产品原型中，以便了解产品中的电路如何与其他部分协同工作。接下来讨论软件如何赋予硬件生命。

6.1.3 软件

与电路类似，在软件开发过程中，我们也会把高级功能分解成更小、更容易处理的单元，然后分别实现这些小的功能单元，再把它们集成起来，形成具有完整功能的系统。至于如何实现，你可以找到大量相关资料。因此这里不再赘述，我们会讲一些更高级的主题。

在我所参与的产品开发中，软件开发预算几乎总是最常见的，延期交付和预算超支的情况也经常发生。《哈佛商业评论》在 2011 年 9 月发表了一篇研究报告，题为“Why Your IT Project May be Riskier Than You Think”，文中指出，每 6 个 IT 项目就有 1 个变成灾难，平均预算超支率达到 200%，平均超时率达到 70%。关于嵌入式产品软件的开发，尽管我没有看到过类似的研究报告，但依我的个人经验看，情况大抵如此。

把软件开发失败的原因全部列出来，足够写一本厚厚的书了，关于这个主题的图书，市面上也已经有很多了。鉴于这个主题内容庞杂，相关图书也不少，本书就不详细讨论了。不过，有一个常见的结构性错误需要提一下，因为它强调了本书的基本主题。准确地说，这个错误是，在开发过程中未能始终贯彻迭代机制。

在大多数出问题的项目中，每个软件开发者分别编写和测试自己负责的软件模块（“太棒了，我写的代码可以正常工作！”），然后在项目的最后阶段把这些模块集成在一起做正式测试（“我们就要搞定了，接下来只要把所有模块集成在一起就行了！”）。结果，在最终测试中发现了各种各样的问题，未修复的 bug 列表逐渐变长，修复 bug 后正常的代码又受到影响，以至于新的 bug 列表更长。然后花几个月甚至几年才能把所有问题都修改完，当然前提是投资方还有耐心，还愿意继续投钱。

这里介绍一些迭代做法，它们贯穿详细开发过程，让整个项目步入正轨。首先简单讨论软件开发成本的总体结构。

两次软件开发的故事

软件开发成本在很大程度上取决于产品和软件的复杂度，但是通常可以分成两个主要部分，它们分别表示不同的软件层。那些直接用来操纵和监控硬件的软件有多个称呼，比如嵌入式软件、平台软件、操作系统等，而在这些软件之上运行的软件通常称为应用程序，它们之间的关系如图 6-7 所示。

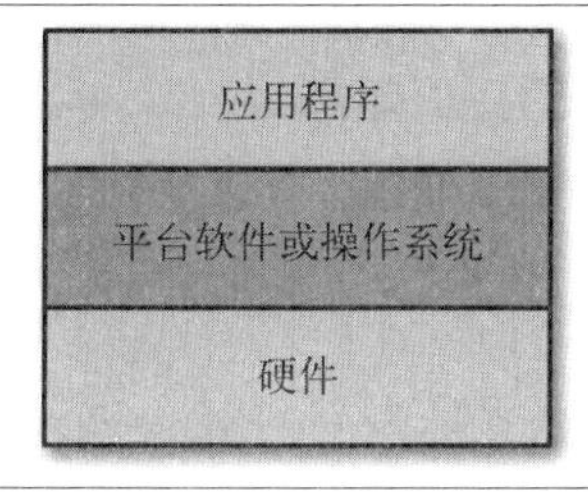

图 6-7：软件层

在大多数情况下，应用程序主要围绕终端用户交互的问题编写，但是不带图形用户界面的应用程序也很有用处。

我们的可穿戴 MicroPed 就没有用户界面。但它有一个不太复杂的 API，在这种情况下再对软件进行拆分就没有意义了。对复杂系统来说，像那些在操作系统或平台（比如安卓）之上运行的软件，应用软件和平台软件通常是分别开发与运行的，然后不时地集成在一起，确保它们能够协同工作。

对应用程序和平台做并行开发的关键是避免应用程序对平台的依赖成为制约开发的瓶颈，比如确保应用程序开发者不用等到平台能正常运行才开始工作。如果我们选择的是安卓平台，我们通常会使用安卓模拟器测试应用程序，或者在现成的安卓手机或平板设备上做测试。一旦硬件开发者和平台开发者做好设备驱动程序和其他底层部分，并且把它们集成在一起，我们就可以把应用程序放到真实的平台上去运行了。

如果应用程序依赖的设备驱动程序和库都还没写好，我们可以快速编写软件插桩，以模拟那些还未编写好的驱动程序和库的功能。这些代码和实际代码的功能并非完全一致，但是它们能够实现真正的 API。

至此，软件开发过程是如何进行的大致介绍完毕，接下来继续讲解详细开发过程中的迭代开发，以便更好地使用它。

即时迭代

从图 6-1 中可以看到，软件开发只用一个长长的方框代替，而硬件开发被分成许多独立的方框。软件开发与硬件开发不同，第 5 章中提到过，就硬件来说，每次迭代往往都会产生相当大的开支。因此，硬件迭代次数一般很少，每次迭代都需要认真计划和排序，每次迭代都必须与前一次有很大差异。就软件来说，每次迭代需要的开支越来越少（修改一些代码和重新编译项目），这使得软件的迭代速度很快，以至于从整体来看，整个过程就像是连续的，而不像是由一系列独立的模块组成的。随着电路更新完成，软件也更新完毕，随后就可以进行集成测试了。

就软件来说，对其进行长期、连续的维护是个难题，因此有时我们会把软件开发强制划分成几个部分。在敏捷开发中，整个开发过程分为几个迭代周期，每个迭代周期有特定的目标，一般为 2~4 周。即使项目中不使用敏捷方法，最好也要确定“路标点”，每个路标点都有特定的目标，比如通过某项测试。这些路标点可以与硬件版本一致，但不是必须如此。不过，即使我们在软件开发中强行制订大型的迭代计划，它相较于其他技术投入仍具有连续性的性质。

我认为，软件迭代和更新相对容易是一柄双刃剑。一方面，相比于直接更改硬件功能，只要通过重写几行代码或者安装一个应用就能改变产品功能，这真的很了不起。另一方面，如果不关注系统复杂性，易于实施的软件迭代可能会把我们引入歧途。

一种糟糕的决策是这样出现的：我们凭直觉认为能够获得“相当接近”的东西，然后测试系统，在项目结束时把粗糙的边缘轻松抹平。这对只有一两个开发者的小软件项目来说是有用的，但是随着软件项目变大，代码之间相互关系的复杂度呈指数级增长，如果从一开始就没有遵循一些规则，会带来巨大的挑战。以下是一些例子。

1. 在某些情况下，代码模块能够按照开发者预想的那样工作，但是这些模块之间不能很好地相互协作，这是因为开发者对各个模块如何进行交互不够了解，必须重写代码。如果一开始就有清晰的规范，这种问题就能避免。
2. 由于代码有多条执行路径，特定执行序列很少能遇到，所以从系统层级进行测试是很困难的。一些代码可能很糟糕，但是除非我们有条不紊地逐个单元做测试，否则可能无法在系统测试中找到问题。但用户会发现问题，到那时就麻烦了。
3. 如果更新了一个代码模块（比如修复 bug），就有可能在这个模块中引入新的 bug，或者改变了这个模块的功能，使之无法与其他模块兼容。

如前所述，讨论软件开发实践的书和文章很多，应用这些实践可以大大减轻因软件复杂度增加而导致开发成本和时间超出预期的问题。下面介绍三种方法：版本控制、测试驱动开发和持续集成。这三种方法在当今的软件开发中广泛应用。

版本控制

我的第一辆轿车是 1965 年投产的福特野马，至今有 20 多年了。当初买的时候，车况很差，用来代步经常出问题，送去修理又耽误时间。我很快发现，代步和送修这两个目标是彼此冲突的：在送修期间，车会被拆得七零八落，我更哪里也去不了。

软件开发可能也有类似的问题：如果开发者正在修改软件，那么我们如何才能在足够稳定的软件上做测试呢？这正是版本控制要解决的问题。版本控制允许每个设计师和开发者把自己的软件版本复制到本地计算机（签出），这样他们所做的修改就不会影响软件的主版本。当修改完成且确定没问题时，就可以将这些修改后的文件添加到主干上（签入），等待测试，检测它们能否与软件的其他部分协同工作。

版本控制也用来记录修改者以及修改的原因。当我们对某些代码有疑问时，就明确了需要联系哪位开发者。

版本控制有助于防止多个开发者同时修改某段代码。假设有两个程序员签出了同一段代码，对同一个文件做了修改，然后他们把修改后的文件做了签入。这时，版本控制系统会发出警告，提示另一个人正在签入同一个文件，并会把其他人签入的修改覆盖。版本控制系统也可以帮助他们查看第一次签入时所做的修改，帮助开发者确认只添加自己所做的修改，同时不会覆盖先前的修改（合并）。

版本控制软件的功能非常了不起，我们可以使用它的许多技巧来做很多关于程序文件版本存储的工作。比如，一旦我们为产品发布了新版软件，我们可能就要着手开发软件的下一个版本，以便几个月之后发布。如果在发布的软件中出现了严重的 bug，并想在下一个软件版本发布前修正它，我们可以使用版本控制工具得到当前版本软件的代码，修改那个bug，然后发布一个临时更新。

现在，版本控制软件被广泛使用，有关这个主题的资料很多。目前最常用的两个版本控制系统是 Subversion 和 Git，它们都是免费的，并且非常有用。Subversion 使用一个单独的主服务器来存储共享版本，而 Git 是分布式的，每个使用 Git 的开发者所用的计算机同时也是一个 Git 服务器。Git 很适合用于开发大型软件，比如 Linux 内核，Git 就是为了帮助管理 Linux 内核开发而诞生的，但是它的学习曲线很陡峭，比较难掌握。Subversion 更易用，但用来管理大型项目时效率不高。

Subversion 和 Git 可以管理任何文档，不只是源代码。事实上，Subversion 是一个非常棒的通用文档控制工具，相关内容见第 12 章。如果你不是程序员，可能很难理解 Git。本章的“资源”版块给出了更多有关如何使用 Git 的内容链接和信息。

测试驱动开发

软件变化太快所带来的一个问题是更新或修改一处代码很容易影响另一处。为了解决这个问题，最好的办法是创建自动测试套件，用来测试每个代码模块，每次对软件做改动时都要运行这些测试。

我们可以先写完所有代码，再编写测试代码，但是这样会拖后发现 bug 的时机，从而导致修改成本增加。为此，我们可以在编写产品代码的同时编写测试代码，测试驱动开发（test-driven development，TDD）就是一个很好的例子，它是指一边开发代码一边做增量测试。

在测试驱动开发中，在编写产品代码之前先编写一些测试代码。当产品代码通过第一版测试之后，接着要编写更多的测试代码。然后更新产品代码，以便通过新的测试。这个过程不断重复，直到我们得到所有产品代码和一整套测试代码。

目前有各种测试框架用来精简这个过程，其中最著名的可能就数 _Unit 框架了，比如 Java 的 JUnit、C/C++ 的 CppUnit 和 .NET 的 NUnit。除此之外，还有其他一些不错的框架，比如 Unity 和 GoogleTest。

测试驱动开发方法非常有效，特别是当项目规模越来越大、相互依赖越来越多时，修改代码造成功能破坏的可能性会大大增加，在这种情况下，使用测试驱动开发效果非常明显。

持续集成

持续集成把版本控制和测试驱动开发结合起来，以确保软件有序地向前持续迭代。

其基本思想是，随着开发者把更新后的代码签入软件主干，软件被自动重建和测试。这个过程可以设定为每当有新代码签入时执行，也可以设定得更频繁，比如一天一次，这很适合需要花较长时间创建起来的大型代码库。

持续集成的优点是可以尽早发现软件中的错误，这时做修改更容易，修改成本也更低。本章的“资源”版块提供了有关持续集成的更多信息。

至此，有关详细软件开发的概述就结束了。接下来回到详细开发阶段的最后一部分——机械工程。

6.1.4 机械部分（外壳）

在详细产品定义阶段，我们已经做好了基本的机械架构。在详细开发阶段，我们将把基本架构变成完全开发好的机械部件。类似于所有产品开发流程，外壳设计和开发也需要权衡，一方面我们要尽量满足产品系统级别的需求，另一方面也要满足其他设计师和开发者的需求。在这个阶段，机械工程师必须和电子工程师、工业设计师紧密合作以完成各项具体工作，包括为 PCBA 选择和确定旋钮、调节盘、按钮、开关、插头、连接头和特定安装点的位置等。

相比于其他设计师和开发者，机械工程师的工作往往会对产品的制造成本产生更大影响（至少更显著），原因有两个：

1. 机械部分通常会涉及注塑成型，制作注塑模具成本很高，也很耗时；
2. 产品中的机械部件通常是手工组装的，众所周知，手工组装流程难以开发、实现和测试。

我们看看这两个重要的问题，然后讨论一些能够促使机械设计和开发获得成功的步骤。第 5 章讨论过，智能产品的机械设计和开发通常仅限于外壳和相关项目，因而接下来的讨论也仅限于此（相对于内部机械设计而言）。

注塑成型

近年来 3D 打印和其他快速机械成型技术兴起，从根本上说，它们都属于成型技术。这些成型技术能够帮助我们更快、更好地把产品投入生产，但是很多塑料机械件的生产仍然使用注塑成型工艺，几十年来都没有什么变化。

图 6-8 是注塑成型机的结构示意图，从图中可以看到，所谓注塑成型就是指通过巨大压力把热塑料注入一个模具中，形成特定的形状。首先把塑料颗粒倒入进料斗中，然后在螺旋装置的推动下通过一段加热管后注入模具。熔化的塑料填满模具的每个角落，随之模具被冷却，打开，分离出塑料，这样铸件就做好了（塑模工序中产生的多余塑料会被切掉）。

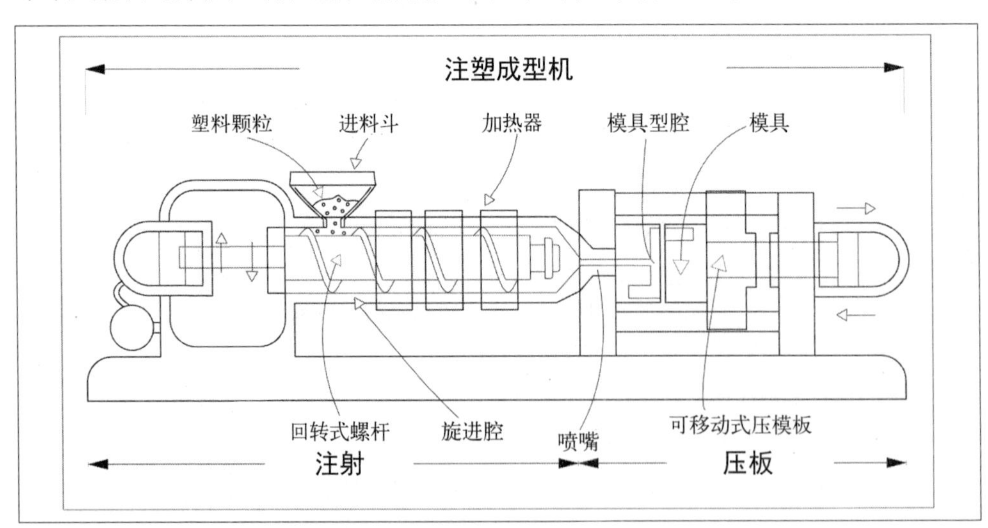

图 6-8：注塑成型机示意图（图片来源：Wikimedia Commons）

模具本身由两部分组成，当注入熔化的塑料后，它们会贴合在一起，铸件冷却后，它们分开，把铸件分离出来。图 6-9 展示的是玩具乐高的模具。

图 6-9：玩具乐高的模具（图片来源：Wikimedia Commons）

设计出好的注塑成型器件并不容易，因为我们不可能把所有想象的东西都做出来。在设计过程中，需要认真考虑注塑成型工艺。

显然，这些成型器件必须是可以轻松拆卸的，也就是说，在塑料铸件冷却后，它们可以轻松分离出来。在这个过程中，一个简单又重要的步骤是以一个轻微偏离垂线的角度（脱模角）制作模具，如图 6-10 所示。塑料铸件被夹在模具的两部分之间。注意，增加脱模角能够防止塑料铸件在剥离时被模具腔内壁拉扯住。通常脱模角只有一度左右，具体取决于铸件尺寸和表面光洁度。

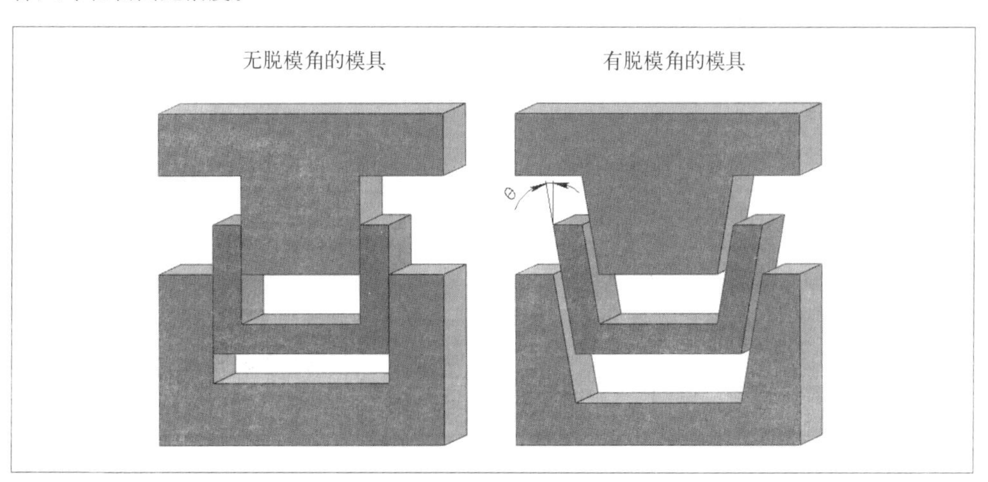

图 6-10：脱模角

更困难的是，利用外壳主体的机械部件防止模具散开，除非我们采取了特殊操作。这些部件称为“倒扣”，有很多扣置方式。其中最复杂的一种倒扣是在铸件外部，叫作侧抽芯。先向模具添加一个机件，让模具材料在成型期间保持在原位，然后在塑料冷却后通过模具侧面拉出，这样塑料就可以移走了。比如，我们想在图 6-10 所示的外壳的一个侧面做个小孔。这可以通过侧抽芯实现，如图 6-11 所示。图 A 是闭合模具的横断面，里面填满了成型材料，侧面插有侧抽芯。图 B 是把图 A 沿纵向切开的样子，可以看到侧抽芯所起的作用，它排挤出部分塑料，形成小孔。图 C 是脱模过程：把侧抽芯拉出，这样铸件的侧面就形成了一个孔洞。

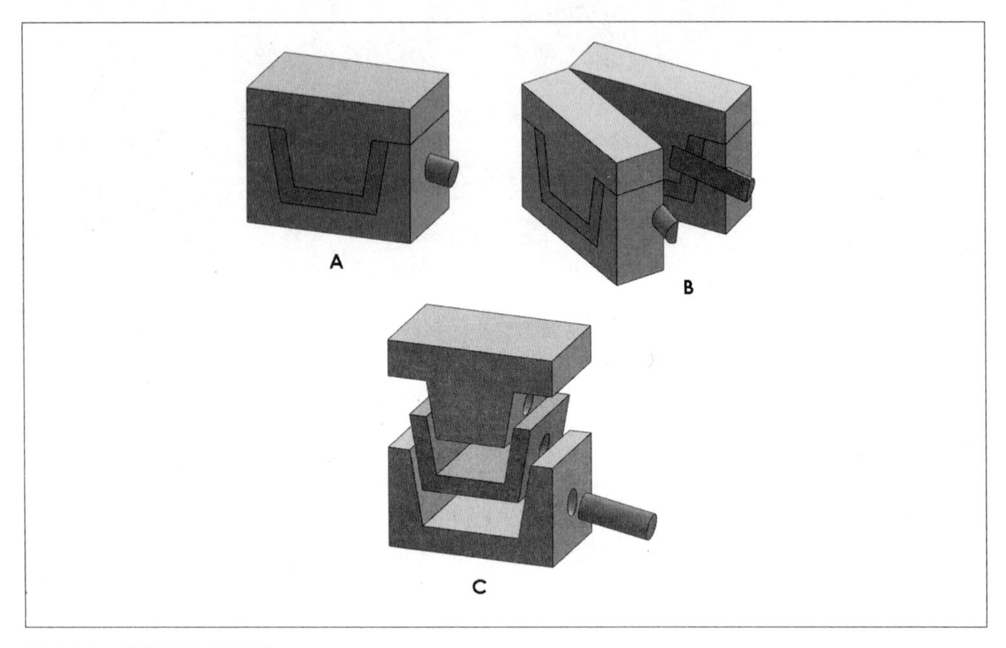

图 6-11：注塑模具侧抽芯

侧抽芯可以实现一些几乎不能实现的功能，但侧抽芯成本相当高，风险也很大。

除此之外，还有其他一些聪明的方法用来实现倒扣，比如使用斜顶、伸缩芯、滑动型芯和顶出装置等。本章的“资源”版块提供了更多相关信息。

机械设计中有一些与注塑成型相关的问题：

- 塑料必须能恰当地到达模具的各个部分，对于更大尺寸的部件来说，这会导致铸件最小厚度增加；
- 冷却时塑料会收缩，厚度薄的部分冷却速度更快，这可能导致翘曲或其他问题。

要设计出成功的模制件必须考虑很多因素。

产品模具通常由钢或铝制成，它们的差异非常明显。钢硬度更大，能够很好地保持形状，使用几十万次乃至上百万次也不会变形，很适合用作大批量生产，或制造高精度部件。不同铝合金拥有不同的特性，相比于钢，铝的耐受性通常没有那么高，铝制模具的磨损速度更快，因此铝一般适合用来制作原型和小批量产品生产。

钢的缺点也很明显，它硬度大，相比于铝，更难切割。钢模的制作周期长，价格高，通常要花 5~10 个星期才能做好，每个模具的成本在 10 000 美元以上。相比之下，铝制模具制作周期短，一般只需要几天（在某些情况下，可能只要几个小时），成本只有钢模的20%~50%。

另一个需要考虑的问题是，虽然通过切除多余材料的方式可以相对容易地调整铸件形状，但是向铸件添加材料很困难，在某些情况下，甚至是不可能的。因此，最好一开始就向模具中多加注材料，然后根据需要切削出形状，而不是反过来操作。

最简单的成型就是使用单一材料，但最好还是使用多种材料，通常的做法是用硬塑料做核心，外部再包上橡胶材料，从而得到更好的抓握效果和手感。最常见的例子是计算机鼠标侧面的橡胶块（见图 6-12）。处理这些部分时可以单独做模再进行黏合，或者直接在底部的硬塑料上做，这个过程称为“二次成型”，使用这种方法通常会得到更好、更便宜的模型。二次成型方法有两种。一种叫“嵌入成型”，就是先把硬质基材放入一个模具中成型，然后将其嵌入另一个做橡胶件的模具中。另一种方法叫“多重注射成型”，它使用复杂的注塑机通过单个复杂模具实现。

图 6-12：采用嵌入成型工艺制造的计算机鼠标

除了工具和制造成本显著增加，二次成型工艺对外壳的机械设计有巨大影响。比如，二次成型通常会增加部件厚度，这会影响外壳尺寸和 PCBA 的几何结构，设计方面就需要配合软材料的高拉伸需求，最大限度地减少过剩的毛刺（多余的材料）。

总的来说，注塑成型工艺又贵又复杂，需要精心筹划。相比于其他详细设计工作，注塑成型更需要我们和制造商尽早展开紧密合作，以确保当我们开发的产品送到用户手中时，能够符合预期。有些事情可能是一个制造商的日常业务，但对另一个制造商来说也许是不可能完成的任务。

至此，机械部件开发中最重要的制造工艺基本介绍完毕，接下来继续讨论一些有助于开发大量机械部件的策略，旨在让开发成本又低又简单。

DFM和DFA

DFM 和 DFA 既有区别又相互联系，它们都是为了尽可能提高机械部件的质量和可靠性，同时尽量降低成本。在某些情况下，这两个术语可以互换。DFM 针对的是产品部件的制造，而 DFA 针对的是这些部件的组装。

对于任意给定需求的机械产品而言（比如一个外壳，外观跟我们要求的一样，并且能够装下需要的元件），通常有多种机械部件可供选用，同时也有多种制造和组装方法。从中挑选出最适合的方法需要付出巨大的努力，机械架构越复杂的产品，需要付出的心血就越多。

DFM 和 DFA（有时合称为 DFMA）的原则是，不存在的部分是最好的部分，因为这部分的生产和组装不需要任何成本。简单地说，就是尽最大可能合理地减少部件数量，这就是最关键的目标。

接下来进一步了解 DFM 和 DFA。但要事先声明一点，这里的讨论是非常宽泛的。有一些特定的规则系统可以对这些活动进行固化，其中最著名的就是杰弗里·布思罗伊德和彼得·杜赫斯特提出的，本章的“资源”版块会介绍相关内容。

DFM。使用 CAD 软件创建一些虚拟机械零件非常容易，你也可以很轻松地在屏幕上把它们组装起来以实现自己的想法。创建虚拟零件不需要任何成本，让它们动起来也很容易。但是制造真实零件是有成本的，并且它们的表现也不是完美的。DFM 的目标就是设计出“真实”的零件，可以使用现有的工序制造，以降低成本。从根本上说，制造零件是一个不断迭代的过程，需要考虑不同方法，尝试不同材料、工艺、设计，以便找到最好的零件和最佳制造策略。

如前所述，制造可塑零件是 DFM 最好的例子，我们要做的是降低零件在其生命周期中的成本，包括模具成本、产品生命周期中所生产零件的总成本以及其他所有附带成本。另一个例子是需要用框架牢牢固定住一个高扭矩引擎。这可以使用高强度塑料（比如玻璃纤维树脂）融合金属片或机加工件实现。具体材料、设计以及实现这些设计的工序，每种材料都有多种选择。最好的方法是根据我们要制造的零件数量和其他因素共同决定。

零件的成本包含将其组装成产品的成本。设计不同，组装成本也不同，这正是 DFA 的用武之地。在机械组装中，“便宜”基本等同于“易于组装”。对工厂来说，时间就是金钱。组装越容易，所需时间就越少，产品成本也就越低。

易于制造和组装也意味着其可实现再制作，从而提高成品的质量。虽然现在大部分电子产品的制造是自动化的，但是大部分机械组装不是。机器人的优势是可以不断重复地做好同一件事，相比之下，人类很容易犯错，在产品制造中人工操作会出错，比如有可能使用了长度错误的螺丝、忘记用垫片或者搞反了一个几乎完全对称的插件的安装方向，等等。

几十年前所生产的产品往往会有这样或那样的问题，而现在产品的质量大幅提高，主要是因为制造商们采用了 DFA 方法。

TIP 从好的方面看，人类比机器人更容易训练。人类的思维和身体更灵活、柔韧性更好。正因如此，机器人一般只能做简单的装配任务，适合用在大批量产品生产中。那些人类难以完成或有危险的任务（比如重物负载、在危险环境中工作等），一般也由机器人来做。

DFA。DFA 有三个基本目标：

1. 减少组装产品所需的零件数量；
2. 减少所用零件的品类，比如整个外壳尽量只使用一种尺寸和长度的螺丝；
3. 尽量减少组装步骤，并使之可以重复（避免犯错）。

下面举例说明如何把一个 PCBA 固定在外壳中。做法有很多，比如我们可以把螺丝拧进螺母柱固定，让螺丝钉穿过电路板的孔洞，再由螺母固定，或者使用凝胶或任何可扣夹的方法。这些方法各有优缺点。为了了解其中所涉及的权衡因素，我们来比较两种方法的优缺点：

- 把 PCBA 的固定孔和外壳的螺母柱对准，然后放入螺丝，向下旋紧固定（见图 6-13）；
- 把夹子做进靠近外壳边缘的位置，往下推 PCBA，使之被夹子卡住（见图 6-14）。

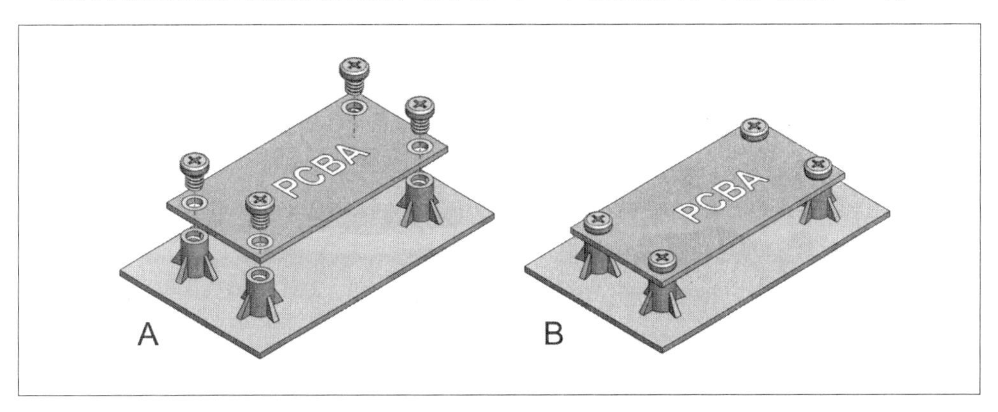

图 6-13：把 PCBA 上的固定孔对准外壳上的螺母柱（A），然后旋紧螺丝固定（B）

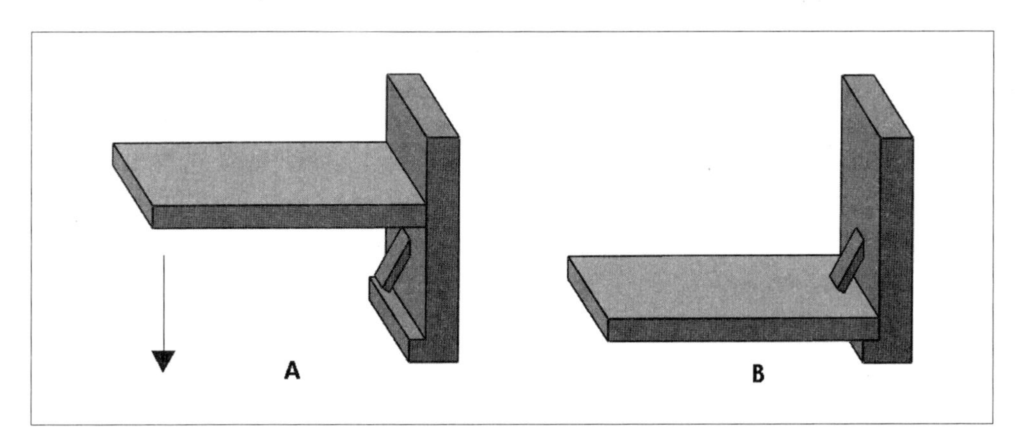

图 6-14：向下推 PCBA（A），使其被夹子卡住（B）

在图 6-13 所示的组装中，组装人员需要仔细调整 PCBA 的位置，使其上的固定孔与外壳上的螺母柱对上，然后以合适的力度把每个螺丝拧进去，这大概需要一分钟的时间。在拧螺丝的过程中，螺丝不能意外掉落，否则我们就得费心思找螺丝，或者用户会困惑为什么产品里面会有异响（在螺丝造成短路和产品返修之前）。其他潜在问题还有螺丝是否被正确地拧入孔洞中，螺丝可能是歪斜的，也可能所使用的螺丝尺寸不对。这些问题可能导致螺丝脱落、螺母柱开裂或失效，或者无法拧紧螺丝（螺丝头无法紧紧压住电路板）。

相比之下，图 6-14 中所使用的夹子装置可以设计为即时装配或傻瓜式装配。如果设计得当，PCBA 只有在方向正确时才能被顺利推入，当夹子卡住 PCBA 时则会发出咔嗒声。整个过程只需要几秒钟。

显然，采用图 6-14 所示方法，组装起来会更容易，所需要的元件也更少。但相比于图 6-13 所示方法，图 6-14 所示方法有三个缺点：

- 可能需要使用更复杂的模具，这会增加固定成本；
- 拆解可能会比较困难；
- 电路板的位置容差可能小于带螺丝的电路板。

图 6-13 所示方法还有很多变种，它们在很多情况下效果更好，而且不会增加模具的复杂度和成本。其中一个广受欢迎的变种是“热熔”，如图 6-15 所示。首先用一个塑料钉穿过 PCBA 的固定孔（图 A），然后通过加热把塑料钉熔化、压平（图 B），从而把电路板固定住（图 C）。热熔方法简单易行，便宜又有很好的固定效果，除了用于固定 PCBA，还广泛用来固定各种器件。当然，这种方法也有缺点，它不像夹具装置那样简单、容易组装。此外，热熔在某种程度下是永久性的，这是加分项还是减分项，取决于具体的应用场景。

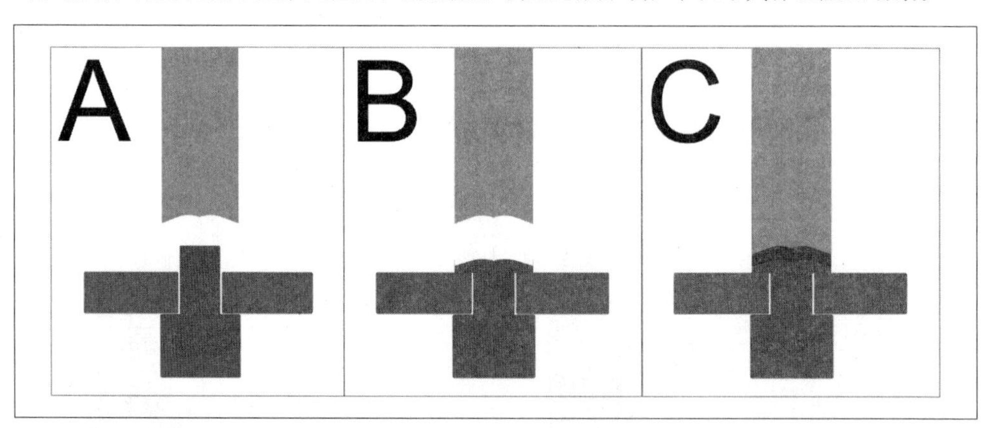

图 6-15：热熔

可以选用的组装技术有很多，比如螺丝、夹具、热熔等，我们应该根据实际情况评估各种技术，从中选择最合适的技术。应用 DFA 时，你还可以一并考虑 DFM 的组装方式，以实现 DFA 和 DFM 的配合。对设计师和开发者来说，与工厂员工保持密切联系很有好处，工人每天都接触这些工作，对于哪些操作好做、哪些不好做有深刻的认识，他们或许有更好的办法。当需要检查问题时，我们甚至可以请工人组装一个原型出来。

在做 DFM 和 DFA 的过程中，有多种商业软件可供我们使用，其中最著名的出自杰弗里·布思罗伊德和彼得·杜赫斯特之手，这些软件非常高效。DFM 和 DFA 一般贯穿机械开发的整个过程。DFM 和 DFA 与产品开发的其他活动一样，也是不断迭代直到无可改进（这不太可能），或者我们的新想法还不够成熟，不足以增加设计 / 开发工作和进度。

到目前为止，本书讲的机械开发是在 CAD 软件中进行的，开发的只是虚拟零件。第 2 章提到过一句名言“地图非领土”。同样地，CAD 模型也不是可以抓在手里的真实物理零件。在 CAD 软件中开发出机械零件后，接下来把它们变成真实的物理零件。

机械原型

制造机械原型的方法和材料多种多样，像硬纸板、泡沫塑料、胶带、胶水、锡箔纸等材料都可以，只有想不到，没有做不到。开发初期，我们显然无法制作接近产品的机械原型。

接下来将重点讲解那些把 CAD 模型转换为可供评估的物理实体的技术，尤其是那些制造塑料原型的技术，因为这部分内容最容易带来困扰，从我的个人经验看，也最容易导致糟糕的决策。

10 年前，制造塑料原型是个专业的活计，通常需要几天或几周才能完成，还要花上几千美元。但是，今天已经有了天翻地覆的变化，用不到一千美元就可以购买一台实用的 3D 打印机，使用 3D 打印机只需几分钟或几小时就可以把塑料原型打印出来。

借助便宜的 3D 打印机或其他快速成型技术制造出的原型确实很有用，但是它们本身有一定的局限性。尽管模具的固定成本很高，注塑成型仍然是制造塑料零件的标准技术，这是因为使用这种技术制造出的零件拥有更多样的属性（比如强度、抛光等），并且快速、可靠、便宜（按每件计算）。虽然应用 3D 打印和其他快速成型技术制造出的原型质量相当不错，但是随着成本的增加，它们仍无法与注塑成型技术相媲美。比如，就表面抛光来说，无论是光滑的还是带纹理的，使用 3D 打印和其他快速成型技术得到的原型都赶不上注塑成型技术的效果。这使得使用它们评估产品的机械属性时作用有限（包括一些微妙的地方，比如原型折断的样子，毕竟这依机械属性而不同）。

目前的快速成型技术有十多种。虽然从总体来看，注塑成型技术是最好的，但是各种成型技术在不同方面各有优势。要为产品原型选择合适的成型方法，最关键的是看所选的技术能否满足我们对模型的要求。在产品开发期间，打印机械产品原型有很多原因，比如：

- 做设计迭代时，借助原型可以更好地了解外壳的样子；
- 产品上市前，在展会上可以把漂亮的模型展现给潜在用户；
- 在做注塑成型之前，测试各个部件如何组装在一起；
- 在制造实际产品之前，测试产品的安全性和电磁兼容性；
- 把完整的外壳和电子部件集成起来，得到一个外观类似 / 功能类似的产品原型。

关于目前最常用的快速成型技术，我还没看到有哪个权威机构发布过统计数据。这个领域发展很快，未来几年可能会有天翻地覆的变化。在产品开发中，我经常接触的技术有熔融沉积成型（fused deposition modeling，FDM）、光固化快速成型（stereolithography apparatus，SLA）、机械加工、铝模注塑成型、聚氨酯浇注成型等。接下来简单介绍每种技术，看看它们究竟有何用处。

FDM。对于 FDM 打印技术，很多人很熟悉，从几百美元到两千多美元不等的各类 3D 打印机都在使用这种技术。FDM 打印是分层进行的，通常使用成卷的塑料丝，通过在二维空间中运动的热喷嘴加热，把塑料熔化并挤出，形成一层薄薄的沉积层。当一层打印完成后，载物台向下移动，或者把打印头向上移动，继续打印下一层。一层层打印，直到打印出整个模具。

3D 打印材料有很多种，其中最常用的是丙烯腈－丁二烯－苯乙烯（acrylonitrile-butadiene-styrene，ABS）和聚乳酸（polylactic acid，PLA）。ABS 塑料是一种很硬的石油化工产品，相当坚固耐用，常用来制造对硬度有较高要求的部件。PLA 是一种柔软的塑料，由植物果实制得，本身无毒，可生物降解（它甚至用在医疗植入设备中，在人体中易于分解），但添加的着色剂可能让它有毒。制造对硬度有较高要求的部件时，很少会使用 PLA 塑料。

在这两种材料之中，PLA 的打印效果更流畅，因为它的熔点更低，黏性更好。使用 PLA 塑料制造出的模型尺寸往往更稳定（不会扭曲变形），外观更光滑，并且相当坚固（但不十分坚硬）。使用 ABS 塑料打印要麻烦一些，并伴有一股明显的塑料味，但是打印出的模型十分坚硬、结实。两种材料都有多种颜色可供购买使用。

此外，还有许多其他拥有不同属性（比如柔韧性、半透明性、导电性、强硬度等）的打印材料可用。有些材料打印效果很好，有些不太好，到底应该选用哪种材料，最好还是要亲自试验，不要盲目猜测。

FDM 和其他 3D 打印技术都要解决支撑物问题。打印材料熔化后需要沉积在某个支撑物上，并不是悬浮在空中，因此需要在伸出式的部件下打印某种支撑物，否则就会无所依附。有些 FDM 打印机有多个打印头，能够使用可溶材料打印用于支撑的“脚手架”，一旦打印完成，这些材料就会溶解。否则，我们就必须自己切掉支撑材料，而这很容易引发意外事故。

FDM 打印技术有点“博而不精”，它廉价，并且在许多方面有着很好的应用，但其他技术在某些方面会优于 FDM。

SLA。SLA 技术的原理是液态树脂在激光照射下会固化。实际上，激光每次照射都会在液态树脂（光敏聚合物）槽的表面形成固态水平层。

使用 SLA 打印机可打印的最小元件尺寸取决于激光的焦点。相比于 FDM 打印机，用 SLA 打印机制造出的模型机械精度更高，结构更精细、更复杂，表面抛光效果也更好（FDM 打印机可制造出的元件尺寸取决于用来挤出熔融塑料的喷嘴宽度）。SLA 打印的缺点是 SLA 打印机价格不菲，打印成本也比较高。相比于 FDM 打印机使用的打印材料，光敏树脂材料成本明显要高出很多，可选材料也非常有限（有时变化的只是颜色和透明度），固化后的光敏树脂易碎。

当机械精度非常重要，或者希望以较低的价格和简单的方式获得绝佳的表面抛光效果（打印后不需要人工打磨）时，一般会使用 SLA 部件。

机械加工。如果想用与最终产品一样的材料制造原型，可以使用所要求的材料加工出原型的零件。在这个过程中，3D 模型会被送入一台计算机数控（CNC）铣床，铣床会使用不同尺寸的铣刀把零件切削出来。

如果你想制造少量原型，并且希望它们拥有与最终产品十分接近的特性，一种低成本（通常每件几百美元）的方法就是机械加工塑料部件。这有助于进行机械测试，并且可以用来在产品模制件出来之前获得监管部门的批准。测试实验室常常会让我们使用这些部件代替实际产品部件。

在这个过程中，主要需要注意以下几点。

- 由于用来加工材料的铣刀的物理尺寸有限，因此并不是什么产品都能用铣床加工，比如薄壁、深容器、尖角等都很难加工，甚至不可能加工出来。
- 虽然金属可以加工出镜面抛光效果，但是根据我的个人经验，塑料的抛光效果没那么好，经常会留下切削痕迹。最好事先向加工厂家咨询一下。
- 根据刀具轨迹（铣刀切削材料时的移动路径）的指定方法和是否需要特制夹具等，生产成本可能有天壤之别。传统的刀具轨迹指定方法耗时（也就是“贵”），又需要做测试来保证良好的效果。Proto Labs 等机械加工服务所使用的软件可以根据我们上传的 CAD 文件立即生成刀具轨迹。Proto Labs 甚至还能根据所选的刀具轨迹生成原型的 3D 渲染图，并指出我们上传的原型因受到铣削过程的限制而发生的预期偏差。
- 交货时间从一两天到几个星期不等，具体取决于工件的复杂度和其他相关因素。

铝模注塑成型。前面讲过生产过程中使用的铝模注塑成型技术，铝模也可以用于制造产品原型。虽然对制造的东西有各种限制，但是相比于以产品为导向的服务商，以原型为导向的注塑成型服务商能够更快速、更低成本地制造出模具和零件。虽然不是很便宜（要几千美元），也不是很快（从提交 CAD 图纸到拿到成品至少需要几天），但好处是使用铝模注塑成型技术得到的原型最接近最终产品。

相比于其他大部分成型技术，铝模注塑成型工艺中使用的材料和表面材料有更多选择，但是可选择的种类要比生产级别的模具少一些。在原型级别服务中也存在其他一些常见的限制，如特征尺寸范围小，不能通过调整厂商的制造工艺来减少不完善的地方等。

聚氨酯浇注成型。在这个方法中，首先把零件模型打印出来（比如用 SLA 打印），然后在 3D 模型周围填充橡胶材料（一般是硅胶）。当把 3D 模型移走后，我们就得到了一个模具，与可浇注聚合物配合使用即可。聚合物选用那些与将正式投产的材料具有一致属性的材料。通常聚氨酯塑料用来制造模制件，它种类相当多，可以模拟注塑成型中使用的各种塑料。我们可以为聚氨酯重塑表面纹理，也可以向其添加着色剂，这样处理能将产品的颜色嵌入模型——好于生产出来再上色。

此外，聚氨酯塑料还有一个加分项，由于其柔韧，有弹性，模具中若包含需用侧抽芯法抽出的金属工具，一般能在抽出机件时通过拉伸模具来进行微调。

聚氨酯浇注成型模具便宜，但是寿命有限（一般每生产 10~100 个零件就要更换一次），也不像金属模具那样全能（比如优良特征和容差）。使用聚氨酯浇注成型技术能够制造出高质量原型，十分经济实惠。这些原型可以拿给潜在用户试用，或者用来申请某些工程认证。我听说甚至有人把这种方法成功应用于产品的短期生产中。拿到我们的 CAD 模型文件后，大部分厂商在几天内就能把原型做出来，但是每个零件的浇铸时间相对较长，至少要几个小时。

有了组成产品的各种电子和机械零件之后，接下来把这些零件集成在一起，形成一个完整的系统，即得到一个功能类似 / 外观类似的产品原型。产品即将诞生！

6.2 系统集成

在产品开发过程中，把电子元件和机械部件组装成完整的产品原型（功能类似 / 外观类似原型）是一个重要的里程碑：这标志着我们所有的努力终于要换来一个实实在在的产品了。

但随着元件组装和测试的开展，这种愉悦之情一点点支离破碎，随之而来的是暴脾气。暴脾气的量级大小与我们在 DFA 和其他在过程中投入的精力成正比。我们经常会遇到下列恼人的问题：

- 各个元件之间的匹配度不好——太紧或太松；
- 线缆太短；
- 接头和某些元件装不上，因为相互阻碍；
- 电路板碰到了金属部件（有可能引起短路）；
- 电子元件的尺寸大于预期，无法安装在 PCBA 的指定位置上；
- 你能想到的其他问题以及许多还没想到的问题。

在产品原型的组装过程中常常会用到各种工具，比如电磨机、修补刀、剥皮钳、口镜、细长戳具、大量黏合剂和胶水、聚酰亚胺胶带（绝缘）、隔夜交货服务、咒语、脏话、糖、咖啡因等。

没错，这就是我们需要迭代的原因！第一次就把事情做好远比迭代要好，但是我们永远不可能第一次就把所有事情做好。

TIP 有很多 PCB 设计软件可以为 PCBA 生成 3D 模型，比如 Eagle CAD、DesignSpark PCB、Altium 等，有的是软件自己生成，有的是通过第三方工具辅助生成。我们可以把这些 3D 模型导入机械 CAD 应用中，甚至进行 3D 打印，以保证有良好的机械兼容性，找出那些在实际组装过程中有可能会影响组装的陷阱，并改正。

需要注意的是，我们在 PCB 设计软件中所用元件的 3D 模型经常是不正确的。最好的办法是直接向元件供应商索要相关元件的 3D 模型，并根据电子元件的数据表检查所有元件以便做适当调整。另外，要留心那些备用部件，这些备用部件与被替换部件的电气特征相同，但是它们的尺寸可能很不同。

另外，由于机械和组装上的问题，要将连接器搞好可能非常困难。有这样一个技巧，就是将连接器粘到一块由 3D 打印出来的或是按 PCB 尺寸裁切出来的板子上。

当所有元件组装在一起后，接下来就该进行详细的确认测试了。通过确认测试，能够了解哪些部分能正常工作，哪些部分有问题。系统级讨论将围绕那些需要更新的部分展开，以便在下一个修改的原型中所有部分能够更好地协同工作，然后设计师和开发者会做必要的修改。他们会对自己负责的部分不断迭代，每次修改都会反映到对原型的下一次迭代中。这个过程反复进行，直到我们的原型通过测试，能够发送给生产厂商为止。

在我们有了功能类似 / 外观类似原型之后，接下来最重要的一项活动就是测试原型。下面讲解与测试相关的内容。

6.3 测试

我主要做医疗设备开发，所以测试在我心里有特殊地位。就医疗设备而言，测试非常重要，特别是那些关键的医疗设备，比如心脏起搏器、肿瘤放疗设备等。要详细讲解这样的测试，一整本书都讲不完。鉴于大部分读者并不做医疗设备或其他重要产品开发，因此这里只做简单的讨论。但是，需要知道，测试要付出多少精力通常与待测试产品或子系统的复杂度和重要程度有关。例如，一个价值 5 美元、带 LED 闪灯的玩具并不需要多少测试，而一架商用客机的测试预算可能高达数十亿美元。

这个阶段涉及的测试有两种。第一种是确认测试（也叫工程测试或台架测试），它在产品投入生产之前进行，用来确保产品的设计没有问题。

第二种是生产测试，它通常针对每个产品进行，用来确保产品可以正常生产出来。虽然我们还没开始制造产品（原型除外），但此时我们需要确定生产测试的方法，在本阶段末尾交给工厂。

接下来简单介绍每种测试。

TIP 除了确认测试，还有验证测试这个术语。确认测试用来检测产品的内在要求（由公司提出）是否得到满足，相比之下，验证测试的层次更高一些，用来确定产品能否满足用户的需求。一个常见的说法是，“确认测试检查我们是否正确地设计了产品，验证测试检查我们是不是设计了对的产品”。相比于确认测试，验证测试更具开放性，通常会邀请许多潜在用户来试用产品，以便了解产品能否达成预期目标。另外，正式的验证测试要比正式的确认测试少见。

6.3.1 确认测试

确认测试用来检查产品设计能否满足我们的需求。诚然，有些产品的测试方法是“试试这个试试那个，检查产品看起来是否有用”，但这种方式并非优选。一般智能产品有许多功能、模式和状态，除非我们认真考虑和测试许多可能的状态，不然很可能会漏掉一些，用户会先于我们测试这些状态，第一次尝试时测试很可能会失败。

测试都有详细的测试流程，测试人员通过一系列步骤检查产品能否满足要求以及在顾客使用时产品能否如预期一样工作。

测试结果通常记录在测试流程对应的测试报告中。测试报告可以是单独的文档，在很多情况下，测试报告也会整合到测试流程中。我更喜欢把测试报告和测试流程文档整合到一起。这样只需看一份文档，而不必在两份文档之间切换查看。每个测试流程都有明确的合格 / 不合格准则，测试者会详细记录失效的问题或其他异常问题。

表 6-1 给出了 MicroPed 确认测试流程中的两个步骤，它们与耗电测试有关。这份简报假定测试者知道如何搭建设备和仪器测量通过 J1 的平均电流。对于那些测试由普通工人来做的大型项目，或者要求测试精确的项目（比如关乎安全的设备），测试步骤会写得更详细（如表 6-2 所示），并辅以图表来帮助测试者正确进行测试。在这种情况下，大多数步骤不

会包含实测值，可能只用对钩符号来表示当前步骤是否做过。

表6-1：测试流程/报告的一部分

步骤编号	动作	记录	合格	注释
1	待测设备每秒通知一次，设置 uCurrent Gold 电流适配器为 1 mV/nA，测量通过 J1 跳线引脚的平均电流 10 秒。使用示波器的平均化函数，每秒采样 100 万次	10 秒期间平均电流：______	通过 = 低于 15 μA 圈选：P/F	
2	待测设备每 10 秒通知一次，设置 uCurrent Gold 电流适配器为 1 mV/nA，测量通过 J1 跳线引脚的平均电流 10 秒。使用示波器的平均化函数，每秒采样 100 万次	10 秒期间平均电流：______	通过 = 低于 5 μA 圈选：P/F	

表6-2：详细测试流程/报告一部分

步骤编号	动作	记录	合格	注释
1	从电路板移除跳线 J1	完成？□	不适用	
2	把 uCurrent Gold 电流适配器的输入接到两个 J1 引脚	完成？□	不适用	
3	把 uCurrent Gold 输出接到示波器探头	完成？□	不适用	
4	把 uCurrent Gold 调到 1 mV/nA	完成？□	不适用	
5	确保 uCurrent Gold 的“电池 OK”处于点亮状态。若不亮，请更换电池。在继续之前，记下“电池 OK”灯亮	“电池 OK”亮（Y/N）	不适用	

从理论上说，在整个测试中，可以只有一个大的测试步骤，但通常的做法是把整个测试过程划分成许多更容易管理的小步骤。比如，MicroPed 的测试步骤贯穿无线智能蓝牙的不同状态，需要记下每个状态中的电量消耗。其他测试流程覆盖各种用例，记录进入不同无线电状态的频率。通过每种状态下的电量消耗和进入每个状态的频率，我们可以判断出平均电量消耗，从而更好地估算电池寿命，而不必测试产品一整年。

一个单独的测试步骤应该持续多少时间没有硬性规定，但通常也就几个小时。这样，必要时很容易返回，重启测试步骤。比如，当更新有可能影响测试步骤的结果，就可以立即重新开始。如果测试步骤非常长，任何测试步骤都有可能受到产品微小改动的影响，需要重复测试。若测试步骤太长，较早期的测试失败会导致后续许多功能的测试停滞。

实际上，许多涉及用户界面的测试程序往往与用例密切相关，这也在情理之中：那些用例描述的是产品在应用场景中应该如何运转，而如今，我们测试的是产品是否如我们指定的那样工作。

对测试程序来说，重要的是同时覆盖正面案例和负面案例，特别是那些与用户界面和安全相关的案例。正面案例（也叫正常案例或成功案例）是指一切正常的用例：系统功能符合预期，用户能够完成任务。负面案例（也叫非正常案例或失败案例）则是当测试出现问题时会发生什么。

比如，我们有一个用例，它需要一定带宽的 Wi-Fi 连接。正面测试验证当有合适的连接时能否完成指定的任务，而负面测试应该覆盖各种连接不合适的场景，例如：

1. 用户在没有连接时就启动了任务；
2. 连接开始时正常，但中途断开；
3. 连接一直保持着，但有时带宽满足不了要求。

请注意，在这个例子中，我们有 1 个正面案例和 3 个负面案例，并且不需要太费力气就能找到更多负面案例。常见的情况是：负面案例通常比正面案例多。另外，负面案例也更难测试。比如，这里的正面案例相当简单：只要连接一个有合适带宽的 Wi-Fi 访问点就可以了。负面案例 1 和案例 2 很容易测试，只需在合适的时间断开访问点即可。但是案例 3 就有点棘手了：测试期间，如何调节可用的 Wi-Fi 带宽呢？这当然可以办到，但是要费很多力气。

电子产品负面案例的测试特别难做。在重要系统中，我们有时需要把电路设计到硬件中，虽然这可能会导致硬件故障，但这样可以方便地测试输出结果。对于一款普通的消费产品来说，我们可能不太关注电路损坏这类小概率事件，但是在一个生命维持系统中，我们需要知道相关信息，并要花大量精力去查明。

对于复杂或重要的产品，确认测试可分为多个级别，有时做如下定义。

- **系统级确认**

  把系统作为一个整体来测试，测试各部分能否协同工作。

- **单元级测试**

  测试各个部分功能，比如特定的软件程序或电路。通过在系统中配置那些不常见的条件，我们可以更全面地测试系统的各个部分。比如，通过调整电源电压的高低，可以测试产品电路在高电压和低电压下的工作情况，确保最终产品在电压有变化的情况下仍能正常工作。

- **集成测试**

  把多个单元集成在一起（非完整系统），测试它们能否协同工作。和单元级测试一样，我们可以在测试整个系统之前通过集成测试来测试各个模块，或者像单元级测试那样，可以通过集成测试观察任意给定单元在非常见条件下的行为。

如前所述，确认测试用来检查我们的设计能否实现指定的产品需求。确认测试的苛刻级别可以从随意确认到偏执，将投入大批量生产的产品通常倾向于后者。若产品无法满足需求，等产品到了用户手中，麻烦便随之而来。产品需求与测试之间的一一匹配，通常称为“需求可跟踪性”。

6.3.2 需求可跟踪性

从根本上说，需求可跟踪性的目标是确保测试证明每个需求都被落实。在需求和测试程序之间，通常不是一一对应的关系。例如，在前述 MicroPed 测试程序中，提到单个需求（电池寿命）可以通过执行多道测试程序并组合结果的方式进行测试。

其实很多时候，单个测试程序就能验证多个需求，比如在 MicroPed 测试程序中，测量电流消耗的测试步骤也能用于验证产品在开机时进入广告模式的需求。

需求和测试之间的对应关系称为“跟踪矩阵”。对简单的产品来讲，这个跟踪矩阵用一个电子表格来展示绰绰有余。更大型的产品开发有着更大的跟踪矩阵，通常包含几千个跟踪项，为此，我们可以使用专门的软件来做。

确认测试中的另一个问题是检验性能需求，比如可靠性和准确性。这些需求往往依赖多个单元测试（覆盖多个使用周期），经常使用机器人来进行不断重复的机械步骤（比如将一个物理启动按钮按 1 万次）。这类测试会用到一些复杂的统计学和数学建模知识，这些内容超出了本书的讨论范围，本章的“资源”版块提供了更多相关参考资料。

至此，希望你对确认测试的困难有了一定的认识。对简单产品来说，确认测试可能相当简单，但随着产品功能、特征增多，由于产品的各种状态会呈排列组合式增长，因此测试需投入的精力也呈指数级增长。所以，要尽可能让产品更简单，确认测试的投入才能大大减少。

6.3.3 生产测试与设备编程

第 3 章讲解了有关生产测试的内容。如果你还没看，或者忘记了，建议你翻回去看看。

在这个阶段，我们将开发测试硬件和软件的程序。产品进入生产阶段时，测试程序也会随之打包发给生产厂商。工厂将使用测试程序检查自己生产的产品是否合格。

生产测试往往是确认测试的一个小子集，但与大部分确认测试不同的是，它们每天会运行许多次，每次测试只花几分钟，操作简单，工人只要稍加培训就能掌握。对于超大、超复杂或大批量生产的 PCBA 来说，编制生产测试计划以及开发相关软件和设备都由专门的生产测试工程师来完成，过程可能相当复杂。但是对于只包含几个芯片的小产品来说，自主开发生产测试就够了。

由于测试时通常需要把待测设备（DUT）连接到计算机，因此经常同时对待测设备的存储器进行编程，我们的 MicroPed 也会这样做。在编程过程中，除了复制软件，还有可能涉及序列号、安全密钥、许可密钥等。组装期间，有些产品需要校正，这通常表示某个单元将以指定方式测试，而其校准常数（如倍增数或偏移量）写入了存储器。

> TIP 如果设备有网络接口（比如有线以太网或无线以太网、蓝牙等），每个接口都应该有一个 ID，即媒体访问控制地址。这个 ID 是独一无二的，没有任何两个以太网口的媒体访问控制地址是相同的，甚至同一款产品的两个部件也是不同的。在某些情况下，网络芯片和模块的媒体访问控制地址都是预先设定好的，但也有一些特殊情况，我们需要亲自设定媒体访问控制地址，将其编程到设备存储器中。

开发生产测试系统时，第一步是确定需要什么：让我们高度相信待测设备生产正常的最小测试集是什么？

以 MicroPed 为例。MicroPed 只有一个 PCBA 和两个芯片，我们只关注电子元件是否焊接正确以及它们能否正常工作（无须校正或指派媒体访问控制地址）。MicroPed 的无源元件用来辅助芯片，如果芯片工作正常，那这些无源元件也应该能正常工作。

接下来列出想做的具体测试，它们确定了硬件和软件需求。

1. 第一次通电时，确认：

- 待测设备处在智能蓝牙广播模式；
- 测试系统通过智能蓝牙可以发现产品（由于微控制器控制着 MicroPed 无线电通信，因此测试无线电等同于测试微控制器）；
- 在广播模式下，电量消耗符合预期。这会测试所有问题，比如短路。

2. 尝试通过智能蓝牙与待测设备配对

- 确定配对时电量消耗符合预期。

3. 在三个维度上移动待测设备

- 确定待测设备在每个维度上返回的加速度值是正常的。

测试开始时，我们还会把系统软件写入待测设备的存储器中，因此在做这些列出的测试步骤之前，需要添加两个步骤：

1. 针对待测设备闪存进行编程；
2. 重新为待测设备通电，保证其能正常启动。

接下来需要创建一个硬件系统，用来对测试提供支持。符合要求的生产测试流程如图 6-16 所示。硬件编程器连接到待测设备上，它与待测设备的微控制器兼容。编程器由在 Windows 计算机中运行的软件进行控制，编写好的程序（二进制镜像）会被上传到待测设备存储器中，以测试程序编写是否正确。

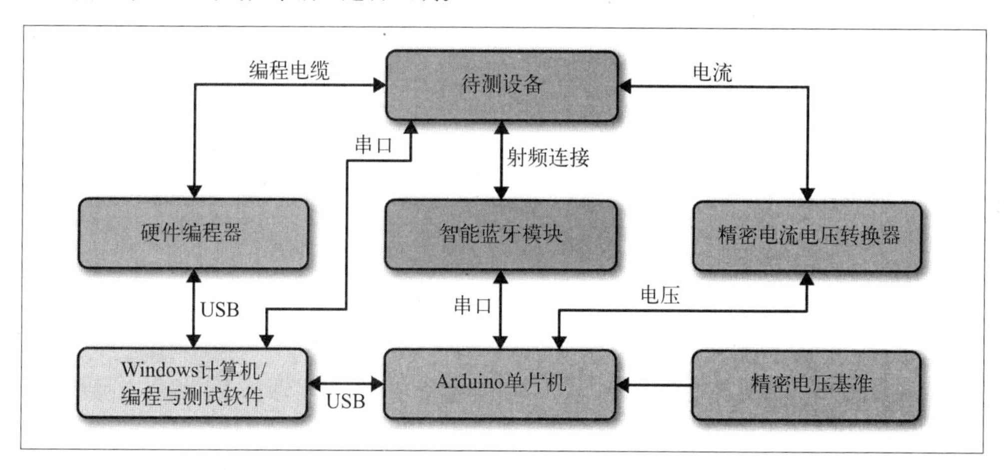

图 6-16：MicroPed 生产测试流程图

待测设备也与一个由 Windows 计算机控制的 Arduino 相连，有如下三个功能。

- 可以测量待测设备的电流消耗。为此，首先需要把电流转换为电压（使用电流电压转换器），这是因为 Arduino 的模数转换器只能测量电压。
- “单打独斗”时，Arduino 模数转换器的精度不够高，因为它们比较的是外部电压和电路板上不太精确的基准电压，给出两者的比例。为了提高精度，我们需要为 Arduino 提供一个精确的基准电压。
- Arduino 与智能蓝牙模块连在一起，这样我们就可以通过无线方式与待测设备进行通信了。

虽然这里的生产测试任务相当简单，但还是涉及 6 种设备（包括待测设备），所有这些设备要正确地集成，并由软件控制。

在 Windows 计算机上，测试员要用到两个软件，一个用来编程，另一个用来做测试。前一个由智能蓝牙芯片厂商提供，后一个用来在编程结束后针对产品运行测试，用户界面如图 6-17 所示。它采用 C# 语言编写，但也可以使用其他任何编程语言以及在任何平台下进行编写。LabView 是美国国家仪器公司开发的一种图形化编程语言，通常用来开发高级测试软件，与自家和其他厂商的测试硬件配对使用。

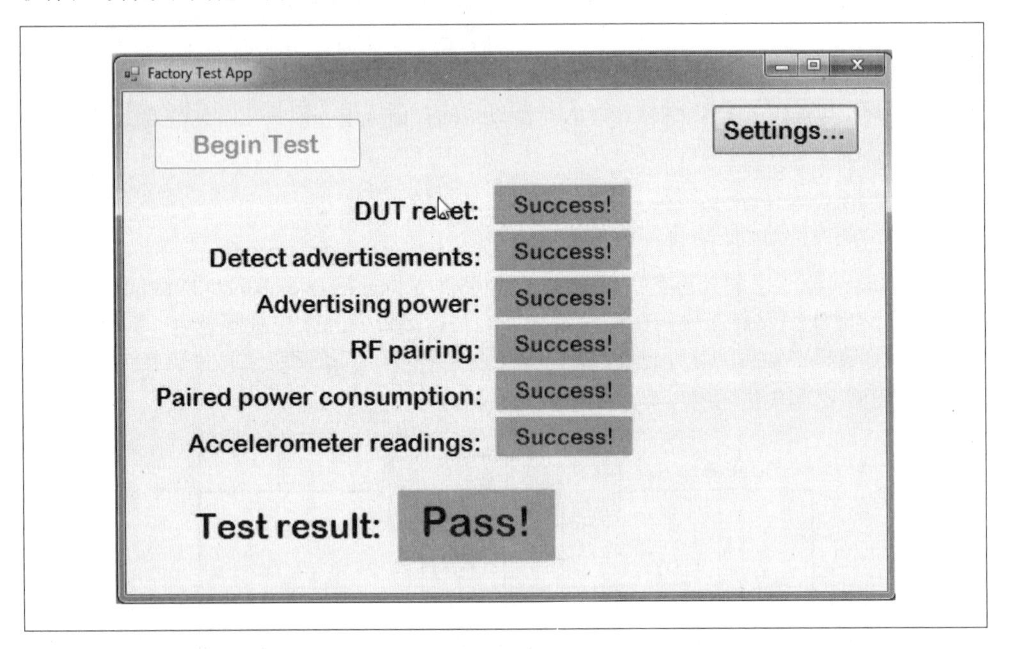

图 6-17：生产测试软件界面

生产测试软件只提供了极少的用户交互功能，但提供了有关测试进行到了哪一步以及是否成功的信息，这些反馈信息非常有用，有助于测试人员进行调试。比如，“每次广告模式和射频配对成功，而耗电量读取失败时，我们就知道可能一些电路板上的锡焊剂没有清理干净。我们就会从这方面着手检查”。

测试人员可以把测试结果打印在纸张上，也可以手写记录，但最好还是把这些信息连同序列号、日期、时间、操作员 ID 等信息一起存储到数据库中，日后我们可以很容易地从数据库中取出这些信息，以便做趋势分析。

接下来介绍工厂员工和待测设备之间是如何进行机械交互的，这就像我们和软件交互一样简单。

6.3.4 连接和夹具

在我们连接待测设备时，有些地方要特别注意。有时候很幸运，板载连接头已经把我们想要的信号引出来了，在生产测试过程中，我们可以直接从这些连接头获得想要的信号。但并非总是这么幸运，需要一个备用计划。我们可以向电路板添加一个新接头，来把想要的信号引出来，但这样做会增加成本，也违背了设计初衷——我们希望一个电路板在一段时间内一次只实现一个需求。

通常我们会使用夹具中的各种弹簧探针临时连接 PCB 上现有的裸露导体，比如过孔、焊盘和引脚。弹簧探针内部装有弹簧，如图 6-18 所示。搭好 PCBA（因外观得名“针床”），用以固定一系列各就各位的弹簧探针。受到按压时，弹簧探针就会连通待测设备上对应的导点。弹簧探针连接被引出到接头上，这样我们就可以轻松地访问想要的信号了。

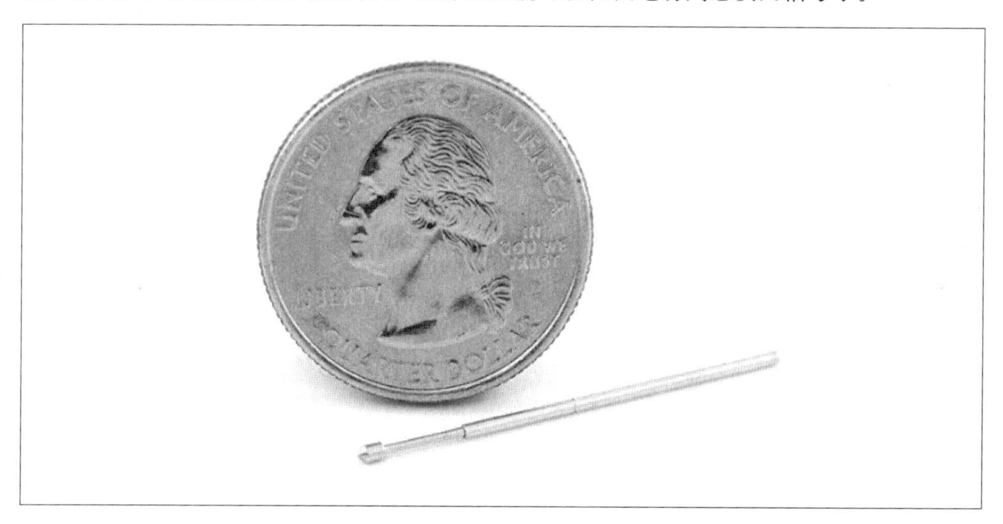

图 6-18：弹簧探针（图片来源：SparkFun Electronics）

“针床”和待测设备合在一起时必须对齐，我们需要使用某种夹具来协助实现。图 6-19 是测试 PCBA 时使用的一个简单夹具。在夹具豁口处，可以看到有 13 个弹簧探针（顶部 6 个，底部 7 个）穿过了 PCB。测试时，我们需要把待测设备合在豁口处，如图 6-20 所示，保证对齐，然后用小压板把元件紧紧压住，这样弹簧探针就能与触点密切贴合，保证接触良好。接下来，就可以开始测试了。

图 6-19：简单的针床测试夹具（图片来源：SparkFun Electronics）

图 6-20：待测设备紧紧地固定在夹具上（图片来源：SparkFun Electronics）

测试大型电路板时，一次可能需要使用数百乃至数千个弹簧探针。有专门的商业设备帮助我们管理这么多连接（比如，确保整个电路板受力均匀），但是我们仍然需要为每个待测的 PCBA 制作“针床”电路板。

虽然针床测试是最常用的生产测试技术，但是除此之外，还有许多其他类似的技术，可以取代针床测试或者作为它的有益补充。飞针测试使用一小部分由引擎驱动且能够快速移动的电气探针，与 PCBA 上裸露的导点接触进行电气测量。使用飞针测试时，必须先编写好程序，指明要测试哪些点以及进行哪些测试。

另一种值得关注的测试技术叫边界扫描，联合测试行为组织（joint test action group，JTAG）为这种新测试方法制定了标准规范。在高密度 PCBA 中，许多信号线可能隐藏在里衬板层或者那些无法用探针访问的元件之下。边界扫描是一个特别装置，它内置于许多复杂的集成电路中，外部设备通过它连接到芯片的引脚，然后做两件事：

1. 查询各个引脚，获取它们的状态；
2. 为各个引脚设置状态。

JTAG 是实现边界测试的芯片接口的标准。在做一些生产测试时，我们可以通过 JTAG 接口设置和读取各种引脚的状态，以检查它们是否如预期那样响应。另外请注意，JTAG 除了用来做测试，也可以调试芯片所支持的软件。在这种情况下，逐行调试代码时，通过 JTAG 可以观察和修改芯片中各种寄存器和子系统的状态。

在生产测试结束之前，还要考虑一件事，那就是无论交给厂商的产品有什么功能，我们都应该选择能实现这些功能的厂商。比如，我们认为有可能需要访问互联网，以便把数据存储到一个服务器上，那我们就不能选择那些无法使用互联网的工厂生产产品。做生产测试时，与我们选定的厂商协同工作十分重要，这样可以保证一切能够顺利开展。

至此，PCBA 测试介绍完毕，但生产过程中还需要做其他一些测试。产品完全组装好之后，通常还有最终测试（下线测试），以保证 PCBA 和外壳正确地组装在一起，最终测试通常非常简单，只需要启动设备，检查几个项目即可。我们可能还想进行一些其他的测试，比如查看产品的机械部件，测试产品的防水性能等，以确保一切正常。

有时，制成品在发货之前还要运行一段时间，以期更早地发现问题。这种测试称为老化测试。如图 6-21 所示，最初产品故障率相对较高，往往由“早期故障”问题引起，然后呈现平稳状态，直到产品生命后期开始出现磨损故障。通过老化测试，我们能够发现大部分早期故障，减少产品返厂维修的问题。

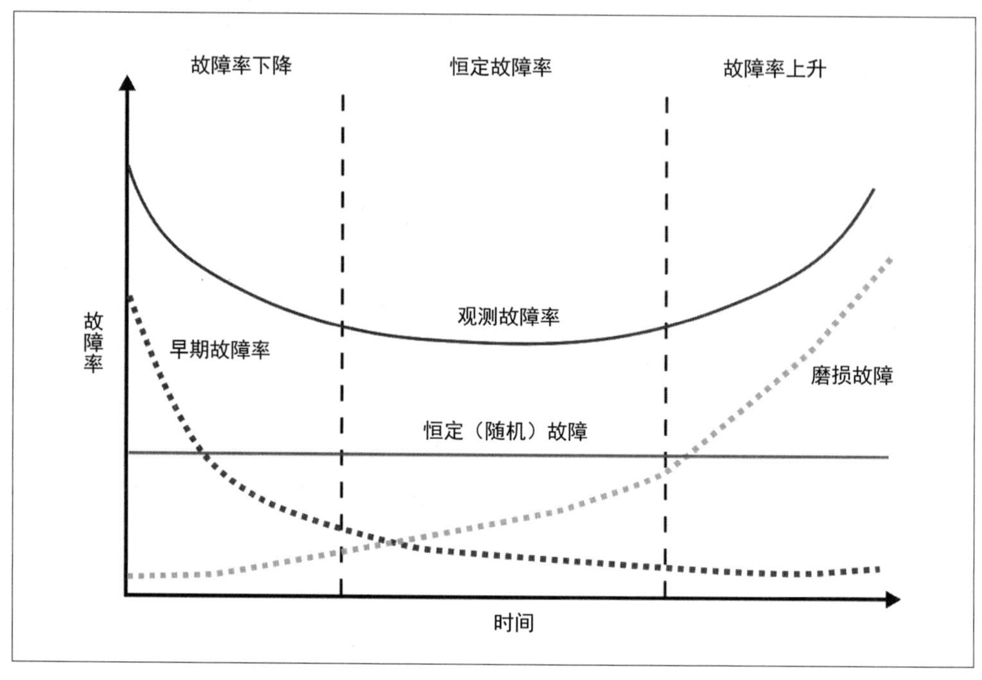

图 6-21：产品故障率与时间的关系

做老化测试时，我们可以从生产的每批产品中抽取统计样本，然后针对这些样本做测试，以确保质量达标。比如，某批产品的故障率可能较高，也许能跟踪到当初一名新员工在安装某个元件时出了一点点偏差。

生产测试通常需要花很多工夫，而非只是在产品组装完成后启动设备简单地检查它是否正常工作而已。与产品开发中其他阶段一样，关键是不同团队的成员在整个开发过程中能够协同工作，这样才能正确测试产品的电路和软件，当我们准备生产时，也能开发出合适的测试夹具和软件，以此保证测试系统在工厂正常工作。这种确保测试简单且合乎需要的过程常称为可测性设计。

TIP 做生产测试时，让各方人马协同工作并非易事，因为设计师和开发者、测试工程师、工厂工人往往属于不同的公司，彼此可能相距很远。对于大型项目而言，我发现使用 TeamViewer、GotoMeeting 这类屏幕共享工具每周召开同步会议大有裨益。

经过这些有关生产测试的讲解，感觉离投产已经很近了。从流程上看，的确如此。一旦产品原型通过了测试，也做完了产品的生产测试，接下来就该投入生产了。

6.4 投入生产

我们会很自然地把自己开发的产品当作自己的“孩子”。一开始，它们只是存在于头脑中的想法。然后，慢慢有了一些看得见的东西，但是还远未成型。它可能只完成了极细微的一点儿功能特征，距它具备成功所需要的特征还很遥远。我们在其中倾注了大量心血，产品逐渐成形，于是我们开始幻想它未来成功并且独立完整的样子。我们继续努力，从极为艰巨的推动工作到细节上的修正。终于到了这一天，产品准备好了，撇下我们手把手的帮助（当然我们还会默默在背后待命），可以独自踏上征程去面对外面的世界了。在设计和开发方面，把产品投入生产这个过程有几种说法，比如设计交付、交付给生产厂商。在生产制造方面，我们通常把制造新产品称为“新产品导入”。

我们需要事先了解厂商的需求。如果他们参加设计审查，那就更好了，厂商对我们的产品和需求会有清楚的认识。通常厂商需要以下资料。

- 电路图。
- 光绘文件：用于描述 PCB 和进行 PCB 组装时的元件位置。
- 机械 CAD 文件，比如 STL、SLDPRT、IGES、STEP 等。
- 材料清单：元件列表。
- 装配图。
- 装配说明。
- 测试夹具。
- 软件程序。
- 未来产量预测：数量与时间。

合约制造商通常会为我们寻找和保存元件（有偿的），我们也可以自己解决。很多制造商有不错的资源可以帮助我们，比如内行的采购人员以及与材料供应商有良好的合作关系。

开始生产时，先进行一两次试产，查找流程问题并解决。第一批产品通常用来进行首件检验，即设计师、开发者和生产员工会认真检查，确保所有部件都按要求被加工出来。这个过程往往介于完整确认测试和标准生产测试之间。

一些产品可以快速、顺利地投产。我们会把预先列好的元件清单连同采购单一起发给合约制造商，几天或几周内产品就会装配好。虽然 MicroPed 还没进行批量生产（截至本书完成时），但它：PCBA 简单、测试流程简单、装配简单。此外，它也不属于那些安全性至关重要的产品，也就是说，即使有的产品出现了故障，也不会伤及任何人。因此，哪怕我们的生产流程在初期未能事事顺利，或者遭遇了一些失败，我们也可以基本放心。

有一类产品首次出厂时需要强大的支持。它们与 MicroPed 的性质截然不同，比如左心室辅助装置。这种装置通过泵血对衰竭的心脏提供帮助，承担心脏的一部分负担，让心脏得到一定的休息。现代可移植的左心室辅助装置包含一个微型血泵，医生可以把它移植到病人的胸腔里，接入血液循环系统。它本身带有电源，可以在体外进行控制。这种产品的机械零件很小，电路也很复杂，需要在无尘环境中进行组装。由于出现故障会引起严重的后果，因而需要对各个部件、系统和生产流程做大量测试，为此设计师、开发者和生产员工要花几个月时间对生产流程进行调整，保证最终生产出的产品合格，并能够进入市场销售。

大部分智能产品介于上述这两种极端产品之间。在理想情况下，开发期间我们一直与制造商展开合作。我们时刻关注 DFA 和供应链，可能会遇到一些小小的难关，但很快就能克服，然后我们将以最小投入大量生产产品。

至此，我们的产品就开发好了。

6.5 总结与反思

详细开发阶段开始时，我们已经很清楚要制造什么，而现在产品已经制造好了，并来到客户手中。本章讲了许多实际产品开发过程中会涉及的内容。不过话说回来，本章也只是将一些零散的内容凝聚到一起，形成宏观知识点而已。“资源”版块给出了深入学习这些知识的途径。

每一次产品开发都是一场冒险，每次冒险充满酸甜苦辣，有胜利的喜悦，也有失败的痛苦。这是每个开发者逃不掉的宿命。当然，最关键的是以胜利的喜悦收场。

最后，我想分享几点感受。

本章开头提到，这个阶段大部分工作是设计师与开发者做设计和开发，做自己的本职工作。当然，没有伟大的设计师和开发者，就不会有伟大的产品，但不论他们能力有多强，光靠“单打独斗”，是做不出伟大的产品的。我深信，成就一款伟大产品的关键是系统思维和合作。我们要的是《贝多芬第九交响曲》的一场完美演奏，而不是 75 名乐师的同步独奏。

系统思维是指头脑中总是装着整个系统，认为我们开发的大量硬件和软件从来都不是彼此孤立的，它们存在的意义在于形成一个更大的整体。对用户来说，我们的产品正是系统给他们提供的体验。随着开发向前推进，我们所做的一切都是为了提升这种系统体验，不论是实现出色的设计，找到最佳的按钮位置，还是提高产品可靠性，改善用户体验，不一而足。

合作是件难事。大家嘴上都说要好好合作，但是实际动手的时候很容易半途而废。管理者想知道为什么花钱请来的一帮人总在讨论各种事情，不干实际工作。技术人员觉得瞎嚷嚷没意思，他们更喜欢实干。但要在系统级别上把事情做对，需要各方的合作。相反，长期来看，任何微小的错误都会产生不利的结果。

要在合作和独立工作之间找到平衡点并不容易。这需要在各系统相互独立的基础上，具体问题具体分析。比如，在选择相机芯片并将其集成到产品中的过程会涉及电路和操作系统（必须编写驱动程序），还有可能需要深入了解处理器上图形子系统的有关知识，每个部分都相当复杂。如果设计师和开发者能够紧密合作，就能更快地把所有复杂任务组织成一条功能完整的路径，使得软件程序可以访问图像。这就需要部门间紧密合作。另外，开发用来验证用户输入的代码可能是个单独的行为，尤其是在事先定义好验证条件的情况下。在这种情况下则应相互独立工作。

本章介绍完了产品开发流程。虽然有些主题讲得细致一些，但是尽量站在一个较高的层次上讲解，力求让大家对相关内容有宏观认识。从第 7 章开始，我们将在更低层次上进行讲解，深入探讨那些在我看来容易造成产品开发中出现无用功、不必要的投入和常见问题的事情，具体包括：

- 产品“智能平台”的选择（比如产品的处理器和操作系统）；
- 为产品通电（墙上插座和电池等）；

- 保证用户安全，并让主管机构满意（规定、标准等）；
- 编写需求，帮助我们把工作做得更好；
- 元活动：项目计划和管理、问题跟踪。

但是，在开始讲解这些主题之前，还是先提供一些学习资源，帮助大家进一步学习本章相关内容。

6.6 资源

这个阶段涉及的内容广泛，包含大量活动，有许多资源可以帮我们学到更多知识。本章讲解的大部分内容是标准工程资料中的基础内容，下面介绍一些有用的资源，它们不在这些常见的资料之中，本章也没有提及。

6.6.1 电子学

本书不会深入讲解任何具体技术的基础内容，但是这里有个例外，我郑重向大家推荐由保罗·霍罗威茨（Paul Horowitz）和温弗雷德·希尔（Winfeld Hill）共同编写的《电子学》（*The Art of Electronics*）一书，几乎所有电子设计类图书都参考了它。这本书通俗易懂、实用又严谨，书中讲解了电子设计和原型制作的基本知识，以浅显易懂的方式呈现内容。借助"晶体管人"，连双极晶体管也变得很容易理解。如果你从事电子设计工作，若没读过这本《电子学》，将会留下很大的遗憾。

另一个学习电子工程设计和开发的好去处是 David Janes 开设的博客 EEVBlog，里面有大量视频和资源。

电路模拟是对面包板试验有用的补充。通过电路模拟，我们可以很轻松地了解当元件值偏出一点点但尚在所允许的误差范围内时会发生什么。一类有用但经常被忽视的是仿真电路模拟器（Simulation Program with Integrated Circuit Emphasis，SPICE）软件，这类软件基于元件模型来模拟电路行为。SPICE 有几十年历史了，有很多版本可供选用，我觉得最常用的一个是 LTSPICE，它是芯片制造商 Linear Technology 推出的免费仿真软件。虽然芯片往往表现良好，基本电路模拟并不重要，但在检查不依赖集成电路的电路行为时，SPICE 会特别有用，比如那些使用晶体管、二极管、电阻器、电容器、电感器的电路。这些电路常常表现出怪异的行为，我们可以通过模拟找到问题所在。

SparkFun 网站介绍了有关印制电路板的基础知识。马丁·塔尔（Martin Tarr）制作了一些关于高密度互连 PCB 的资料，比如盲孔、埋过孔和微孔等。

我们往往把 PCB 简单地看作介于元件焊盘之间的一堆铜线，但是如果不予以重视，它们会引起各种问题。LearnEMC 网站提供了许多有关 PCB 设计的教程，包括一些非常实用的经验法则。说到做电路图和 PCB 布局的软件，Eagle CAD（功能限制版本是免费的）牢牢占据低端市场，而高端市场最流行的是 Allegro、Altium 和 PADS。这些高端软件价格高，但提供了比低端软件更为强大的功能。

PCB 设计中最棘手的问题是搞清楚信号在 PCB 和元件焊盘上的传输速度，这就是"信号完整性"问题。信号频率高于几十兆赫兹的信号建模，推荐使用 HyperLynx SI 这类软件。

你也可以使用 HyperLynx 的其他软件以及其他厂商提供的软件对 PCB/PCBA 的其他方面建模，比如电源和热特性。

6.6.2 软件

如前所述，版本控制的两个利器是 Subversion 和 Git，它们都是免费且开源的。虽然两者都采用命令行界面，但是它们还是有各种支持拖放操作的图形用户界面供我们使用。我特别喜欢 TortoiseSVN（免费且开源），通过它，你可以在 Windows 平台上轻松使用 Subversion，还有 Atlassian 公司推出的 SourceTree（免费），支持用户在 Windows 或 Mac 平台上使用 Git。

《测试驱动的嵌入式 C 语言开发》（*Test-Driven Development for Embedded C*）深入讲解了使用 C 语言做测试驱动开发的相关内容，C 语言目前仍然是嵌入领域中最受欢迎的语言。

Jenkins 也许是当前最流行的持续集成工具，它是一个免费、开源的软件项目。Jenkins 拥有 1000 多个插件，十分强大和灵活。这么丰富的插件有力地证明了 Jenkins 是多么受欢迎，但这也可能意味着持续集成会变得很复杂。特别是对大型项目来说，创建一个综合系统需要付出巨大努力，其中大部分精力不是花在设置 Jenkins 上，而在创建测试和流程上。《Jenkins 权威指南》（*Jenkins: The Defnitive Guide*）是一本不错的书，如有需要可以自行阅读。

6.6.3 注塑成型

Proto Labs 是一家致力于快速创建机械产品原型的公司，尤其以 Protomold 的快速成型服务而闻名。这家公司的网站提供了大量有关注塑成型的知识。他们网站中的“资源”页面是个不错的起点，里面有一些很有用的教育产品。强烈推荐这些教育工具，特别是“*Injection Molding Part Design for Dummies*”。Proto Labs 的报价过程是引导式的，只要你上传 CAD 文件询价，就会得到具体反馈意见和建议，他们会指出制造期间可能会遇到哪些难题。Proto Labs 给出的建议往往比较保守，但是从中你可以知道有哪些风险，这点非常好。从他们的报价单中，我们可以知道可用的材料、抛光处理方法，要制造的数量和周转时间以及这些因素如何影响价格。

6.6.4 DFM和DFA

在产品开发中，DFM 和 DFA 似乎一直被忽略，下面给出一些资料。

这个领域被引用最多的是杰弗里·布思罗伊德（Geoffrey Boothroyd）、彼得·杜赫斯特（Peter Dewhurst）和温斯顿·奈特（Winston Knight）三人合著的《面向制造及装配的产品设计》（*Product Design for Manufacture and Assembly*）一书。布思罗伊德和杜赫斯特被公认为首次提出 DFM 和 DFA 概念的先驱。他们用自己的名字创办了一家公司，其官网提供了一些有用的资料，他们也提供了优秀的 DFM/DFA 软件（价格不菲），这个软件已被证实非常有效，它能根据给定的设计和工艺流程准确地评估产品生产和装配成本，我们可以尝试不同设计和工艺，了解它们如何影响成本。

Dragon Innovation 公司提供了一系列免费的 DFM 在线视频课程，这些课程来自公司 CEO 斯科特·米勒（Scott Miller）在欧林工程学院的讲座。课程的内容都非常实用，建议你一定要看看。

6.6.5 快速成型

一般来说，制作原型最好的办法是自己花钱购买一台 FDM（或 SLA）打印机以供日常使用（你也可以跟本地的创客工厂搞好关系，使用他们的 3D 打印机），当然也可以付费请快速成型服务机构帮助制作高品质原型。要获得极高品质的原型，就需要用到极其昂贵的机器，我们不常使用高品质原型，快速成型机构可以帮助我们解决这些问题。

3D 打印技术发展迅速，尤其是 FDM 打印，相关技术每天都在变化。虽然有关这个主题的图书和文章很多，但是从各种 3D 打印机中选出最能满足自身需要的并非易事。*Make: Ultimate Guide to 3D Printing* 一书很好地介绍了 3D 打印技术、各种 3D 打印机，并比较了打印质量。购买 3D 打印机时，你可以先设计一个零件，然后分别使用候选的 3D 打印机打印试试看。3DHubs 网站提供查找和租借 3D 打印机的服务，我们可以选择特定型号的打印机使用。这有点碰运气的意思，因为大部分 3D 打印机的所有者是个人，他们想把自己购买家用打印机的钱赚回来。他们的技术水平不同，对用户的响应和支持程度也存在差异。

就服务机构来说，Proto Labs 提供多种工业级成型技术，服务质量高。Proto Labs 官网还提供了大量优质的培训材料，并可以免费发送演示材料，指明他们能做哪些部件以及什么因素会导致成型出现瑕疵。

此外，还有其他许多类似的服务可供选择，据说服务体验最好的是 Redeye（Stratasys 集团的一个 3D 打印部门）和 QuickParts，但我尚未亲身体验过。

6.6.6 测试

确认测试和生产测试都很关键，它们涉及各种技术和技艺，然而在实操中大部分的知识看起来是在测试工程师之间传承的“部落文化”，很少形成书面材料。

Adafruit 和 SparkFun 公司的网站上有许多与生产测试有关的文章，虽然主要讲小批量电路板的生产，但几乎涵盖了生产测试中的所有基本问题。

如前所述，美国国家仪器公司是生产测试所用软硬件的主要提供商，它们的产品也经常用来做确认测试。在其官网的“测试”页面，你可以找到一些有用信息的线索，其中包括案例研究，从中可以大致了解各个行业都会做些什么。

6.6.7 投入生产

Dragon Innovation DFM 的系列教程中，第一课较为详细地讲解了选择工厂时要考虑的一些事项。虽然主要讲的是在亚洲生产的消费级产品（公司的专长），而不是在美国生产的医疗设备，但在大多数情况下，两者的基本内容相通。

第7章

智能平台：处理器

处理器和相关软件是当今智能产品实现其“智能”的关键，这是不言而喻的。近年来，处理器和软件具备极其广泛的功能，造就了大量智能产品。高端的有复杂、可重编程的产品，比如智能手机，这类产品需要强大的处理器和复杂的操作系统提供支持；低端的有功能简单、固定的产品，比如具备不同闪光模式的闪光灯，它们使用微处理器，用到的代码也只有短短几行。

一般来讲，处理器和操作系统（可选）合称为产品的智能平台。我们的产品具备哪些特征以及能做什么、不能做什么，在很大程度上是由它们决定的。比如，我们选择在 ARM Cortex 处理器上运行 Linux 系统，那么将无法实现只使用一枚一次性纽扣电池就让设备运行几年的想法。在这种情况下，我们需要使用一块大容量电池，并且要每天充电。如果选用 MSP430 处理器，在没有操作系统的情况下运行，一枚纽扣电池就可能使设备运行好几年，但就没有足够的电量来使用高端触摸屏或 LCD 图形用户界面了。

选择智能平台可能是我们在产品开发过程中要做的影响最为深远的技术决策，对那些高度复杂的设备而言更是如此。我们的选择会对材料成本、电量消耗、开发复杂度、失败风险产生显著影响。

一般而言，处理器的价格浮动很大，从几十美分到上百美元不等。相应地，不同价位的处理器在处理能力、尺寸、电量消耗等方面也存在天壤之别。本章将讲解大量处理器，重点讲解每种处理器的功能以及如何把这些处理器集成到产品中。

低端处理器一般指封装好的微控制器，而高端处理器一般指封装好的微处理器，两者有何区别呢？

微处理器一般只包含单个处理单元（CPU），而微控制器除了包括CPU，还包括其他运行必需的元件，比如内存、定时器、计数器、时钟以及各种接口。微处理器更灵活（功能也更强大），但是它们运行时需要各种辅助电路，需要设计人员花费更大精力去设计。微控制器几乎不需要做设计，开发和生产过程中的附带成本也更少。

处理器大致可以分为三类：低端处理器、中端处理器和高端处理器，这取决于如何使用它们。本章将介绍这三类处理器及其变体和替代技术。

7.1 低端微控制器

低端微控制器一般使用8位或16位处理器，售价最多几美元，具体价格取决于购买数量和处理器本身拥有的特性。市面上可购买到的低端微控制器多种多样，它们拥有各种内存（RAM/FLASH/ROM）、转换器、输入输出接口（I2C、SPI、UART、USB等）、简易LCD控制器以及其他许多特性。

TIP TMS1000是最早的微控制器，其处理器是4位的，现在仍然可以买到4位的微控制器。这类微控制器处理能力不强，但价格非常低，通常用在电动牙刷、烤面包机、闪光灯等产品中。相比于其他更多位的处理器，现在新产品的设计中已经很少使用4位处理器了，因此后面不会详细讲解它。

芯片制造商在他们的官网上提供了非常灵活的选择，你可以列出自己的需求，然后他们就会为你提供一份满足指定要求的部件清单。

通常，低端微控制器应用于不需要做复杂处理和信息显示的产品中，比如家用设备（烤面包机、洗碗机等）、计步器、闪光灯等。然而，只要稍微动点脑筋，就能使用一些低端微控制器来做许多事情，比如声音处理和家电自动化等。

除了便宜，低端微控制器还有其他一些优点，比如尺寸小、功耗低等。低端微控制器相对简单，休眠时耗电极小（有时不到1 mA），被唤醒时，在再次进入休眠前能够快速完成一项任务。使用这些低端微控制器制作的电路，凭借一枚纽扣电池即可以运行几年。

这些低端微控制器每秒可以运行一到两千万条指令，但是由于这些指令只在8位或16位的内存块上运行，相比于在32位处理器上运行，在处理更多位的数据块时（比如浮点操作、复杂图形、移动大块内存），就需要使用更多指令来完成。尤其是浮点数运算，相比于其他处理器，低端微控制器的处理速度要慢得多。

低端微控制器几乎总是使用汇编语言或C语言（或Arduino平台上的类C语言）来进行编程，有许多软件工具可用，它们都是开源且专用的。由于低端微控制器的计算能力和内存有限，因此应用通常是在裸机上运行的，没有操作系统。当然，如果愿意，我们也可以使用一些精简操作系统，比如 FreeRTOS、Nut/OS、uC/OS 等。在低端微控制器中，这些精简操作系统主要用在对可靠性有很高要求的应用中，比如医疗或航空航天应用。

根据我的个人经验，这些低端微控制器很容易使用，甚至很好玩。当一款产品的产量适中（少于 10 000 件）时，最适合选择使用这类处理器，它们非常便宜，通常成本低于 2 美元。但是请注意，有些低端微控制器相对来说还是比较贵的（高于 3 美元），有时会比便宜的中端微控制器（比低端微控制器功能更强大）还要贵。选择时，一定要注意查看不同系列的处理器。

当今，在新产品的设计中最常用的微控制器有 8051 系列、AVR、PIC 和 MSP430s。接下来逐一讲解。

7.1.1 8051系列

8051 系列处理器是 8 位的，其架构继承自 1980 年英特尔推出的 8051 处理器。这款处理器距今已有 40 多年了。从它的设计可以看出，8051 系列处理器并不像其他新型处理器那么复杂，价格也低得多。你可以在独立的微控制器中找到 8051 系列处理器，它们常常嵌入专用硅芯片中，这些芯片自身需要具备一定的处理能力。比如，无线控制器芯片（比如蓝牙）经常会把 8051 处理器集成到控制器使用的硅芯片中，其他开发者也可能使用它。因此，通常你可以找到免费的 8051 处理器来用。

但是，在大部分情况下，这些免费的 8051 系列处理器的内存并不够大，或者必要的周边部件缺失，这时就有必要添加另外一个处理器了。有时可能运气很好，找到的 8051 处理器的内存和周边部件都能满足实际需要，当然这可遇不可求。

市面上可以买到各种各样单独的 8051 系列处理器，带有各种周边部件，常用的软件工具也支持。8051 系列处理器在市场上风生水起，其芯片中附带的其他功能通常也只得照单全收。

7.1.2 AVR

AVR 是 Atmel 公司推出的一系列 8 位微控制器。相比于大多数 8051 系列微控制器，它的处理能力和复杂性有了相当大的提升。值得注意的是，当今非常流行的 Arduino 平台就是基于 AVR 系列微控制器的。

AVR 易于使用，有大量便宜的硬件（编程和调试）和软件工具可用，它们都是开源且专用的。

所有 AVR 使用相同的处理器，但是有很多变种，它们拥有不同规格的内存和广泛的周边部件。这些周边部件多种多样，从标准数字 / 模拟转换器、定时器到 USB 端口，再到加密 / 解密模块等各种有趣的东西。批量购买时，低端 AVR 单片价格 50 美分左右，如果采购量大，会更便宜，而高端 AVR 每片售价超过 10 美元。

借助 AVR 的良好口碑，2006 年，Atmel 公司又发布了 32 位的 AVR32 系列芯片。尽管名称相似，但 AVR32 与 8 位 AVR 毫无关系。

7.1.3 PIC

PIC 是指 Microchip 公司推出的一系列 8 位微控制器。根据我的个人经验，它们在很多方面媲美 AVR，只是内存组织要复杂一些。只有在使用汇编语言进行编程时，这才让人很痛苦，因为 C 语言处理的是底层问题，对开发者来讲非常抽象。

与 Atmel 和 AVR 系列类似，Microchip 公司在 8 位 PIC 基础上推出了更复杂的版本，包括 16 位的 PIC24、DSP 增强型 dsPIC、32 位的 PIC32 系列，但根据我的经验，在新产品的设计中通常不会使用新系列。

7.1.4 MSP430

MSP430 是美国德州仪器公司推出的一系列 16 位微控制器。MSP430 微控制器与 AVR 系列微控制器在成本、功能、支持等方面大致相同。由于 MSP430 是 16 位的，因此其性能通常会比 AVR 系列更强大，在经常使用大于 8 位的数据块的场景中，应用 MSP430 会比较理想。MSP430 系列微控制器最为出名的特征是运行时耗电量极低，虽然其他低端微控制器也有耗电量极低的，可如今要说一个系列的处理器对比起其他处理器有什么明显优势，已经不太现实了。

不过话说回来，MSP430 系列微控制器种类多样，它们在内存类型、大小和周边部件各有不同。

7.2 中端微控制器/处理器

中端微控制器 / 处理器介于低端微控制器和台式机 / 笔记本处理器之间。这个市场由 32 位 ARM 架构的处理器主导。ARM 公司以设计处理器（内核）架构为主业，他们会把设计好的处理器架构授权给芯片制造商，然后由芯片制造商添加周边部件、内存等，并实际制造这些部件。ARM 处理器的目标是移动设备（由电池供电），广泛应用于各种智能手机和平板设备中，包括 iPhone、iPad 等。

目前市面上有大量基于 ARM 的设备，从小功率设备（价格 1 美元左右）到智能手机中使用的高端设备（价格超过 10 美元，甚至大量采购时价格也居高不下），不一而足。此外，还有数量众多拥有不同内存和外部设备的各种变种。

相比于低端设备，基于 ARM 架构的设备在复杂性和性能上都有实质性的提升。这些设备的复杂性有些是自然而然出现的，要有所得益，则需要在软件开发和硬件开发上做些文章。与较低端的设备相比，把基于 ARM 架构的芯片集成到产品中通常要花更多力气。

稍后将介绍 ARM 推出的 ARM Cortex 系列处理器，它们在新产品开发中使用非常普遍。如果你从事新产品开发相关业务，相信你会对它们很感兴趣。各种 ARM 芯片已经存在 20 多年了，这些芯片基于更早的芯片系列（比如 ARM7、ARM9、ARM11），现在仍然可以轻易买到。比如，树莓派采用的就是老的 ARM11 处理器，更新的树莓派 2 采用的是 ARM Cortex 处理器。

在门外汉看来，ARM 的命名规则有点让人困惑，但是从更高级别来看，根据预定用途，可以把每一款 Cortex 处理器划分到 M、R、A 三个类别之中。

7.2.1 Cortex-M：微控制器

Cortex-M 架构面向简单的应用，其特点是低功耗、低成本。相比于 8 位和 16 位处理器，Cortex-M 有三个优点。

- 更具价格优势，中等订货量时，每件不到 1 美元。
- 性能显著提升，尤其是数值运算方面。
- 耗电量相同，但在不同应用场景中有很大差异。当需要处理大量信号和运算大量数值时，Cortex-M 可能是耗电量最少的处理器，但是如果要让一个传感器能够使用一次性电池持续运行几年，那最好还是使用 MSP430 处理器。

Cortex-M 系列有多个版本，根据处理能力由低到高依次为 M0、M0+、M2、M3、M4。请注意，这些微控制器并非都使用相同的指令集。当开发者使用 C 语言或其他编译语言时，这些指令集的差异对开发者是友好的；但如果使用的是汇编语言，这些指令集的差异会带来很大的问题。

不同芯片制造商采用不同方案包装 ARM 内核，开发工具通常也是专用的，由相应制造商提供。当然，也有一些第三方工具可以使用，但是这些工具大多数也是专用的（非开源）。

现在有大量轻量级的操作系统支持 Cortex-M。从理论上讲，uClinux（一种优秀的嵌入式 Linux 版本）可以在 Cortex-M3 和 Cortex-M4 上运行，但是如果你真的想用 Linux 操作系统，建议选用一款更强大的处理器。

7.2.2 Cortex-R：实时处理器

Cortex-R 架构是专门定制的，针对的是对实时性有较高要求的系统，即 Cortex-R 面向的是那些要求处理器（及其运行的软件）在很短时间内做出响应的使用场景。这就是所谓的"实时处理"，稍后会讲解更多细节。电子减震器就是一个要求实时处理的例子，它会根据路面的情况调整轿厢高度。如果电子减震系统无法对垂直加速度的变化快速做出响应，驾乘体验就会很不舒适。

实时系统并不需要使用专用处理器。然而，Cortex-R 架构专门为这些实时应用做了优化，使用它们更容易实现实时控制。Cortex-R 主要应用于嵌入式系统中，通常在一些巨大的系统深处，你会发现它们的身影，这些系统还使用其他处理器来处理用户界面，涉及工业、医疗、航空航天和汽车等领域。

7.2.3 Cortex-A：应用型处理器

Cortex-A 是专为智能手机和类似的便携式设备而设计的，这些设备往往拥有丰富的图形触屏用户界面、大型操作系统（安卓 /Linux、iOS、Windows CE)、Wi-Fi 等周边部件。Cortex-A 系列功能极其强大，运行时非常耗电，一般使用可重复充电的电池组，而非纽扣电池。

事实上，今天在售的每部智能手机的“心脏”就是Cortex-A核（一个或多个）。从Cortex-A5到Cortex-A12采用的都是32位的核架构，A53和A57采用的是64位核。

内含Cortex-A核的芯片可以支持多种周边部件，以满足智能手机这类设备的需求，比如图形加速器、音频与视频子系统、USB、复杂内存管理单元等。

这些处理器极其复杂，参考手册通常多达几千页。把它们集成到一个复杂系统是一项浩大的软硬件工程，做的时候不但要格外小心，还要耗费大量时间，从几个月到几年不等。这些处理器需要有复杂电路和软件以实现正确启动和支持省电模式，为此我们经常使用专门的辅助芯片（电源管理芯片）来解决相关问题。

Cortex-A系列处理器天生复杂，这种复杂性很容易让我们落入另一个陷阱中：尽管参考手册多达数千页，但我们还是经常无法从中找到所需要的信息。接下来介绍如何解决这个问题以及其他一些随之而来的支持问题。

填补差距

内含Cortex-A核的芯片都是制造商为大客户设计的，这些大客户采购的芯片数量多达几十万甚至几百万。因此，芯片制造商愿意为他们提供很好的技术支持。有时芯片制造商会专门派遣芯片设计师到客户公司，与产品开发者一起工作数周，以确保客户把芯片正确地应用于新产品中，这毕竟事关数亿（甚至数十亿）美元的生意。

如果我们只是买几个或几千个芯片，通常能够获得的技术支持就很少，甚至干脆没有。对芯片制造商来说，为小客户提供全面支持的成本实在太高了。必须认真阅读参考手册，但即便如此，我们并非总能从参考手册中得到想要的答案。这些处理器芯片通常很复杂，以至于芯片设计师可能无法把所有细节准确地告诉文档编辑人员，这就使得最终制作出的参考手册不完整，容易让人误解，甚至产生错误的想法。一种情况很有可能发生，甚至很常见，那就是当我们完全依照参考手册使用芯片时，却发现它并不像预期的那样工作，分析来分析去，最终发现是参考手册有误。从理论上说，芯片制造商会公开他们所知道的所有错误，但是实际上官网上公布的和应用工程师知道的经常相差甚远。

填补差距的途径之一就是选择那些在最流行开发 / 原型制造平台上使用的芯片，比如德州仪器公司的BeagleBoard/BeagleBone套件。这样，我们就置身于一个大家庭中，能够接触到其他许多使用同种芯片的人，可以跟他们在线交流，学习他们的经验和各种问题的解决方法。

截至本书写作时，小型制造商并不容易买到树莓派中使用的BCM2835（基于ARM）处理器（除非它被直接焊在树莓派上了）。

电量消耗

相比于桌面型计算机，尽管Cortex-A系列处理器的耗电量非常低，但它们的功耗仍然不可忽视。如果要提高电池的续航能力，必须对这些处理器进行大量优化。Cortex-A系列处理器能支持大量低功耗模式和方案，在开发便携式设备时，软硬件开发者必须处理好它们。虽然我拿不出准确的数字，但根据我的个人经验，研发一款由电池供电的复杂设备做电路设计和软件开发时，大约有25%（甚至更多）的精力会用在如何更好地降低功耗上了。

温度管理

处理器消耗的电量最终都变成了热量。在狭小、不通风的空间中，即使一丁点儿热量也会让温度飙升。不断积聚的热量会导致处理器或其他部件发生故障，因此必须做好温度管理工作。

7.3 大型机：桌面和服务器级别的处理器

大型机级别的处理器主要有英特尔 x86 及其许多 32 位和 64 位变种。这些处理器处理能力强，耗电量大（即便在低耗电模式下也是如此），通常使用大容量电池或家用电。它们可以用在便携式产品中，比如小小的午餐盒，但是并不适合用在口袋设备中。这些处理器中几乎都使用 Linux 或 Windows 系统，以便对软件应用提供支持。

实际上，这些处理器很少直接集成到设备中。我们购买到的往往是现成的主板，在这些主板上要么已经安装好了处理器，要么预留了某种型号处理器的安装位置。这更像是把个人计算机整合成一个系统的过程，而不是把处理器集成到电路板上。

使用这些处理器的好处是它们本质上是桌面计算机，因而有无数信息和工具可以使用。在为大型机做开发时，软件犹如夏日里一阵凉爽的风（即使大型机本身会变得非常温热）。

在集成个人计算机级别的设备时需要考虑的问题是能否可持续使用。面向消费者的设备在市场上只存在几个月，期间可能会有许多调整，比如元件变更等。当然，你也可以选用寿命超长的主板和处理器，但是成本往往要比消费级别的高出好几倍。这样的设备通常称为单板计算机（single-board computer，SBC），而非主板。相关厂商有 Kontron、Advantech、Aeon 以及其他购买桌面型计算机主板不太可能遇到的厂商名称。

经常在产品开发中使用的处理器平台大概就是这些。除此之外，还有其他一些硬件平台可供选用，在某些应用场景中，它们可能是更好的选择。

7.4 其他硬件平台

虽然大部分产品设计中采用的是前面讲解过的那些处理器，但是还有其他一些很有吸引力的硬件平台值得考虑：系统模组（system on modules，SOM）、数字信号处理器（digital signal processor，DSP）、可编程逻辑设备（programmable logic device，PLD）等。

7.4.1 系统模组

以前，一个微处理器芯片就只是一个处理器而已。完整的计算机电路设计需要电源芯片、外围芯片等。就像摩尔定律预测的一样，人们学会了如何把更多的晶体管放到硅芯片上，这让微处理器芯片变得更强大，也添加了许多过去只有单独器件才具备的功能。微处理器芯片也叫片上系统（system on chip）。片上系统在一个芯片上“塞进”了数量惊人的元器件：处理器、电源、内存、通信总线、射频、USB、时钟、定时器、数据转换器、视频编码与解码器等，这个清单几乎是无止境的。

尽管如此，还是有一些基本的电路不适合或无法放到处理器芯片上，比如非极小值电容、大功率电路、磁性元件（变压器、线圈）等。这些元器件必须设计成电路，焊接到电路板上。

在系统模组中，处理器、周边部件以及其他器件全都集成在一个小小的 PCB 上，不再需要设计和制造用来支持处理器和常见周边部件的基本电路。图 7-1 展示的是 Gumstix Overo SOM，它基于德州仪器公司的 OMAP 4430 片上系统，运行频率为 1GHz。总体来说，该系统模组有以下特征：

- 双 ARM Cortex A9 核；
- 2D 和 3D 图形加速，分辨率最大为 1080i；
- 两个 USB 端口；
- 视频 / 相机子系统；
- 电源和电池充电管理；
- 1GB 内存；
- 声音处理；
- Wi-Fi 和蓝牙；
- DSP、RTC 等。

图 7-1：Gumstix Overo SOM

构建一个强大系统所需要的一切元件几乎都集成到了一个单独的模块上。

连接系统模组时要通过电路板底部的两个 70 针矩形连接器进行。为了使用这个系统模组，我们要设计一个 PCB（一般称为基板），其中包含 LCD 显示器、传感器等许多外加电路，并且拥有与系统模组连接器相匹配的连接器。其实，这些连接器用来把系统模组固定到基板上，我们可能还想添加其他一些硬件，比如为处理器芯片加一个散热器来散热。

相比于自己从头开发，使用系统模组有如下好处：

- 节省大量设计、调试的时间和制造原型的成本；
- 系统模组中运用了很多先进技术，比如处理器和内存的球栅阵列封装，这是我们很难用手工准确焊接出来的；我们的自制基板可能使用的是便宜的 PCB 和装配工艺；
- 制造商提供了完整的板级支持包（board support package，BSP）和驱动程序。

系统模组最主要的缺点是售价高。截至写作本书时，这种系统模组的单价为 200 美元左右，大批量购买时会有很大折扣，即便如此，单片售价也不太可能低于 100 美元。相比之下，自己大批量生产时单件原始成本大约只有系统模组售价的一半。

当需要使用应用型处理器时，我偏爱使用系统模组。是自己动手制作还是花钱购买，需要根据实际情况做出权衡，但我个人认为当需求量在 1 万件之内时购买系统模组是非常划算的。除非需求量在 1 万件以上，最佳策略是使用系统模组，并且使用系统模组应用的相同元件按降低后的成本重新设计。

有些系统模组采用了不太强大的处理器，这样的系统模组经常有其他称呼，比如“模块”。有些个头像一角硬币那么小，批量购买时单价低至 10 美元。图 7-2 展示的是 Arduino Pro Mini 328 板的外观。我们花不到 10 美元，就能得到一个 Arduino 兼容的 ATMega328、时钟和电源。只要把它焊到基板上就可以了。虽然这个小小的电路板只为我们节省了十几个小时，但是它有另一个很好的特性：它的电路设计是开源的。批量生产时，可以直接把这种设计应用于我们的基板上（需要先阅读开源许可协议，确保它与我们的商业目标相符）。

图 7-2：Arduino Pro Mini 328 板（图片来源：SparkFun Electronics）

7.4.2 单板计算机

单板计算机（SBC）的尺寸比系统模组大，本质上，它们是带有标准连接器的大号模组计算机。从根本上说，单板计算机是功能完整的小型计算机，只是不带电源和显示器（若需要可以配备）。单板计算机通常使用低功耗的 x86 芯片（比如英特尔的 Atom、AMD 的 Fusion）或者应用型 ARM 内核芯片。单板计算机是为工业环境设计的，一般它们会在市场销售几年甚至十几年。单板计算机在小批量需求下的价格通常在 150 美元以上，处理器都是相对新近的。

购买单板计算机的一个技巧是使用树莓派或 BeagleBone 等平台。树莓派 Model A 采用功能强大的 ARM11 处理器（哪怕是旧版本）、图形加速器、256 MB 内存、SD 卡槽、USB 端口、各种 I/O，批量购买时每件 25 美元左右。而拥有相似功能的主流单板计算机价格要高好几倍，即使大批量购买价格也居高不下，它们提供的支持也不如树莓派社区那么好。树莓派 Model B 比 Model A 贵 10 美元，但它的内存是 Model A 的两倍，并且添加了以太网和另外的 USB 端口。绝对物有所值！

树莓派现在也出售真正的单板计算机——树莓派计算模块，如图 7-3 所示。从本质上说，计算模块是小电路板的树莓派，信号接到卡缘连接器（代替 USB）、以太网和其他标准连接。

图 7-3：树莓派计算模块和树莓派 Model B（图片来源：树莓派基金会，遵循 CC BY-SA 协议）

BeagleBone Black 售价为 45 美元，它与树莓派类似，但是采用了更新、更强大的 ARM Cortex-A8 核，板载存储增加到 2 GB（配有微型 SD 卡槽）。不同于树莓派，BeagleBone Black 的电路图和 PCB 布线都是开源的，AM3359 处理器不仅容易买到，而且可以使用

10 年。如果你想自己复制 BeagleBone 电路，那么大部分工作已经替你做好了。但是你自己制作时可能省不下多少钱，因为当以中等需求量购买 AM3359 处理器时，其单价在 20 美元上下。

7.4.3 数字信号处理芯片

数字信号处理芯片（DSP chip）是特定用途的处理器，专门用来处理数字信号，并做了相应优化。DSP 应用包括采取某种数字信号（比如声音、视频、加速度等），并对这些信号做处理，比如，以声音为例，这可能意味着提高或降低音乐中的某些频率（均衡化）。

通常 DSP 算法需要非常快地做简单的定点运算或浮点运算。所以，DSP 芯片一般能快速地做数值运算，包括乘法运算。

本来 DSP 芯片是一种专用性很强的芯片，但是随着时间的推移，它们开始加入其他功能特性，变得更像微控制器。与此同时，微控制器做数值运算的速度变得越来越快。这样一来，微控制器和 DSP 芯片变得有点相似，它们有很多特性是相同的。

在某些情况下，选用 DSP 芯片很合适，但就为产品添加智能特性来说，通常 DSP 芯片并非首选。虽然微控制器（比如基于 Cortex M4 的微控制器）还无法和 DSP 内核芯片匹敌，但它们在处理声音甚至低分辨率视频时都表现出了类似于 DSP 芯片的强大处理能力。就视频应用来说，处理器芯片往往围绕应用型处理器进行设计，但经常会包含一个 DSP 核或两个芯片，用来辅助主处理器处理视频。

总之，除非你需要处理大量信号，否则根本不需要使用 DSP 芯片。但是，在某些应用中，DSP 芯片仍然是最佳选择。更常见的 DSP 芯片有德州仪器公司生产的 TI5000 和 TI6000、Analog Devices 公司的 Blackfin 和 SHARC。

7.4.4 可编程逻辑器件

可编程逻辑器件（PLD）可以看作“电子工程师的软件”。像处理器一样，在使用可编程逻辑器件之前必须先对它编程。不同的是，PLD 是可配置电路，而处理器是执行指令的固定电路。

目前有很多 PLD 技术可供我们使用，但新产品中最常用的有两种：现场可编程门阵列（field-programmable gate，FPGA）和复杂可编程逻辑器件（complex programmable logic device，CPLD）。

FPGA 芯片中包含基本电路构建块（称为逻辑单元），电子工程师可以把它们配置成各种电路。FPGA 芯片每次通电时都会重新应用配置，所以可以灵活地搭建硬件，就像软件一样。

从本质上说，CPLD 是尺寸更小、集成度更高的 FPGA 芯片。只是 CPLD 中包含的逻辑单元更少，所需要的辅助电路也更少。这里只讲 FPGA，但所讲内容同样适用于 CPLD。

FPGA 是可编程芯片，CPU 也是，那它们有什么区别呢？

CPU 的硬件是固定不变的，用来执行它所支持的指令集中的指令。CPU 运行时所做的工作就是执行用这些指令编写的程序。

相比之下，FPGA 就像乐高玩具套装，可以利用它们创建自己的数字电路。设计师描述应该如何设计硬件，FPGA 就如魔法般地变成了那种硬件。当 FPGA 在工作时，它只有由许多逻辑门组成的硬件。FPGA 的基本构建块是通用的逻辑单元，可用来实现一些简单的布尔逻辑。每个 FPGA 包含的逻辑单元在几千和几百万之间，还有一大块内存，这些逻辑单元根据配置指令连接起来。

通常，我们使用 VHDL 或 Verilog 语言来编写指令。这两种语言都是用来描述硬件的，它们与那些用来编写在 CPU 上运行的软件的语言有很大区别。FPGA 芯片每次通电时都会重新应用配置，因此可以通过更新配置来修复 bug 以及改善功能。

FPGA 设计师是电子工程师，不是软件工程师，因为他们设计的是真实的电路。

FPGA 通常应用于那些需要通过专门设计做极快运算的硬件中。为了讲得更透彻一些，可以把拥有简单功能的 CPU 和 FPGA 想象成黑盒，负责接收信息、干活儿，然后返回信息。

就 CPU 来说，所谓“干活儿”就是指执行代码，通常一次执行一条指令。假设我们有一组传感器（100 个），用来查找特定模式。传统的做法是使用 CPU 逐个读取每个传感器的值，直到发现模式。这需要 100 次迭代，每次迭代都需要执行多条指令，读取整组传感器并查找模式。总共算下来，每次读这 100 个传感器都要执行几百个操作。

就 FPGA 来说，可以具体指定一个高度并行电路，同时读取这 100 个传感器，并且在一个操作或多几个操作中进行比较。如果每个操作在 CPU 和 FPGA 上耗时相同，那么 FPGA 扫描传感器的方式要比 CPU 快得多，前者只需要几个操作，而后者需要几百个操作。

请注意，FPGA 通常带有许多针脚（有时超过 1000 个），用来支持这类高度并行操作。

在以太网、USB、DSP 等专用芯片上，通常有一些预创建好并且经过测试过的 VHDL/Verilog 代码，这些代码实现了许多常见的硬件功能。FPGA 开源代码库中有几百个项目，它们实现了各种构造块（称为“核”或“块”），还有很多代码，你只需要花一点儿钱，就能从各个供应商那里获得许可。在 VHDL/Verilog 中，CPU 甚至可以用作 FPGA 的内核。这就是人们所熟知的“软处理器”，可以使用 VHDL/Verilog 代码指定软处理器，从低端芯片（比如 AVR 克隆板）到最新的 ARM 应用型芯片，都可以这样操作。

FPGA 是一种充满魔力的芯片，使用它们几乎可以实现任何一种电路，包括处理器和周边部件，其做特定运算的速度要比 CPU 快得多。与电路板不同，我们随时都可以根据需要现场重新配置 FPGA。那 FPGA 有什么缺点呢？

FPGA 的缺点主要存在于成本、复杂度、耗电这三个方面。

FPGA 的价格差异巨大，低端的几美元、高端的几千美元（包含几百万个逻辑单元）。但愿你花好几千美元买来的、有上千个针脚的那些电路板都是正确焊接的！

也许最重要的是，实现同样一个任务，使用 FPGA 的成本要比处理器高很多。比如，使用 FPGA 模拟一个简单的 AVR 时，需要付出的成本要比直接买 AVR 高好几倍，且更耗电。我们还需要费尽心思，让 AVR 核能在 FPGA 上正常工作。断电时，FPGA 中的配置信息就会丢失，因此启动时，需要使用某种电路（通常是微控制器）把配置信息从内存读入 FPGA 中。

由此可见，FPGA 更适合用来做特定任务（这些任务使用 CPU 无法快速完成或对运行中的硬件配置有较高要求）以及电源有保障的地方（非电池供电）。这些任务包括：

- 专门的视频 / 影像处理，包括机器视觉；
- 密码学（尤其是破译密码）；
- 那些制造好之后，一旦发现 bug 就很难重新进行设计的产品（比如人造卫星）；
- 高速通信接口；
- 软件定义无线电，通过重新配置，就能在运行中启用新协议，一般用在军事中。

针对特定操作配置的 FPGA 经常与处理图形用户界面和执行其他基本操作的 CPU 一起使用。最近的一种趋势是把 FPGA 和 CPU 集成到同一个芯片上，把这两种技术融合在一起。这种组合芯片的价格不一，有的不到 20 美元（Cortex M3 和中等 FPGA），有的几千美元（双 Cortex A9s）。相对于性能来说，它的耗电量是适中的。目前 CPU 和 FPGA 的组合芯片还是小众市场，但我相信这个市场会越来越大。试想一下，可以定制独立的处理器芯片，然后根据自身需要灵活地组合各种接口（USB、以太网、视频等），这是一件多么美妙的事情啊！

7.5 总结与反思

至此，我们已经清楚，开发产品时，有很多硬件平台可以选择。那么，该如何选呢？

每款产品都是不同的，都值得我们通过系统分析找出最适合的硬件平台。除了本章提出的建议，还需要注意以下三点。

首先，建议你从众多备选方案中选择最简单的一个。产品开发中充满了风险，越复杂意味着风险越大。产品越复杂，开发成本和生产成本也会越高。相比之下，偏爱简单的唯一缺点是简单往往会限制选择。对我而言，我不记得有哪个项目因为选择了太过简单的处理器而遭遇挫折，但是我清楚地记得有很多项目由于太过复杂而导致开发周期和预算出现严重问题。

其次，建议只要合理，就尽量去买现成的，而不是自己制造。从零开始做远比我们想象的要难得多。相比于花大量时间去削减首批产品的成本，更重要的是尽快把产品推向市场，以便更快地得到市场的反馈信息。如果市场认可我们的产品，就可以结合市场的反馈重新设计，以便进一步削减成本。

最后，调查市场上同类产品使用了哪种处理器。有时，他们选择那种处理器的理由是很有参考价值的，分析他们那样选择的原因，从中获得启发，可以少走弯路。

第 8 章将会讲解智能平台的另一个重要组成部分：操作系统。

7.6 资源

关于处理器的资料并不稀缺，难点在于如何找到那些简明易懂的信息。

如果将来你会用到大量低端或中端微控制器，就有必要了解它们的具体细节。即使你在这些处理器中运行了一个操作系统，它多半也不会太好用，它不可能使开发者可以脱离处理器的内部结构而进行开发。如果你是新手，最佳策略是购买和使用基于 AVR 的 Arduino 开发板，比如 Arduino 单片机。Arduino 平台（包括硬件和软件工具链）减轻了我们在微控制器上进行开发的一些痛苦，但痛苦还是不会消失。这里推荐两本不错的书。

- 《爱上 Arduino》（*Getting Started with Arduino*），这是 Arduino 创始人所写的书，你可以在线免费阅读，或者打印出来看。
- 《Arduino 权威指南（第 2 版）》（*Arduino Cookbook, 2nd Edition*），该书涵盖了各种主题，既有基础入门知识，也有操控引擎和网络通信等高级内容

一旦你掌握了一款低端微控制器的架构，再学其他处理器时就不会那么难了。Atmel、Microchip、德州仪器在其官网上为他们各自的 AVR、PIC 和 MSP430 芯片提供了大量信息和廉价的开发工具。

如果你是 AVR 用户，有一个特别好的资源网站值得关注，名称是 AVR Freaks。

说到中端微控制器以及 ARM 处理器，那就复杂了。ARM 架构体现了工程师们高超的智慧，理解起来并不容易，但是一旦理解了，你就会对它赞不绝口。YouTube 上有一些很棒的 ARM 教学视频，其中也包含对 ARM 架构的介绍，这些内容非常实用，有助于入门。ARM 公司本身不生产芯片，他们会把自己设计的处理器架构授权给其他芯片厂商使用，所以不论你选择哪一种芯片，都需要认真阅读制造商提供的参考手册。这些文档的质量高低不齐。在选择某款 ARM 处理器之前，先要查一查它的资料，了解是否有用。

x86 系列处理器占据了地球上大部分桌面个人计算机和服务器，有关这些处理器的资料非常多，好消息是你可能不需要阅读这些信息。x86 处理器上运行的几乎总是 Windows、Linux 等重量级操作系统，这些操作系统对处理器架构的底层细节做了很好的抽象。

FPGA 复杂但非常有趣，你只要具备一些电子知识，就能鼓捣它。与低端微控制器一样，最好的学习方法是买一款现成的开发板尝试一下。Diligent 和 Papilio 是两个比较有名的开发板品牌，它们都有丰富的教学资料可供学习。当然，除此之外，还有许多其他品牌的开发板可以选用。FPGA 开发板一个常见且有趣的用途是，通过实现原先的微处理器和支撑逻辑重现早期的街机游戏（比如《吃豆人》）。这使得游戏原来的二进制代码（或其他类似的东西）可以运行。当然，我们也可以借助运行于处理器（比如树莓派）上的软件来模拟处理器，但使用 FPGA 通常效果更好。

第8章

智能平台：操作系统

第 7 章讲解了“智能平台”中有关处理器的部分，它们为智能产品提供了“大脑”。在本章中，我们将讲解“智能平台”的软件部分：操作系统。

开始之前，先看一个简短但常见的对话：

- 许多从事智能设备开发的人会说：“好了！把 Linux 运行起来吧！”
- 我：“先别那么急！”

在开发早期，选用（或不选用）哪种操作系统是我们必须要做的基本决定，这会对整个开发过程和产品成本产生巨大影响。有时，这个选择很简单。如果我们正在开发的是智能手机或类似的设备，选用现有的操作系统将是个明智的选择。不然，我们就要从零开始开发大量软件。在这种情景下，安卓操作系统会是一个很自然的选择。

假设我们开发的是一款家用温控器，对于要不要使用操作系统以及选用哪种操作系统这些问题，很难给出明确的回答。

操作系统一方面能够为我们提供许多预编译好的功能，另一方面也有可能导致复杂度、资源消耗和费用的增加而使控制权减少。那二者的平衡点在哪里呢？每款产品都不同，我们需要根据实际情况具体分析。

操作系统能够为我们提供的一些功能有：

- 复杂的用户界面，比如智能手机中的用户界面；
- 实时操作，确保系统在指定时间内对事件做出响应（专用实时操作系统让这实现起来相对容易）；
- 复杂文件系统；
- 支持 Wi-Fi、USB 等复杂周边部件，操作系统中往往内置了这些部件的驱动系统；

- 复杂网络或数据库的能力；
- 众多实用的库和应用程序；
- 众多实用的软件工具，比如 IDE 和调试器。

请注意，处理器和操作系统的选择密切相关，通常要一起决定。许多操作系统对处理器有最低要求，某些系列的处理器仅支持特定的操作系统。

当我们决定使用操作系统之后，眼前面对的就是众多类型的操作系统。这些操作系统大致可划分为 3 大类：实时操作系统、中量级操作系统和重量级操作系统。稍后会介绍这些操作系统，这里先介绍板级支持包（BSP），它在嵌入式系统中发挥着关键作用。

8.1　板级支持包

在个人计算机的世界里，从架构来看，几乎所有处理器都是相同的：（相对来说）我们总是有许多磁盘空间，互联网总是可用的。为了安装操作系统，关于处理器和周边部件的类型，我们通常不需要考虑太多。任意一个操作系统发行版通常都能在个人计算机级别的处理器上正常运行。我们只需要选择 32 位或 64 位版本，加载二进制文件就可以了。若需要驱动程序和其他支持软件，可以从 CD-ROM 或互联网获取并加载。

在嵌入式系统中，特别是装有 ARM 处理器的系统中，首次安装操作系统和软件并不那么容易。除了操作系统，我们还需要用到 BSP，它可以帮助我们配置操作系统，使之支持我们选用的特定处理器和周边部件。以前，BSP 这个词用来指包含处理器和周边部件的完整电路板，而现在处理器通常嵌入包含各种周边部件的芯片中，所以 BSP 常用来指单独的处理器芯片。

在为某款处理器选配操作系统时，了解这款处理器是否有好用的 BSP 非常重要。自己编写 BSP 或维护一个劣质的 BSP 都不容易，需要有高超的技术，尽可能确保你选择的处理器和操作系统有好的 BSP 可用。

8.2　实时操作系统

实时操作系统（real-time operating system，RTOS）是轻量级的操作系统，它确保应用程序能够在指定的时间内对请求做出响应。即使响应时间对我们来说不是那么重要，实时操作系统也是非常有用的，因为实时操作系统通常有操作系统的一些良好特征（如设备驱动程序），并且可以开箱即用。

大部分实时操作系统在低功率处理器上运行，在这种应用场景中，内存非常宝贵，因而实时操作系统一般都很精简。好在实时操作系统相对较小，只占用几千字节的 ROM/Flash 以及更少的内存。另外，实时操作系统的功能相对简单，相比于较大的操作系统，即便是最复杂的实时操作系统，它的功能也是最基本的。

顾名思义，实时操作系统的首要目标就是确保系统能够对事件及时做出响应。接下来详述。

8.2.1 可预测性

实时操作系统的主要目标是在时间和可靠性方面提供可预测性。

就时间来说，实时操作系统提供了某种程度的保证，使得系统能够在特定时间内（比如1毫秒）对某个事件（比如按下开关）做出响应。在实时操作系统中，“事件”是指中断请求。我们可以在软件中设置计时限制，但是终归需要依靠实时操作系统和处理器来实现。软/硬实时操作系统的一个根本区别在于实时性是真的得到了保证还是只是尽可能去保证。硬实时操作系统能够保证指定操作在某段时间内发生，而软实时操作系统只是尽量去实现这个目标。软实时操作系统这个术语有点模糊。比如，如果设定的响应时间足够长，那么桌面型 Windows 和 Linux 都可以用作实时操作系统（而且在那个体量上能正常工作）。即使设置正确，Linux 和 Windows 响应的时间也需要几百毫秒，而实时操作系统的响应时间通常是微秒级别的。

对于有高可靠性要求的应用场景，比如汽车刹车系统，我们要求操作系统必须相当可靠，否则汽车就会因为软件崩溃而发生故障。除了保证实时性，一些实时操作系统提供了各种机制确保用户在使用它们时有较高的可靠性。这些机制通常有以下几种：

- 经过一个或多个国际公认标准认证的编译器和其他工具，比如 IEC 61508 标准，名为《电气/电子/可编程电子安全相关系统的功能安全》；
- 确认/验证工具，证明操作系统和相关软件安装、配置正确，并且工作正常；
- 工件（文档）展示制造商的开发过程，利用软件和工具做测试。

要保证可靠性可能要花很多钱（希望你准备了一张大额支票），但是如果你的确需要它，那该投入的必须投入。

当然，要得到好东西就要付出代价，稍后会说明这一点。

8.2.2 实时操作系统许可

实时操作系统许可协议极其多样，选择实时操作系统时要认真研究这些协议。有很多实时操作系统是开源、免费的，但有的许可证有一些奇怪的条件。比如，在 Free RTOS 上运行的应用程序代码不必开源，除非这些代码与 Open RTOS 在功能上有竞争关系。而 Open RTOS 是 Free RTOS 所有者推出的一款商业产品。

商业版实时操作系统支持多种许可方式。以前，许可证一般是按件发放，比如生产 1000 件，就要支付 1000 个许可证的费用。现代商业实时操作系统大都采用一次性许可方式，总付费金额取决于各种因素。ThreadX 支持的授权许可方式有单件产品、产品线、产品家族、微处理器、合同供应商产品。如果这些授权方式都不适合我们，ThreadX 官方会为我们量身定制授权方式。

术语可能会造成混淆，更好的办法是对你签署的许可协议添加自己的理解描述文档。这会避免日后出现像“在相同架构上通过更换不同处理器改变了微处理器，这要支付新的授权费用吗？”之类的争议问题。

8.3 中量级操作系统

本质上，中量级操作系统（我个人的叫法）是具备完整功能的操作系统的简化版本。在我看来，中量级操作系统领域三足鼎立，它们分别是嵌入式 Linux、安卓和 Windows CE。

8.3.1 嵌入式Linux

其实，嵌入式 Linux 只是 Linux 的一个简化版本，它对 Linux 系统进行了裁剪修改，使其得以在嵌入式系统中运行。这里谈论的不是几吉字节大小的桌面型 Linux，而是可以在只有几兆字节内存上运行的嵌入式 Linux。在不同配置下，嵌入式 Linux 的启动时间各不相同，嵌入式 Linux 可以在一秒以内启动，不过对于大多数应用程序来说，还是会多预留几秒钟。相比之下，完整版本的桌面型 Linux 系统启动要花几十秒。

嵌入式 Linux 有许多令人欣喜的优点：

- 支持广泛，相关文档和帮助很容易获取；
- 内置了各种很棒的功能；
- 有很多驱动程序可用，许多芯片制造商会随产品一起提供相应的 Linux 驱动程序（有些很棒，有些只是半成品）；
- 有很棒的软件工具，大都免费；
- 有大量库和应用程序可用；
- 基础部件容易审查和测试；
- 良好的安全性；
- 有广泛可用的专门知识；
- 免费又自由的软件。

Linux 的优点众所周知，无须赘述。同样，嵌入式 Linux 继承了这些优点，但同时也有一些缺点，下面详述。

嵌入式Linux的缺点

在嵌入式系统中使用 Linux 时，其配置和维护将面临巨大难题。我们从配置说起。

为嵌入式应用配置 Linux 并非易事。安装桌面 Linux 是个复杂的大工程，因为我们要处理大量处理器功率、内存和磁盘。我们真的不在乎它是否得到了完美优化。事实上，由于桌面 Linux 有很多用途，我们根本不知道该如何进行优化。

相比之下，嵌入式 Linux 执行的任务通常是特定的，可供使用的 CPU、内存、Flash/ROM 也是有限的，所以我们需要严格优化安装镜像，剔除那些不需要的部件，只保留我们需要的。创建一个合乎需要又包括必要的操作系统、库、应用程序以及编译和调试工具（称为工具链）的最精简镜像的确不容易。

以前，准备镜像和工具链非常麻烦，往往需要花几个星期做评估，还要把各种驱动程序、库、图形用户界面支持以及其他所需要的部件凑齐。但有句话说得好：需求是发明之母。现在我们可以使用嵌入式 Linux 构建系统来极大地简化这项任务。这些构建系统允许用户选择他们想在 Linux 镜像中出现的支持和镜像，然后镜像以及工具链就建好了！

目前广泛使用的构建系统有十几个，但在工业界，Yocto 更受欢迎。它是一个由 Linux 基金会支持的开源项目。这个项目的名字取自国际单位制中的最小单位幺，它等于 10^{-24}。除此之外，其他常见的构建系统有 OpenEmbedded（现为 Yocto 的一部分）、LTIB 和 OpenWRT（主要用在无线路由器中）。

关于构建系统有以下几点需要注意。

- 不同构建系统需要不同的 BSP。比如，针对处理器的 LTIB BSP 无法和 Yocto 一起使用。
- 如果你把周边硬件添加到处理器，与内置于处理器或系统模组中的功能相反，你可能需要为这些部件找到（或编写）驱动程序，并集成到构建系统中。但话说回来，这可是 Linux！很可能你根本不用自己编写，就能找到建好的或者差不多能用的驱动程序。
- 创建嵌入式 Linux 镜像是个复杂的过程，做这项工作的人相对较少。这些构建系统未接受过大量用户的测试，你对驱动程序和选项的配置可能是世界上独一无二的，所以创建完镜像就能马上使用而毫无故障几乎不太可能。你需要给技术人员安排至少几周的时间，来专门处理 Linux 平台和工具链相关问题。

即使我们按照要求配置好了 Linux，其他工作也不轻松。我们的配置可能需要一直维护，稍后就会知道，这项任务并不简单。

Linux 内核一直在发展变化，时时在变，处处在变。Linux 并非完全不受管制，但确实有点儿像无政府状态，尤其是嵌入式工作占多数的后台。

新版本 Linux 每三个月就发布一次（比如从 3.4 到 3.5），每次发布的首要目标都是为了在技术上进一步提升。向后兼容不是特别重要的目标。以改善软件为名，对接口和子系统功能所做的修改可能会影响其他依赖这些被修改代码的内核代码。在新版本推出之前，这些影响通常会被修复，这样新版本就能正常工作了，但所做的修改可能无法向后兼容了。

乍一看这好像不是什么大问题。当我们升级产品中的 Linux 系统版本时，只需升级整个系统就可以了。但是我们以前编写的那些驱动程序（它们不是 Linux 内核的一部分）在新 Linux 系统中可能会出现问题。事实上，驱动程序越复杂，更新系统后，需要重新编写的可能性就越大。一名软件开发者往往需要几周才能把 Wi-Fi、USB 这类特别复杂的驱动程序重新编写好并测试好。工具链也要在特定版本的 Linux 系统上运行，也就是说，升级 Linux 还可能会影响工具链。

若不想重写驱动程序，一个合理的做法是，在把产品推向市场后不升级软件，或者至少不升级现有的 Linux 内核（或许只修改了应用程序）。但是这个办法并非万无一失。随着时间的推移，Linux 会暴露出一些影响系统功能、可靠性、安全性的 bug，通常这些 bug 只在新发布的内核中得到修正。我们升级 Linux 内核，或者把补丁包安装到目前使用的内核中，才能修正这些 bug。

比如，假设我们产品的耗电比预想的快得多，最后查明问题出在 Linux 内核中某个糟糕的 USB 驱动程序。产品发布三个月后，新发布的 Linux 内核修复了 bug，这样电池寿命可以延长一倍。但是更糟糕的是，新驱动程序不兼容我们使用的内核。为此，我们可以升级内核，但这可能会破坏我们之前编写的驱动程序的兼容性。我们也可以设法从新内核获取 USB 驱动程序补丁，并将其添加到当前使用的内核中。在很多情况下，这两种方案执行起来都不轻松。无论选用哪个方案，我们都需要不断测试，确保安装的补丁不会影响其他部分。

每隔一年左右，Linux 就会推出一个长期稳定版本的内核，这在一定程度上减轻了我们解决上述问题的压力。长期稳定版本的内核在发布后两年内针对主要问题的解决都支持向后移植。这的确很有用，但是内核维护人员对“主要问题”的定义可能与我们不太一样，所以我们可能还需要向后移植一些过不了维护人员那一关的修复代码。

Linux 许可有利有弊，取决于你怎么看。Linux 内核遵守 GPL 许可协议，这意味着我们对源代码的任何修改都必须免费共享给他人。除非我们在 GPL 许可协议下发布自己的代码(包括应用程序代码)，否则在使用 Linux 或其他遵守 GPL 许可的代码之前都要认真分析许可协议，确保我们的使用是合法的，且不会引起令人头疼的法律问题。请注意，鉴于授权许可的潜在复杂性，有些公司的政策是在任何情况之下都禁止使用开源软件。例如，有人把侵权（不论是否故意）代码放入了他们的开源软件中，当我们使用他们的开源软件时，自己便置身于侵权的危险之中。如果你在大公司就职，在启动某个项目之前，对于项目要用到的开源软件（或其他软件授权），最好先仔细查看它们的许可政策。

商业嵌入式Linux

MontaVista、Wind River、Mentor Graphics 等几家厂商都在销售 Linux 系统。实际上，他们卖的是那些让嵌入式 Linux 更容易使用和维护的服务与产品。

相比于商业操作系统，Linux 几乎没有中央控制。这有利有弊。好的一面是，不论是谁，只要有了好的想法，就可以把它添加到 Linux 内核中，这不需要征得产品经理的认同，不需要采购，不需要验收，不需要等做完之后测试，等等。在 Linux 中，变化来自那些积极追求变化的人，这世上，那些渴望变化的人最为强大。

另外，Linux 的缺点也源自它不重视中央控制这一点。构建、使用、支持一个嵌入式 Linux 平台并不简单。知识往往散落于各个“地窖”里。许多分享出来的补丁、库以及其他代码片段往往不成熟，也缺少相关文档。工具链经常需要做调整，一种常见的情况是，对于某些很难解决的问题，我们往往要花几天或几周才能搞定，而如果你找到了这方面的专家，他们只要拿出 15 分钟，就能轻松解决这些问题。我们需要时刻关注网络，找出那些需要注意的问题，比如漏洞、子系统架构的变化等。

商业 Linux 系统供应商是介于产品开发者和 Linux“荒芜”之间的一个“软质层”，他们卖的是方便和舒适。至少在原则上，他们让嵌入式 Linux 从一堆 DIY 飞机套件变成可直接购买的喷气式飞机了。有些人只买不做，有些人只做不买，而大多数人介于这两者之间。

这些销售商们提供的产品和服务有很多，有各种工具和售后长期技术支持，还有专业服务(比如咨询和承包构建、维护 Linux 以及编写产品应用程序）等。

他们能够提供的部分服务如下。

- 稳定、可靠、带支持的 Linux 平台和随时可用的标准工具链。
- 更易用的专用工具，或提供比开源工具更多的功能。
- 指派一名提供答疑和定期评审代码的技术专家。
- 在项目开始时指派专家指导我们的项目，这样可以确保我们起步时方向是对的，尤其在我们团队经验不足时，还能学到许多东西。
- 维护我们的 Linux 平台：留意我们应该注意的问题，提供补丁等。
- 提供他们的 Linux 版本和其他工具在打包和测试流程的文档。这些文件在我们获取 FDA

或其他机构的审查证书时可能非常有用。

当然，这种商业协助并不便宜。但是在某些情况下，这种方案要比其他替代方案更便宜，也更方便。

总而言之，嵌入式 Linux 是一个包括大量经过良好测试的工具集，使得我们在功能和性能之间获得平衡。另外，它还能保证我们短期和长期都有活可干。

接下来介绍另一个嵌入式 Linux 系统——安卓，它是一个自由、开源的操作系统，基于 Linux 做出了诸多取舍，主要使用于移动设备。

8.3.2 安卓

目前许多智能设备运行着安卓软件平台，仅仅是智能手机就有十几亿台。安卓基于 Linux 开发而成，在嵌入式操作系统市场大受青睐。USB Tech 在《2013 年嵌入式市场研究报告》中指出，有 16% 的受访对象采用了安卓，另有 12% 正考虑在下一年采用安卓系统。

如人们所知，安卓是一个专为智能手机类产品设计的操作系统。这类产品基于一个或多个 ARM 处理器，拥有丰富的触屏界面以及需要每天充电的大号电池，支持各种通信设备和网络，运行着各种需要使用轻量级数据库等服务的应用程序。

图 8-1 展示的是安卓的系统架构。从图中可以看到，Linux 内核位于安卓系统最底层。除此之外，还有大量库、各种应用框架和 Java 运行时库，用以支持复杂的应用程序。

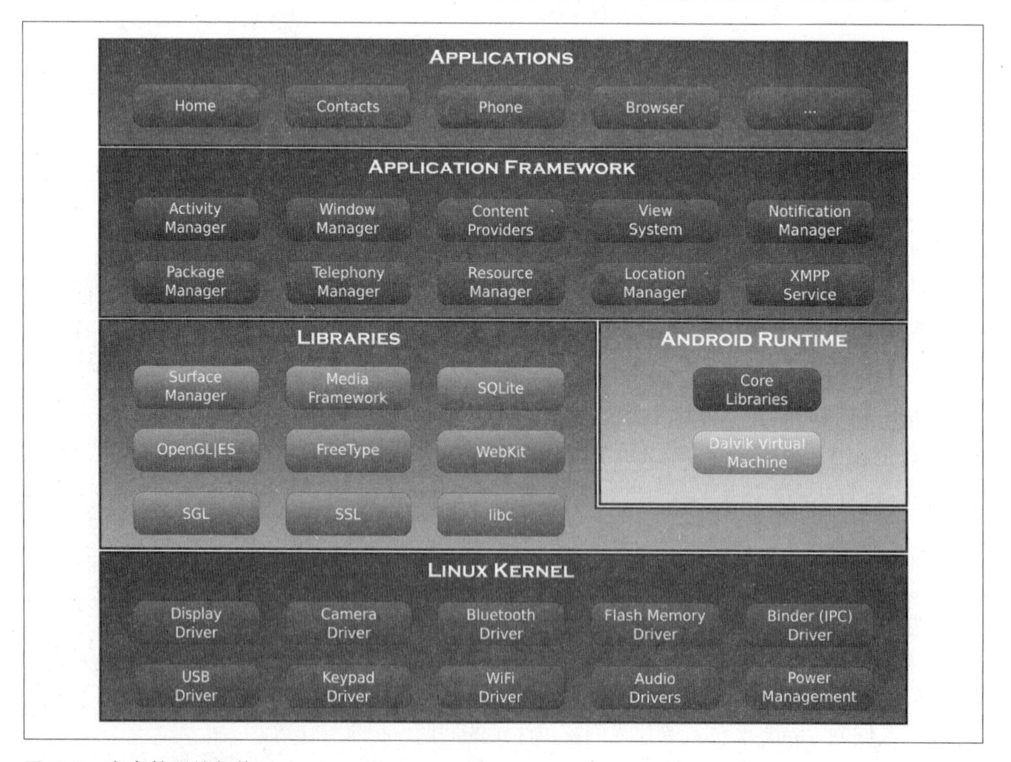

图 8-1：安卓的系统架构

从根本上说，安卓是一系列为特定应用场景（比如智能手机和平板设备）做过优化的组件集合。就连最底层的 Linux 也从几个方面做了一些优化。比如，标准 GNU 授权的 Linux C 库 glibc 被替换成 Bionic libc，后者更轻量化（很适合在小型设备上使用），遵循对企业更友好的 BSD 许可证。

与标准 Linux 不同，安卓 Linux 支持“唤醒锁”电源管理机制。作为使用电池供电的设备，智能手机总是试图尽可能多地进入休眠状态以减少电量消耗，如果有几十秒不用，智能手机就会进入休眠状态。唤醒锁允许应用程序通知 Linux 的电源管理子系统推迟进入休眠，以便完成任务。如果启用了唤醒锁，安卓 Linux 就不会进入休眠，除非出现强制休眠事件，比如按电源按钮。在安卓手机上，有一些应用程序可以显示你的应用程序使用唤醒锁禁止安卓进入休眠的频率（打开或关闭屏幕），你可以使用它们找出那些耗电多的应用程序。

这些在标准 Linux 基础上的修改使得安卓系统更适合在移动设备上运行。但是，需要注意，这些修改可能会破坏那些非针对安卓的 Linux 代码。比如，把一个 Linux 设备驱动程序应用于安卓可能没那么简单，实际上，它可能无法正常工作，或者表现出异常行为。

安卓平台的基础是“安卓开放源代码项目”，它是一个免费且自由的开源项目，但是由谷歌严格控制。谷歌私下先进行开发，准备就绪之后，再公开源代码。这些源代码可以编译成镜像，通常只能在谷歌自家的设备上运行，因此手机制造商必须为自家设备修改代码，才能使用镜像，这个过程通常要花几个月的时间，即使对大公司来说也不是件容易的事。

每个版本的安卓都基于特定版本的 Linux 内核。相比于嵌入式 Linux，安卓升级通常没那么麻烦，因为每次发布的都是一个完整的平台，里面包含相关依赖关系。然而，在做设备驱动程序移植时，我们还是可能会遇到困难，它们可能无法在新内核中使用，应用程序也有可能需要更新。

谷歌还提供了一些专有的安卓应用程序，供用户自由选用，用户在使用这些应用时必须先从谷歌获得授权。这些应用包括谷歌地图、Play Store、Gmail、谷歌搜索以及其他直接使用谷歌服务的应用。

仅把安卓的 AOSP 部分用作嵌入设备的软件平台是完全合理的，甚至如果需要，去获取一些专利授权也不在话下。这样做有很多好处，前提是我们产品的功能与智能手机、平板设备有大量交集。

最重要的是，安卓为嵌入式移动应用做了优化，它是一个完整的操作系统平台，我们能从已经集成好的包中获取大量功能。我们可能需要一些驱动程序和应用程序，但是起步时就有了许多相互协作得很好的东西。

安卓拥有许多有用的特性，这些特性内置并经过了测试，而我们自己实现起来可能成本很高或者很容易丢三落四。例如，安卓借助网络升级操作系统的功能很强，有通用传感器框架、错误日志和报告及其他功能。开发人员花了大量精力来构建安卓，使之能够更好地胜任其目标场景的需求。

安卓的其他一些优点如下：

- 安卓基本桌面图形用户界面已广为人知，可以根据实际需要进行定制；
- 每天有数百万智能手机用户和大量开发者对安卓进行测试，他们使用几乎完全一样的平台，这种平台的可靠性很出色；

- 开发应用程序时，有大量免费的工具和支持可用；
- 基于 Linux 构建，Linux 是我们熟知的操作系统，它开源并且易于理解；
- 拥有极好的连接选项。

当然，安卓并不适合所有项目。显而易见的是，它的许多功能大多数嵌入设备并不需要，这些功能会占用内存和 CPU。有精简版的嵌入式 Linux 可以在只有几兆字节的闪存和内存上运行，在低端 ARM 应用型处理器上启动只要几秒。相比之下，安卓运行所需的闪存和内存大都在几吉字节，需要有更强大的处理器支持，启动一般要几十秒。我的安卓手机配备了一颗 1.4 GHz 的 ARM Cortex-A9 四核处理器，即便如此，安卓 4.3 启动也需要大约一分钟。

从理论上说，我们可以从完整版的安卓入手剔除其中不需要的组件，让其变得更为精简，但是安卓的设计并没有考虑这一点，所以做起来并不容易。你要做好阅读大量代码的准备，以处理代码间的依赖关系。但是，不建议你这样做。

另一个难题是，虽然有关编写安卓应用程序的文档和支持非常棒，但是有关底层原理的文档和支持十分匮乏。当然，谷歌提供的大量支持除外。

最后，未来安卓在很大程度上会继续受谷歌的控制。如果谷歌想通过安卓获取利润，不考虑其他嵌入系统用户的立场，那我们的升级路线可能会变得扑朔迷离。而且，很多大公司依靠完全开源的 AOSP（比如亚马逊的 Kindle Fire 和 Fire Phone），所以很有可能会出现完全“去谷歌化”的 AOSP 项目，以减少谷歌将安卓商业化的风险。

8.3.3 Windows嵌入式系统

早在 2008 年，Windows CE 就已经存在。Windows CE 是一个很棒的嵌入式操作系统，拥有许多优秀特性和好用的工具，授权费适中（每个许可只要几美元）。Windows CE 是一个中量级的操作系统，比实时操作系统更大、功能更完整，但比桌面操作系统轻量得多，它与安卓最为相似。在嵌入式系统领域中，Windows CE 很受欢迎，与 Linux 不相上下。UBM/TechInsights 在 2008 年公布的嵌入式市场研究报告中指出，19% 的受访对象在使用 Windows CE，而使用 Linux 的人占 22% 左右。

但是随后，不知何故，Linux 在整个嵌入式市场上突然大红大紫。Windows CE 的使用人数开始暴跌，Linux 用户呈现出爆发式增长。仅仅过了 5 年，在 2013 年发布的嵌入式市场研究报告中指出，Windows CE（现在叫 Windows Embedded Compact）用户只有 8%，而 Linux 用户则超过了 50%。

为了让 Windows CE/Windows Embedded Compact 重新赢回市场份额，微软一直在努力，这其中就包括经常把它分成许多版本、改名等。

回到 2008 年，那时的 Windows CE 要比嵌入式 Linux 更易用一些（我个人的看法）。但是，自那以后，嵌入式 Linux 的支持变得越来越好，同时市场对 Windows Embedded Compact 的认可程度急剧下跌，易用性不再是 Windows Embedded Compact 的独特优势。并且 Linux 是免费的，在当今新产品的研发过程中，已经很难找到选用 Windows Eembedded Compact

的合理理由了。我希望这个形势能改变。因为我碰巧很喜欢微软操作系统的一些特点，尤其是他们的开发工具，而这些工具都整合到了 Windows 的嵌入系统。

至此，我们已经介绍完了与常用中量级操作系统相关的内容。接下来，我们会讲解重量级操作系统，但是开始讲解之前，我们先讲一讲引导程序，它对使用中量级操作系统的开发者非常重要。

8.3.4 引导程序

出于各种原因，复杂操作系统（比如 Linux）往往不会自己启动。它们通常需要一个或多个引导程序（Boot-loader）把它们加载到内存，进而启动它们。

在嵌入式 Linux 系统中，在加载与运行操作系统之前，一般先要依次执行三个引导程序。

首先，处理器内部的小型引导程序（内置于硬件中）启动，把第二个稍大一些的引导程序读入到内存并执行它。第二个引导程序由用户安装，其位置（SD 卡、UART、eMMC 等）由第一个引导程序通过设置处理器硬件的配置引脚指定。

接着，第二个引导程序加载并启动第三个（也是最后一个）更大的引导程序，它会把操作系统从非易失性存储器加载到内存，然后启动它。在开发过程中，这第三个引导程序需要精心设计，认真进行配置。U-Boot（最流行的引导程序）的 PDF 用户手册有 200 多页。虽然不需要读完整个用户手册，但还是有必要快速浏览。否则，可能会遇到相当多的阻碍，或者错失一些提高性能的配置项。

例如，在带有图形用户界面的系统中，制作启动界面需要花费一些心思和工夫。U-Boot 能够把定制好的位图写到屏幕上，然而这个位图的显示时间可能极短。Linux 启动期间，在系统把自身的显示子系统初始化好之前的某一小段时间内，我们可能会看到空白屏幕，然后 Linux 才完成启动。幸好，Linux 内核为我们提供了一个配置选项（CONFIG_FB_PRE_INIT_FB），借助这个选项，我们可以把启动期间 U-Boot 显示的启动界面保持住，直到我们用其他界面更换它，这会省去许多麻烦。虽然 CONFIG_FB_PRE_INIT_FB 是 Linux 的配置选项，但 U-Boot 用户手册中有相关介绍。

8.4 重量级操作系统

在嵌入式操作系统中，所谓重量级操作系统是指 Windows 与 Linux 的桌面版和服务器版。这些操作系统体量很大（吉字节级别），一般在配有大量内存的大型处理器上运行。

Windows 家族系列将产品称为操作系统（比如 Windows 7），而 Linux 系列将产品称为“发行版”（比如 Ubuntu 14.04 Trusty Tahr）。从涵盖范围来看，这两种叫法大致等同。有些版本针对的是桌面系统，有些版本针对的是服务器。简单起见，本章将采用“重量级操作系统”这个通用术语指代面向桌面计算机或服务器的 Linux 或 Windows。

8.4.1 优点

重量级操作系统的第一个显著优点是“开箱即用”，它拥有丰富的功能、复杂的用户界面，支持大量周边部件和网络通信模式。我们几乎可以挂接任何周边部件，这些部件的驱动程序要么已经内置于操作系统之中，要么可以从网上下载。

在重量级操作系统上开发应用程序相对容易。我们可以在测试计算机上开发应用程序，这样我们能够更新代码、重编译软件，并在一瞬间内启动测试。我们可以运行大型并且全功能的框架和库，比如 .NET、Java SE、Swing、QT、Gnome、KDE 等。由于拥有功能强大的处理器和大量内存，我们不必辛辛苦苦地去删除那些不需要的功能。

另一个优点是我们很容易找到有着丰富重量级操作系统应用程序开发经验的开发者。几百万有着多年桌面应用程序开发经验的开发者可供我们聘用。

类似于安卓，常见重量级操作系统被制造商 / 承包商和大量用户广泛测试。这些操作系统的可靠性比较有保障。

8.4.2 缺点

可以想见，使用重量级操作系统也存在一些很大的缺点。首先，它们需要在昂贵的硬件上运行。运行这些操作系统所需的元件成本通常要 100 多美元，这些元件非常复杂，采用高速信号，设计起来很有难度。为了解决这个问题，大多数重量级操作系统产品使用现成的基于 x86 的单板计算机，而不是从零开始设计。

支持重量级操作系统的电子元件相对较大，耗电多，所以可选用的设备至少和笔记本计算机的体积相当。就采用电池供电的设备来说，电池续航时间是以小时为单位进行计量的，而其他类型的硬件可能以天或年为单位进行计量。耗电多也意味着发热严重，我们需要做好通风和散热处理。

相比于更轻量的“兄弟”，复杂性使得重量级操作系统在可靠性和安全性方面存在更多问题。几十个乃至几百个二进制文件（应用程序、服务等）在不同时刻以不同组合和排列方式运行着，这难以保证效率，也很难进行详细测试。比如，重量级操作系统可以做得很可靠，以至于有时可以把它们用在关键的应用程序中，比如医院用来监测病人身体状况的心电图。在这类应用程序中，虽然人们不希望偶尔发生短暂的崩溃，但即使发生了，也不会引起多大伤害。不过，我绝对可以保证，短期内重量级操作系统是不会用来控制飞机的襟翼的。

巨大的复杂性也带来很大的安全挑战。操作系统的设计目标在于为用户提供灵活性，但是在大多数产品中，我们想限制操作系统的使用方式。比如，我们一般不想让用户做某些事——安装游戏、上网、编辑配置文件以及其他通过重量级操作系统容易完成的事情。把一个灵活的系统锁定需要花很多心思和精力。

安全的另一个方面是与外部世界隔绝，保护系统安全，比如 USB 中携带的病毒、网络黑客等。系统运行的东西越多，代码被利用的风险就越大。这些风险在某种程度上被重量级操作系统通常自带、预设置并且自动启用（或至少能轻松启用）的易用安全措施（如防火墙）抵消了。

我们可以把重量级操作系统的大小做一定程度的精简。对于各种 Linux 发行版，我们可以无限制地进行调整，例如删除不需要的包，并根据需要重新编译内核。但是，做精简需要耗费很多精力。相比之下，一种更省力的做法是，从小型嵌入式 Linux 开始，逐渐向其中添加所需要的组件。

桌面版 x86 Windows 可以作为特殊的嵌入式版本使用，称为 Windows Embedded Standard。它允许产品开发者自由选择所需要的功能模块，生成定制的 Windows 镜像。这种定制的 Windows 镜像要比功能完整的 Windows 精简得多，不过仍属于重量级。当然，与其他 Windows 版本一样，Windows Embedded Standard 价格不菲。

此外，还存在各种版本的 Windows Embedded，这些版本都是基于 Windows RT（桌面型 Windows 的一个变种）的，它们针对的是 ARM 处理器，而非 x86 设备。这些全新又专业化的 Windows Embedded 前景尚不明朗。目前我不推荐使用。

总而言之，重量级操作系统适合用在那些需要有很强的灵活性和复杂的用户界面且不需要开发者做重大配置的产品中，所涉及的硬件成本高、体量大，耗电多。在真实场景中，这通常意味着小批量生产，开发成本很难摊销。对中等批量或更大批量的产品来说，安卓能够提供更大的灵活性，易于开发，拥有重量级操作系统的漂亮用户界面，对硬件的要求也不高，但缺点是要处理大量的配置和集成工作。

前面介绍了各种操作系统，从可以在 2 美元的微控制器上运行的实时操作系统到需要在几吉字节内存和几吉赫兹处理器上运行的大型操作系统。接下来介绍如何根据这些知识做出对我们最有利的决定。

8.5　总结与反思

与处理器一样，在为产品选择软硬件平台时，我们有很多选择。为了更好地帮助大家选择，我根据个人经验制作了表 8-1，比较了各种嵌入式系统。表 8-1 没有包含各种 Windows 嵌入版本，一是因为它们变化很快，二是因为我最近不怎么使用它们，对目前市场的情况不太了解。

表8-1：各种嵌入式操作系统比较

	无操作系统	实时操作系统	嵌入式Linux	安卓	桌面/服务器 Linux	桌面/服务器 Windows
可靠性（防崩溃）	取决于代码	好 ~ 优秀	一般 ~ 好	一般	一般	一般
中断响应时间	取决于代码	好 ~ 优秀	一般	一般	差	差
灵活或复杂通信	难以实现	差 ~ 一般	优秀	好	优秀	优秀
支持其他厂商的周边部件	难以实现	差	一般	一般	一般	优秀
网络安全	取决于代码；通常不错	一般 ~ 优秀	一般 ~ 好	好	一般 ~ 好	一般 ~ 好
用户安全	取决于代码；通常很好	优秀	一般 ~ 优秀	中等	差 ~ 一般	差 ~ 一般
硬件成本（每件生产成本）	低	低到高	中到高	中 ~ 高	高 ~ 非常高	高 ~ 非常高
软件成本（购买）	低	低 ~ 高	0 ~ 低	0	0 ~ 低	非常高

（续）

	无操作系统	实时操作系统	嵌入式Linux	安卓	桌面/服务器 Linux	桌面/服务器 Windows
配置复杂度	低～高	适中～高	高	高	低～高	低～适中
应用程序开发支持	差～好	差～一般	好	好	优秀	优秀
图形用户界面/触摸屏幕支持	差	差～好	好	优秀	好～优秀	好～优秀

表 8-1 对某个操作系统的评定给出的是一个范围，这是因为评定基于这个操作系统类别中选定的几种特征，或是因为在不同的应用程序下评分迥异。

这个评级有点主观，主要是为了让大家了解每种操作系统的特征。在某些情形下，评级也不一定完全正确。比如，作为嵌入式系统，应用安卓时需要做大量配置工作，但是如果我们使用的是系统模组，它拥有我们需要的所有周边部件，供应商提供有良好支持的安卓 BSP，里面恰好有我们所用 LCD 触摸屏的驱动程序，这样配置起来应该相当容易。最重要的是，选择之前一定要做好调研工作。

选操作系统就像选其他任何东西一样，我倾向于在能合理支持需求的那些候选项中选择最简单的一个。软件往往是产品开发中最不可预测和最不好做的，合理降低操作系统的复杂度有利于减少产品开发时间和精力投入。

我们很容易听到别人关于嵌入式 Linux 和安卓系统的好的评价："看看这些超棒的功能、应用程序、驱动程序和库，都是免费的！无限的灵活性，而且不用付一分钱的版税！"如果我们的产品需要用到复杂的图形用户界面，那安卓将是不二之选。如果我们只用到简单的图形用户界面，或根本不需要使用图形用户界面，但需要支持大量周边部件和各种通信方式（UBS、Wi-Fi、蓝牙等），那嵌入式 Linux 会是不错的选择。不管怎么选，如果之前没有相关经验，你都会经历一些困难和挑战，远超你的想象。

在需要高可靠性和可预见性的应用场景中，比如医疗、航天、汽车、工业控制领域，实时操作系统则是最佳选择。但是，即便是在这些应用场景中，实时操作系统也不是必然选择。我一直从事医疗设备的开发工作，表 8-1 中的每种操作系统我几乎都用过，包括"无操作系统"。

在电子设计中采用更复杂的芯片，可以减少对复杂操作系统（或者任意操作系统）的需求。例如，我们通常认为 Wi-Fi、蓝牙等周边通信部件需要用到大量软件驱动程序和通信栈，以便处理更高级的协议，这对 Linux/安卓、Windows 等高复杂度的操作系统来说是必要的。但是如果我们再多花点钱，就能买到同时实现硬件和高级协议栈的芯片或模块，通过某种串行总线上简单 API 和主处理器进行通信。这些元件允许我们使用更简单的操作系统（甚至无操作系统），同时可以支持复杂通信，并不会有太大麻烦。尽管多花了一些钱，但是大幅减少了软件开发投入的精力，并降低了风险，这会让开发工作变得轻松许多。如果我们的产品是小批量销售，或者不知道会卖多少，选用这些功能更强大的元件往往是更好的选择。如前所述，首次开发时，把产品以更低的价格尽快推向市场是非常有利的。当开始大批量销售产品时，我们可以重新设计，进一步降低成本，选用更便宜的元件，投入时间开发驱动程序和协议栈，或者把它们集成到我们的操作系统中。

最后补充一点，看看同类产品都用什么操作系统。有时这很难办到，但如果可以办到，强烈建议你这样做。通过分析他们选用的操作系统，可以从中获得启发，找到最适合我们的操作系统。

8.6 资源

EE Times 每年都会调查嵌入式操作系统的使用情况，由此我们可以了解嵌入式操作系统的应用趋势。选择操作系统时，很值得看一看 EE Times 的调查结果，因为一个被广泛使用的操作系统意味着有更广泛的支持。

维基百科上有实时操作系统的完整列表，从中你可以快速了解大部分实时操作系统的授权方式和支持的处理器类型。若想深入了解它们的各种功能特性，则需要认真研究各家供应商的网站。很遗憾，我没什么捷径可以告诉你。

那些需要实时操作系统的应用还要有良好的容错能力。“An Overview of Fault Tolerance Techniques for Real-Time Operating Systems”一文很好地介绍了有关容错技术的细节。

说回到 Linux，无论我们选用自己开发的嵌入式系统，还是预编译好的安卓系统，要让 Linux 在嵌入式应用中正常工作，就必须对 Linux 的工作原理有较好的理解。Linux From Scratch 项目可以帮助我们从零开始构建自己的 Linux 操作系统，它提供了详细的实际操作教程，让我们不至于不知所措。其中，标准 Linux From Scratch 项目针对的是个人计算机上的 Linux，而面向嵌入式应用，有关人士还开发出了针对树莓派的版本。

《深入理解 Linux 内核（第三版）》（*Understanding the Linux Kernel, 3rd Edition*）是一本很棒的参考书，每当你需要深入学习 Linux 内核时，都可以翻开它，认真学习一番。

Free Electronsd 网站提供了大量有关嵌入式 Linux 的信息，其中还包括一些专题的深入学习视频。

《构建嵌入式 Android 系统》（*Embedded Android*）一书是个不错的起点，介绍了大量与嵌入式安卓应用有关的知识。

第9章

为产品供电

电子产品工作需要电，这是毋庸置疑的。实际上，所有现代电路都基于半导体芯片（集成电路）和显示器，这些元器件需要一个或多个稳定的电压（通常在1V~5V范围内）才能正常工作。在大部分智能产品（尤其是采用可充电电池的产品）的研发过程中，为它们设计、调试、测试电源需要耗费大量时间和精力。

关于产品供电设计的详细资料有很多，但是这些资料很少从系统层面进行讲解。在使用何种电池、充电器、电源芯片及其电源组件方面，我们往往会做出草率的决定。然后，过了几个月，设计师发现自己陷入困境之中，遇到了一个大问题（例如发现系统电路无法为深度放电的电池充电，需要更换一个拥有一定电量的新电池），为此需要重新设计电路。在项目初期，多掌握相关知识，多思考问题，可以很好地帮助我们避免这些困境。

为了帮助大家更好地理解本章内容，首先介绍基本原理以及可能面对的一些困难。

设计电子产品的供电问题时，我们必须要做两个决定：

1. 电从哪里来，使用电池、电源插座还是车载电源；
2. 如何把电源电压转换为产品允许的电压。

TIP 在图9-1中，可以看到两条线，一条表示交流电压（例如家用电通常就是交流电），交流电压随着时间的变化表现出明显的波动；另一条表示直流电压，不管时间如何变化，直流电压会一直保持不变。

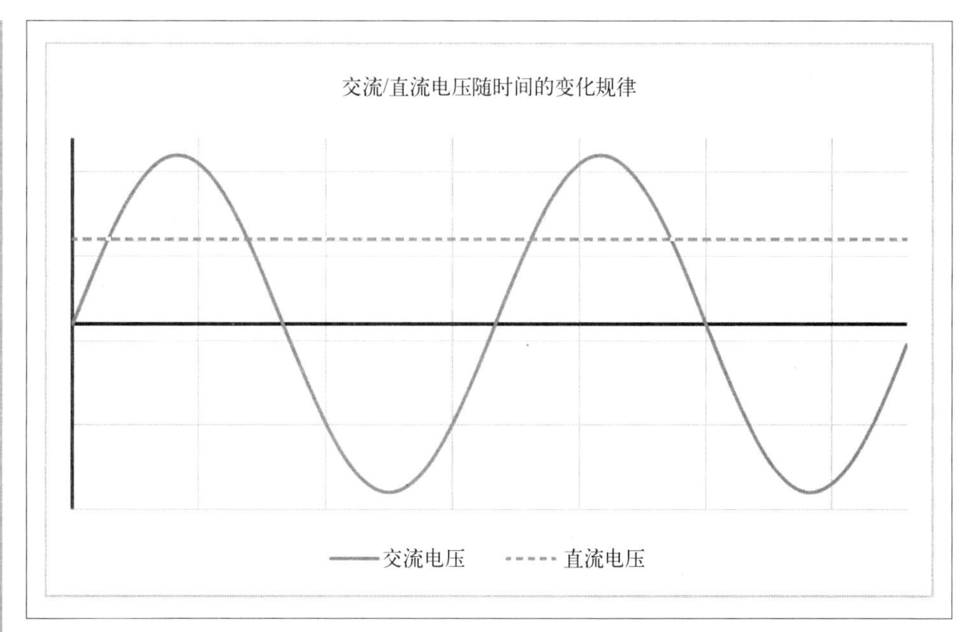

图 9-1：交流电压和直流电压

图 9-2 是一个通用供电电路示意图，它由多个构造块组成。这个供电电路同时支持使用交流电（墙壁插座）和直流电（电池）为设备供电。当选用其中一种时，图 9-2 中的某些构造块就可以去除了。“AC 到 DC 转换器”用来把交流电（墙壁插座）转换为安全的直流电，而后我们很容易把直流电调整成产品电路所需的电压，有三种方式：

1. 供某些电路直接使用；
2. 经过一个或多个“DC 到 DC 转换器”，转换成其他电路所需要的直流电电压；
3. 通过充电芯片为电池充电。

电池本身也要经过“DC 到 DC 转换器”，转换成我们的电路所需要的电压。

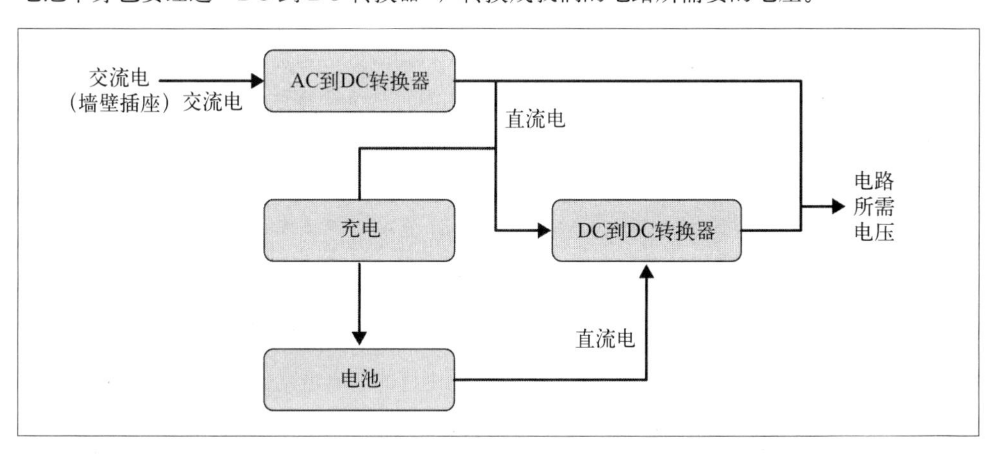

图 9-2：通用供电电路示意图

乍一看，供电电路没什么难的，里面并没有什么超级复杂的设计。但是，真正设计供电电路时需要考虑大量容易忽视的细节，而图 9-2 除了电压转换的问题，并不能呈现这些细节。

假设我们要为一部智能手机供电。通常智能手机使用两个电源：来自 USB 适配器（插到墙壁插座或计算机 USB 端口）的 5V 电源；手机内部的锂电池，在充放电时电池电压在 4.2V~3.0V 变化。这两种电源必须被转换成四种或更多种直流电电压，以供手机芯片和显示器使用。我们要面临的一些复杂情况如下。

- 由于电池也要从 USB 端口充电，因此需要足够的电量同时对电池充电和让手机正常运行。
- 如果环境异常，电池要停止充电。比如，在烈日照射下的车内，电池很容易发热，导致充电不安全。
- 我们需要通过某种方式告知用户电池剩余电量，以便用户决定何时充电。
- 某些功能不使用时（比如 GPS），我们可能想为某些芯片断电，以节省一些电量。
- 当我们拔掉 USB 线时，电路应该从 USB 供电无缝切换到电池供电。
- 启动手机时，某些元件可能需要先于其他元件工作，甚至在同一个芯片中，有些供电线路可能需要先于其他线路通电。
- 选用错误的供电方案可能会缩短电池充电运行时间，因为我们可能在一两小时内就用光了电量，甚至当设备闲置未用时也在耗电。
- 一些处理器不做繁重的处理工作时会通过低速和低电压运行以节省电量。
- 其他许多类似的情况。

接下来详细讲解图 9-2 中的每个部分。希望能够帮助设计师和开发者避免开发中常见的错误。

❑ **电池**

  有哪些电池可用，应该如何选用以及原因是什么；充电的基础知识。

❑ **AC 到 DC 的转换**

  在世界各地，如何最大限度地降低成本、保证安全。

❑ **DC 到 DC 的转换**

  何时选用线性转换器，何时选用开关转换器。

然后，我们将深入讨论那些在“构造块”集成过程中可能会出现的系统级别问题，包括电噪声、供电排序、低功耗设计等。

本章讲解的技术细节要比其他章多一些，这似乎有些奇怪。原因是我发现供电系统是“非受迫性失误”很重要的来源，如果设计师和开发者事先掌握了更多信息，情况就会好得多。进一步讲，这些错误往往是由于缺少整合信息的能力引起的。本章的目标是将零碎的知识聚合起来，使得项目在整体上更容易把握，各部分之间问题也少一些。

请注意，本章内容涉及较多的技术细节，如果你有一些电子学知识，会更容易理解相关内容。在讲解相关内容时，我尽量只运用高中物理课讲过的基本电路知识。

我们从电池讲起：为何电池种类有这么多。接下来分析其中原因，并找出最适合我们产品需求的电池。

9.1 电池

我们通常认为电池非常简单：它是一个电压源，在一段时间内为用电设备供电，然后自身电量耗尽。但是，认真想一想：如果电池那么简单，为什么会存在那么多不同的化学作用和结构呢？从多样性这一点来看，电池并不像看起来那样简单，每种化学作用和结构都有不同的特性，它们可能在某些情况下非常适用，而在其他一些情况下不适用。

首先介绍电池的不同化学作用和结构以及如何在开发过程中做出明智的选择。从基本知识讲起吧。

常见电池所提供的电能是化学反应的副产品，电池的化学反应涉及两种金属和一种电解液，其中常用的金属有锌 / 二氧化锰、锂 / 磷酸铁，不同的金属组合会产生不同特性的电池。

电池经过一段时间的放电之后，就不再有足够多的“精力”来继续维持化学反应，从而无法产生足够的电能供用电设备使用了。这个时候，有两种方法可以实现为用电设备继续供电，一种方法是更换新电池，另一种方法是为电池充电，即通过把化学反应反转，为电池恢复电能。一次性电池称为原电池，可充电电池称为蓄电池（二次电池）。

现在，可供选用的电池多种多样，既有小型纽扣电池，也有重达几千克的大型蓄电池，大部分电池使用的材料不外乎几种。当今，在产品开发过程中，锂电池可能是最受欢迎的电池，尤其是那些可重复充电的锂电池。锂电池有良好的特性，因此广泛应用于各种可充电设备中，从智能手机到笔记本计算机都有它们的身影。锂电池也有一些缺点，比如安全性较差，甚至会自燃，所以在使用锂电池为电路供电时要倍加小心。鉴于可重复充电锂电池的重要性，后文会专门详细讲解。

在深入讲解锂电池之前，先介绍选择电池时应该考虑哪些电池特性以及这些特性在常用的不同电池化学成分之间有什么异同。

9.1.1 一般电池特性

我们通常会使用一些简单参数来描述电池，比如我手上的 AA 电池，它出自一家著名的电池厂商，电压为 1.5 V，可以提供 2300 mA·h 的电能。然而，从电池数据手册中可以得知，起初它可以提供 1.5 V 的电压，但是当电量即将用尽时，它提供的电压会降到 1.2V 左右，具体就看如何使用它了。2300 mA·h 多数时候也只是平均值，从数据手册看，这枚 AA 电池的容量介于 2800 mA·h 与 1500 mA·h（甚至更少）之间，具体取决于如何使用。

电池中的电能是由化学反应提供的，化学反应既复杂又微妙。对于一个给定的电池，根据使用它的方式，它的各项参数（电压、容量、瞬时功率、充放电周期、使用时间、存放时间等）有着很大区别。

电池数据手册常常被忽视，但其实它们是很好的信息来源。我们应该认真阅读数据手册，了解电池如何在我们的应用场景中工作，并找出其中暗含的问题。

接下来介绍电池的一些基本特征，电池的数据手册中通常包含这些内容。

容量

一枚好的碱性 AA 电池可能会像厂家所宣称的那样拥有 2300 mA·h 的电量。当它为一个使用 2.3 mA 电流的电路供电时，续航时间能达到 1000 小时吗？它为一个使用 100 mA 电流的电路供电时，续航时间能达到 23 小时吗？它能为一个使用 2300 mA 电流的电路持续供电 1 小时吗？请注意，厂家宣称的电池容量是指电池在特定条件下（用电设备一般是轻负载，且电池在室温条件下工作）能够提供的总电量。在不同的环境中，电池容量可能会有很大差异。换言之，在室温（21℃）的条件下，以 23 mA 作为标准进行放电，最后测得的电池容量可能会达到 2300 mA·h。但是在高放电率和低温的条件下（0℃或更低），电池容量可能会减少一半（甚至更多）。

功率

电池功率是指电池在任何时刻能够提供多少能量，它是电压与电流的乘积，受电池内阻限制。不同类型的电池内阻不同，此外，电池内阻还会受剩余电量、温度以及其他因素的影响。一般来说，小型电池的内阻很大，比如一枚全新的 CR2032 纽扣电池内阻可能有 50Ω，而一节碱性 AA 电池的内阻大约只有 0.2Ω。

假设我们要用一枚全新的 CR2032 电池为使用 50 mA 电流的电路供电。纽扣电池的内阻会“吃掉”2.5V（0.05A × 50Ω=2.5V）。而一枚纽扣电池的额定电压只有 3V，当以 50 mA 的电流对外供电时，由于电池内阻用掉了 2.5V，所以对外只能提供大约 0.5V，你可以通过电池的两个电极测量一下。事实上，由于 CR2032 电池的内阻很大，如果对外提供的电流超过几毫安，其对外提供的电压就会大幅降低。

回到全新的碱性 AA 电池上来，它可以很好地对外提供 50 mA 电流。在这种情况下，电池的内阻只消耗了 0.01V（0.05A × 0.2Ω=0.01V），这几乎可以忽略不计。随着电池对外放电，电池的内阻会增加。就 AA 电池来说，当电池电量即将耗尽时，其内阻将会增加到 1Ω 甚至更多。当电池对外提供 500 mA 电流时，电池内阻造成的电压损失为 0.5V（0.5A × 1.0Ω=0.5V），这个损失还是相当明显的。由于电池的标称电压（考虑内阻之前的电压）随着电池放电而降到大约 1.1V，因此最终两个电极之间的电压会低于 1V。在这种情况下，在电池内阻达到 1Ω 之前，我们可能需要更换电池，这样做可能会浪费电量。也就是说，电池中还有电量可用，却无法提供满足我们需要的电流。

请注意，电池老化也会导致内阻增加，就像可充电电池的充放电次数也会增加电池内阻一样。

温度

随着温度升高，电池中化学反应的速度会加快，也就是说，温度会对电池产生重要影响。提高温度（在电池容许的温度范围内）会增强电池供电的能力（比如有效降低电池内阻），这是个好事。但是，提高温度也会提高电池的自放电率，会缩短电池寿命。

相反，温度越低，自放电率就越低，同时内阻增加，这会大大减少电池容量，因为低温会导致电池很快就达到指定的放电截止电压。

请注意，电池在放电（或充电）时自身会发热，有些发热还比较明显。当充放电电流较大或者电池置于较小的密闭空间（比如位于某个外壳中）时，发热问题更为显著。

脉冲工作

事实上，电路在每个时刻耗费的电量是不同的，这取决于用电部件以及它们在做什么。有时，这种差异相当大，在那些装有执行器（比如引擎）、灯光（比如相机上的 LED 闪光灯）、无线通信元件的设备上，体现得更明显。一台设备平均消耗的电流可能比它需要的偶发脉冲电流小得多。就支持这些类型的应用来说，在电池生命期中维持较低的内阻更有利。

电池尺寸

除了稍后将讨论的锂聚合物，大部分电池是标准尺寸。电池尺寸遵循两种约定，大致可以划分成旧式和新式。

大部分人熟悉的是旧式尺寸约定方式，这种约定方式主要采用字母来表示电池尺寸，比如 AA、AAA、C、D。常见的方形 9V 电池就属于这种旧式约定方式，但奇怪的是它用电压来命名，而没有使用字母。

> 在为产品选择电池时，最好不要选用 9V 电池。首先，9V 电池的生产方式使得它们的容量很小。其次，它们的接线端结构真的很危险（在同一侧且彼此挨着），这使得一小段金属（比如口袋中的钥匙、垃圾中的铝箔等）就很容易造成短路，从而引发火灾。如果你手上恰好有 9V 电池，最好用绝缘胶带把接线端隔离开，以免发生意外短路。

除了我们熟知的旧式尺寸，还有一些奇怪的尺寸表示方法，偶尔也会用到，比如小型的 AAAA、A23、A27 等。

> TIP 新式电池尺寸采用 IEC 60086 标准中的约定，包括电池大小、化学组成、形状、电池数量等。这种约定有些复杂，建议你前往相关网站做更深入的了解。这里以常见的 CR2032 为例，从其名称可以知道，CR2032 是基于亚锰酸锂（C）的，呈圆形（R），直径 20 mm，厚度 3.2 mm。

工程师感兴趣的电池特性介绍完毕，接下来介绍当今电池常用的化学组成并比较它们的特性。

9.1.2 电池的化学材质

电池通过化学反应产生电流，这是它的主要特征。很多化学物质可以制造电池，但是最常用的只有十几种。表 9-1 列出了其中一部分，并给出了每一种的关键特征。请注意，表 9-1 中的数字是约数，用来做比较。从化学组成和结构来看，每种电池（甚至同一种电池的不同生产批次）都是不同的，要想得到真实的特征数据，应该仔细阅读相应电池的数据手册。

表9-1：常见电池化学组成

化学组成	最大电压	典型电压	放电截止电压	比能量（Wh/kg）	是否可充电	保存期	安全性
碳－锌（干电池）	1.5V	1.2V	0.9V	40	否	2年	好
碱性	1.5V	1.25V	0.9V	100	否	5年	好
锂（LiMn）	3V	3V	2V	250	否	10年	好
铅酸	2.1V	2V	1.5V	20	是	1年	好
锂离子（Li-ion）	4.2V	3.7V	3V	160	是	1年	特别小心
镍－镉（NiCd）	1.5V	1.2V	1V	40	是	几个月	特别小心
镍金属氢化物（NiMH），标准	1.5V	1.2V	1V	75	是	几个月	好
镍金属氢化物（NiMH），低自放电	1.5V	1.2V	1V	75	是	5年	好
锌－空气	1.4V	1.25V	0.9V	400	否	看说明	好

在深入讲解表9-1之前，先介绍单电池和电池组两个词的用法。我们把两块金属一起放入电解液中，就制造出了一个单电池，它产生的电压取决于所用的金属。一个全新的碱性（锌/二氧化锰）单电池产生的电压大约1.5V，随着化学反应的进行，锌和二氧化锰逐渐变成其他物质，电池的电压会变小。如果想得到高于1.5V的电压，就需要把多个单电池串联起来，形成碱性电池组，这样的电池组对外提供的电压就会高于1.5V。

从技术上说，把多个单电池组织在一起所形成的产生电能的装置叫"电池组"。原则上，一节AAA碱性电池（1.5V）应该称为单电池，而一个9V碱性电池（由6个碱性单电池串联而成）应该称为电池组。但在实际生活中，我们通常把它们统称为电池。

表9-1中列出了三个电压，其中最大电压常称为标称电压，指电池可能放出的最大电压。在大多数情况下，它比我们实际使用中看到的电压要高一些。典型电压是指我们在电池寿命中期看到的电压，且电池要在合适的场景中使用。放电截止电压通常是指化学电池宣告"死亡"时的电压。过去，我们一般等到产品停止工作或运行不正常时才知道电池没电了。现在，我们常常使用稳压器对由放电引起的电压衰减做补偿，但是如果在电压过低时仍继续使用电池，就会对电池造成损害。我们需要知道何时电池不能再用了，这个时间点大致就是电池电压到了放电截止电压的时候。

比能量是衡量电池的单位质量可提供的能量。可以看到，对于不同化学材料组成的电池而言，同等质量的电池所提供的能量有很大差异。相比于以前的干电池（这种电池我小时候常见，现在在某些地区仍然广泛使用），现在的电池单位质量能够提供数倍的能量。

保存期是指电池在未使用的状态下保存能量的能力。不管哪种电池，它们往往都会以缓慢的速度释放电能，即便我们把它们从电路中断开也一样，这种现象称为自放电。电池长期放置，其电能就会逐渐减少直至耗尽。不同的电池使用不同的化学材料，结果可能会大相径庭。在数据手册中，通常用每月电量变化的百分比（或类似的参数）来表示。这个比率受温度影响很大，温度越低，保存期越长。

锌空气电池有点特别，它有两个保存期：在接触空气被激活前（比如，撕下封住化学材质隔绝空气的封条），它能保存多年；激活后，短期内自放电，它就会耗尽电量。

安全性是指电池的高温危害（过热、爆炸、着火）或者对环境的损害。锂基可充电电池，如果本身有缺陷或者操作不当，就有可能出现高温甚至爆炸的危险。虽然大部分电池包含的物质没什么大危害，但镍镉电池中含有的镉有剧毒。因此，现在许多国家把镍镉电池列入“不受欢迎”的行列，第 10 章将详细讨论。

像其他小东西一样，电池也有可能被小孩放进嘴里，造成窒息。但是这种情况并未被纳入表 9-1 的“安全性”一列中。

接下来介绍每种电池的化学材质，在选用电池之前要对它有个大致的认识。

一次性电池（原电池）

相比于可充电电池，一次性电池在电量耗尽后就会废弃，这显著增加了环境的负担。但到目前为止，在某些应用场景中，一次性电池仍然是最佳选择，因为一次性电池的能量密度高，自放电率低，而且很方便。你可以从任何一家超市或便利店购买到它们，拆开包装它们就是满电状态。买到之后，直接把它们装入电池槽就可以使用。当电量用完之后，也不必等几个小时为它们充电，只要换上新电池，设备马上又可以工作了。

目前普遍使用的一次性电池有以下几种。

- **碳锌电池**

  这是一种老式的一次性电池，有时称为干电池，在美国一直流行到 20 世纪 80 年代，现在某些国家和地区还经常使用这种电池。碳锌电池价格低，本身没什么特色，存在漏电风险。碳锌电池有从 AAAA 到 9V 的各种型号。建议你尽量不要选用它们。

- **碱性电池**

  碱性电池由锌 / 二氧化锰这两种化学物质组成，大部分一次性电池使用它们。经过多年技术发展，碱性电池有了很大改进，不但保存期增长，其他一些缺点也得到了改善，只是偶尔还是有漏电的风险。碱性电池的标准尺寸从 AAAA 到 9V，包括纽扣电池。这种电池各个方面都不错，就是不能重复充电[1]。

- **锂电池**

  锂电池既有一次性的，也有可充电的。别看它们个头不大，却能提供很大的能量。一次性锂电池种类很多，分别有不同的外观（尺寸 / 形状）和化学材料（锂 / 二氧化锰、锂 / 二硫化铁等）。

锂锰氧化物（锂 / 二氧化锰）是一次性锂电池使用最多的化学材料。这种材料能够对外提供 3V 电压，能存储很多能量，需要时也能提供大电流（取决于电池尺寸），自放电率很低，能够存放几十年。换句话说，锂锰氧化物是制造一次性电池理想的化学材料。

大部分纽扣型锂电池（比如流行的 CR2032）使用的是锂 / 二氧化锰。CR2032 电池（甚至更薄的 CR2025 和 CR2016）经常应用于那些需要小电流和长续航时间的场景中（由于尺寸小，CR2032 无法提供大电流），比如实时时钟、运动追踪器等小型设备。

---

1 曾经出现过碱性可充电电池，但是由于各种原因最终没有流行起来。

CR123A 也是一次性电池，它使用的也是锂 / 二氧化锰，个头比 AA 电池要小一些，也粗一些（见图 9-3）。这种电池能够提供非常大的电流，很适合用来为相机和小型闪光灯供电。

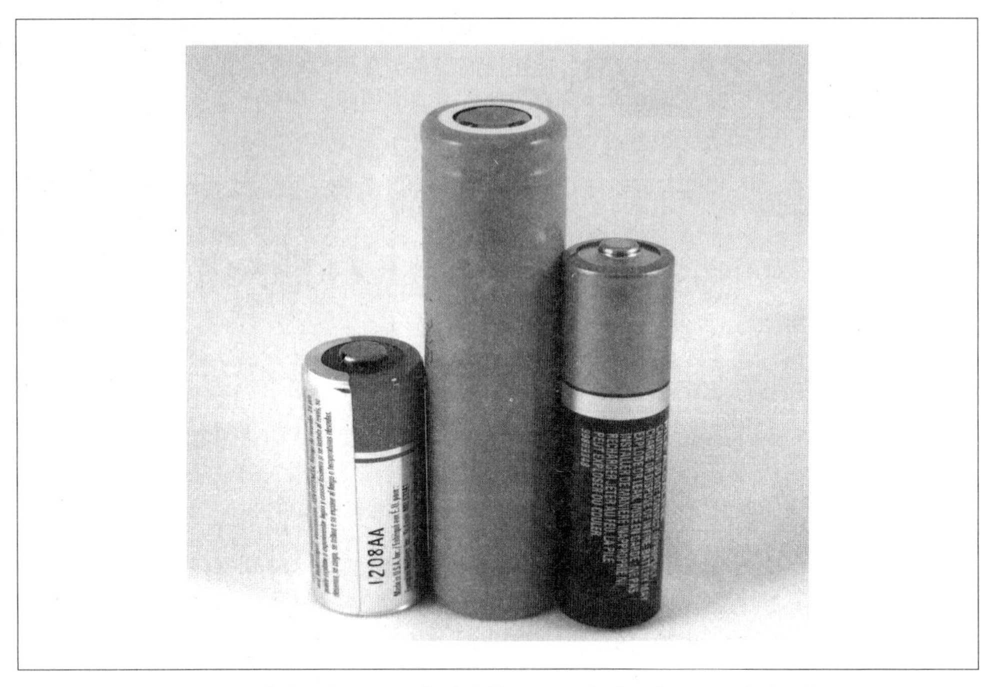

图 9-3：一次性 CR123A 电池（左）、可重复充电的 18650 电池（中）、AA 电池（右）

锂 / 二氧化锰电池的一个问题是，它们无法直接代替碱性电池，因为它们提供的电压不同。如果努力找找，我们其实可以找到尺寸与标准碱性电池一样的锂 / 二氧化锰电池，但是由于不同化学材料的电压不一样，因此当用户尝试使用这种电池来替换同尺寸的碱性电池时，可能会引起很大的问题。另一种锂 / 二硫化铁电池可以提供与碱性电池一样的电压，其尺寸与标准的碱性电池一样，通常用作碱性电池更好的替代品。锂 / 二硫化铁电池提供的电量跟碱性电池差不多，但它的价格更高，内阻更小，电阻不会随着放电而明显改变，更适合用在有大电流和脉冲应用的场景中。锂 / 二硫化铁电池的自放电率很低，保存期长达 20 年之久，适合用来为应急灯与其他待机应用供电。

还有一些不常见的定制电池，使用的是其他的锂材料。比如，大部分心脏起搏器采用碘化锂电池供电，这些电池相当可靠，自放电率非常低。在心脏起搏器这类重要设备中，所采用的电池必须能够可靠地运行多年，因为一旦出现问题，就有可能给病人带来灾难性后果，而且更换电池需要通过手术，这都不是容易的事。

相比于锂锰氧化物电池，锂氟化碳电池的工作温度范围更大，但电池容量和电压要稍低些。例如，BR2032 是锂氟化碳电池，常用来代替 CR2032，用在更为极端的温度环境中。

锌空气电池

别看锌空气电池个头不大，却能够提供巨大的能量，而且这些能量必须要尽快用完。在取下电池阴极封条之前，锌空气电池与空气是隔离的，处于不活跃状态，而当撕下封条暴露在空气中时，电池被激活并开始工作，能够在短时间内提供大量能量。电池一旦被激活，立即进入快速自放电状态，几天之内电量就会耗尽。图 9-4 展示的是常见的锌空气电池，其中左侧电池的封条已经撕掉，右侧电池封条完好，密封住了电池的透气孔。锌空气电池常用来为助听器供电，据我所知，没有其他应用场景了。这些年来，我一直希望能为它们找到其他合适的应用场景，我觉得它们太有趣了，但时至今日仍未能如愿。

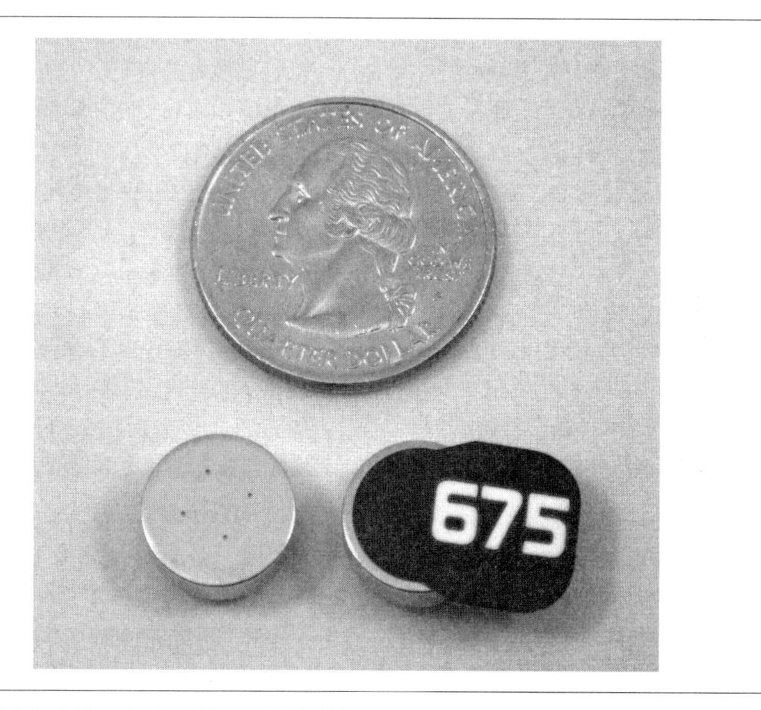

图 9-4：675 锌空气电池，左侧无封条，右侧有封条

可充电电池（二次电池）

有些电池的化学反应是可逆的，如果我们把电流重新注入这些电池中，化学反应就会逆向进行，从而把电量耗尽的电池重新变为满电电池。这个过程就是为电池充电，这样的电池称为可充电电池。

充电操作相当麻烦，并非只是把电压加到电池电极那么简单。如果充电能够立即完成，那就太好了，但是经验告诉我们，这通常是不可能的。充电速度受电池中的化学物质和其他一些因素控制，比如电池散热的水平、充电电路等。充电不可能是 100% 的（有些化学物质充电能力接近 100%），有些能量最终会以热量的形式损失。此外，充电时，我们需要知道何时停止为电池充电，还要抵御电池损坏和其他后果严重的风险（比如发热、自燃等）。

可充电电池还会表现出有意思的行为，这取决于充电前它们的放电深度。有些电池中的化学物质表现出“记忆效应”：在为电池充电前，如果电池未完全放电，那么电池就会丢失一部分容量，出现容量减少的现象。其他一些化学物质也不希望电量过放，根据放电深度不同，有可能会引起寿命缩短或发热着火等问题。请小心！

镍镉电池

镍镉电池是最早广泛使用的可充电电池，但是由于本身的一些缺点，它逐渐失宠。相比于新技术，镍镉电池采用的技术使得它提供的电量不够大，自放电率高。与其他可充电电池相比，镍镉电池更容易出现严重的“记忆效应”。而且，镉有剧毒，欧盟严格限制或完全禁用它。不建议你在产品中采用镍镉电池供电。

镍氢电池

镍氢电池是最常用来代替标准 AAA-9V 电池（一次性电池）的可充电电池。相比于碱性电池，镍氢电池的容量有点小，但是内阻更小，放电期间相当稳定，在高耗电、高脉冲的应用场景中表现更好。

标准镍氢电池的自放电率很高，保存期只有几个月。低自放电镍氢电池采用了更新的技术，存放时间达到了数年。最著名的低自放电镍氢电池是三洋生产的爱乐普电池，其他大部分电池厂商也开始生产这种电池。

镍氢电池主要用来代替一次性电池，它们采用独立的外部充电器进行充电（需要单独购买），并不通过电器进行充电。但是，如果我们想通过电器对镍氢电池进行充电，有很多适合镍氢电池的电池管理和电量计芯片可以使用。事实上，今天的镍氢电池主要用来为油电混合动力汽车供电。

总而言之，镍氢电池性能不错，表现良好，特别是低自放电镍氢电池性能尤佳。

> 关于镍氢电池，还有一点需要注意：由于镍氢电池更适用于重负载场景，通常用于设计在高电流应用上的镍氢 C 型或 D 型电池。要注意，很多镍氢 C 型和 D 型电池也只是用镍氢 AA 型电池包一层厚皮，由此有了真正的 C 型或 D 型的电量。我接触过的所有熟悉品牌的这类电池都是如此，有些小品牌（比如 Tenergy）的大电池就真的是货真价实的大电池。购买这种电池，一定要切实检查数据表上写明的电量。另外，还要清楚一点，如果你的产品确定要用这种“名副其实”的大电池，但用户在购买备用电池的时候可能会买到名不副实的产品，导致产品体验变差。

铅酸电池

铅酸电池有 160 多年历史了，它是最古老的可充电电池。时至今日，它们仍然无处不在，存在于每辆使用化石燃料的汽车和不间断电源中。铅酸电池拥有以下特征，使之很适合用在太阳能网格存储等情景中：

- 存储电量的成本低；
- 能够快速释放大量能量；
- 低温下有比较好的性能表现；
- 低自放电；
- 容易充电；
- 通过涓流充电能够保持“加满充电”模式；
- 非常耐用。

铅酸电池很沉，内部充满了铅，据说在美国电池中 98% 的铅最终被回收利用了。

由于拥有上述特征，铅酸电池最适合用在需要大电流的场景中。铅酸电池有可能会长期处于闲置状态（或者涓流充电状态），电池的重量不是关键因素。

9.1.3 锂电池

锂电池由一系列可充电的锂材料组成，实现了在有限的体积中存储更多电能的理想状态。这种超强的储电能力加上纤薄的外观，使得它们成为大部分手机、平板设备、笔记本计算机的最好电源。锂电池也优于镍氢电池，成为纯电动车（区别于油电混合动力汽车）的电源首选。虽然使用锂电池存储等量电能成本要高出两倍，但是它们的重量更轻。

锂电池也很娇贵。相比于其他可充电电池，锂电池使用不当更容易损坏。在出现问题时，锂电池会大量发热，甚至会自燃、爆炸。打开网页，搜一搜“锂电池 爆炸”，就能找到许多锂电池爆炸的视频。好好考虑一下，是否希望你的产品上市后时不时发生视频里这种事。这种情况的确有可能发生，波音公司的一架787客机曾经因为锂电池着火而停飞数月。波音公司在客机上使用锂电池可以节省40英镑（约54美元），但最终维修费用和收入损失高达数亿美元。

公平地说，锂电池自燃其实很少发生，但偶尔的确会发生，还是小心为好。如果你无法保证锂电池使用的安全（包括技术、供应链和生产问题），建议还是考虑使用其他类型的电池。

锂电池能够在短时间内提供大量电能。有时这是好事，比如我们希望在短程加速赛中特斯拉能够击败科尔维特跑车时，就需要这样的电池。但是，短时间大量放电有可能会造成电路故障，比如导致温度过高从而烧坏电路。设计人员在设计时把电流限制在合理的范围内有利于降低出现这种灾难的可能性。

钴酸锂是最常见的锂电池材料，因为它的比能量高。大部分手机、平板设备、笔记本计算机中使用的锂电池就是把钴酸锂用作正极材料的。钴酸锂这种化学物质对于误操作非常敏感。

其他常见的锂电池材料还有磷酸铁锂、锂镍锰钴和镍钴铝。其中有些材料储电能力弱一些但更安全，有些材料主要用于电动汽车和其他大功率设备。

今天，在非机动车应用场景中使用的锂电池绝大部分是由钴酸锂材料制成的，因此这里主要讲钴酸锂电池。但是我们还是要知道有其他化学材料存在，它们拥有不同的特性，需要借助不同的电路进行处理，严禁盲目地把一种化学物质换成另一种化学物质。

从物质组成看，锂电池有两种基本类型：标准型和锂聚合物型。这两类电池使用相同的化学物质，性能非常相似，不同点在于锂聚合物可以做出更薄、更不规则的形状。标准锂电池一般用在大电流的场景中，比如引擎、闪光灯等，而锂聚合物电池主要用于小电流场景，比如手机、平板设备等。

请注意，本书把标准型锂电池简称为标准锂电池，把锂聚合物电池简称为LiPo，而说到锂电池时指的就是这两种电池之一。

标准锂电池呈圆柱形，最常见的型号是xR18650（见图9-5），其中字母x代表电池采用的化学材料，遵循IEC 60086标准，18代表电池的直径为18 mm，65代表电池高度为

65 mm，它看上去像大号 AA 电池。在 18650 系列电池中有些电池很有名，比如松下的 NCR18650B，它是 CR18650 电池，电池容量为 3350 mA·h，电压为 3.6V，能够提供 12.1 瓦特时电量，这是碱性 AA 电池储存电量的 3 倍多，而一组电池的体积只有 AA 电池的 2 倍。这样看来，相比于碱性 AA 电池，同等尺寸下 NCR18650B 电池储存的电能多了一半，而且能重复充电。

图 9-5：带保护电路的 CR18650 电池（中）和不带保护电路的电池（左、右）

18650 电池通常用在大电流的场景中，经常成组使用。大部分笔记本计算机使用的电池组由 4~9 个 18650 电池组成。电动汽车采用的也是 18650 电池，每辆车多达几千枚。

18650 电池既可以单独使用，也可以成组使用。由于 18650 指的电池尺寸而非化学组成，所以并非所有的 18650 电池都可重复充电。常见锂电池材料都可以用在 18650 电池中，每种电池拥有不同的电压范围、电池容量和充电要求。有些 18650 电池本身内置保护电路，这让它们的尺度有点大。从技术上说，应该把它们划入 19670 电池之列，但是习惯上，还是把它们称为带保护电路的 18650 电池。使用这类带保护电路的电池能够确保使用的安全性，强烈建议你在大多数应用场景中使用它们，而非自己设计保护电路。

相比于标准锂电池，锂聚合物电池（见图 9-6）通常可以做得更薄，更方正。这种电池并不是封装在坚硬的外壳中，锂聚合物核心封装在薄薄的塑料袋中，有两根或三根导线从电池中引出接到一个小的连接头上。虽然这些塑料袋并非绝对防刺穿、防水，但如果这些电池最终会安装到产品（比如 iPhone）内部，这也不是什么问题。只要把电池粘在或卡在产品为其预留的位置上，然后合上产品外盖就可以了。

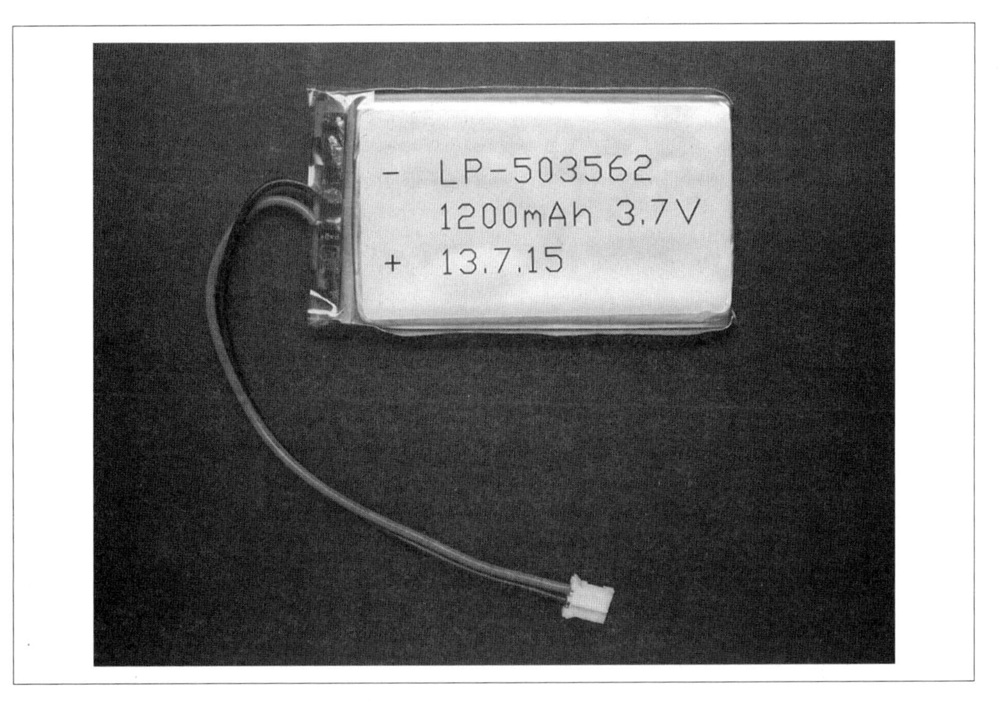

图 9-6：常见的锂聚合物电池（图片来源：Adafruit）

如果锂聚合物电池应用于那些允许用户自己更换电池的设备中，比如一些智能手机中，那么锂聚合物电池通常要有一个坚硬的外壳，以保护电池，同时会有内置触点，方便与用电设备连接，如图 9-7 和图 9-8 所示。

图 9-7：锂聚合物电池的坚硬外壳和连接触点

图 9-8：把锂聚合物电池放入用电设备（电池未完全接入）

据我所知，锂聚合物电池的尺寸没有统一标准。基本上，我们会把所需电池的尺寸告诉电池厂商，请他们为我们生产适合的电池，也就是向电池厂商定制满足我们需求的电池。现在，市面上有数百种电池，它们的尺寸各不相同，我们很容易从中找到那些满足自身需要的电池。但问题是，其中很大一部分锂聚合物电池是由小工厂生产的，所以找到可靠的电池并不容易。如果你需要的电池数量很大，可以去找那些大型厂商定制。

读者对锂电池最感兴趣的或许就是与充电有关的内容，接下来就来介绍它们。

为锂电池充电

假设我们选用的电池已经设计好并被如实生产出来，充电过程在很大程度上决定了电池如何工作——充电用时、每次充电后产品的运行时间、电池预期寿命（在需要更换电池之前）、允许的充电环境（比如能否在太阳照射下的车内充电）、电池是否安全等。

简单和真实起见，这里假设采用了专门的电池充电芯片来控制电池的整个充电过程。虽然我们可以自己设计充电电路和充电算法，但是我从来没有见过有人在产品中成功做到。据我所知，像智能手机这类大批量生产的产品使用的也都是现成的电池充电芯片。

另外，这里需要掌握以下几个术语。

- C：它是指相对于电池容量的电流大小，单位为 mA 或 A。比如一个 1000 mA·h 的电池，C = 1000 mA。1C 表示相对于电池容量的充电电流值，我们发现在对同一个电池充电时，相比于 0.5C，若以 0.6C 对电池进行充电，充电时间将减少 15 分钟。这样，我们就能知道对容量相近的电池应如何界定不同的充电电流值范围。
- 荷电状态：它表示电池电量的剩余程度，是电池剩余电量占电池额定容量的比值，通常以百分比（%）表示，100% 表示电池完全充满，0% 表示电池完全放电。

锂电池充电的整个过程划分为几个阶段，如图 9-9 所示。当锂电池电压低于 3.0V 时，电池要么处于深度放电状态，要么处于无法再用状态。无论哪种状态下，我们都将无法以全电流对电池充电，全电流充电甚至会引发一些问题。但是，我们可以使用小电流（大约为全充电电流的 10%）对电池进行充电（见图 9-9 中的 Ic），一直使用这样的电流充电，直到电池电压达到 3.0V，或充电器芯片认为电池已经损坏（电池电压不再增长），这时它会切断电流并给出一个错误提示。

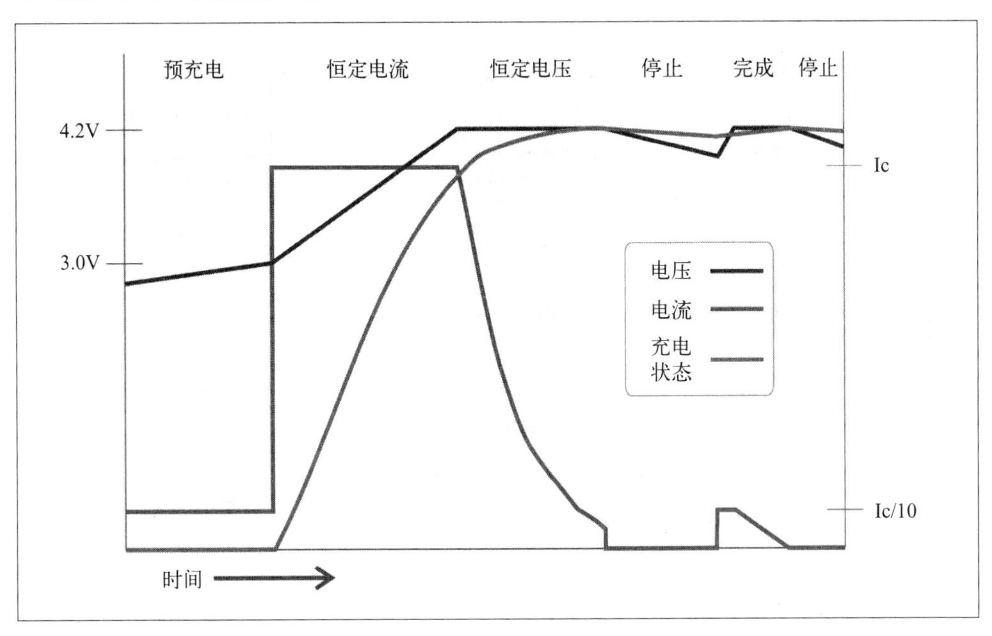

图 9-9：锂电池充电过程

在 3.0V 与 4.2V 之间，有恒定电流通过电池，并且要求外加电压高于 4.2V 以便维持这样的电流。在这个阶段，荷电状态急剧增长，电池电压也会增加到 4.2V，这是电池最高的安全电压。如果充电时电池电压超过 4.2V，电池就会损坏，于是进入一个新的充电阶段，即恒定电压（4.2V）阶段。同时荷电状态继续增长，但增长速度很慢。随着荷电状态的增长，充电电压逐渐降低，直到低于某个阈值（大约为 Ic 的 5%），这时充电便停止了。

对锂电池来说，自放电带来的电量损失不容忽视。在电池停止充电并闲置一段时间后，其荷电状态可能会明显低于 100%。不同于其他化学物质，锂离子对恒定涓流充电响应不好，难以维持 100% 状态。电池电压处于监视之下，当它低于某个阈值时，就会重启充电过程，这个过程是补充充电。

上述 Ic 充电电流不具体，那 Ic 应该多大才合适呢？合适的 Ic 通常在 0.5C～1.0C。对于一个 1000 mA·h 的电池来说，Ic 应该在 500 mA～1000 mA。事实证明，Ic 越大，电池电压升到 4.2V 的速度越快。然而，在采用大 Ic 对电池充电时，虽然电池电压达到了 4.2V，但此时它所拥有的电量相对较少，也就是说，充电过程中恒定电压阶段持续的时间相对长一些。总充电时间仍然比低 Ic 充电时要短，但也没我们想的那么短，毕竟恒定电压充电阶段耗费的时间要更长一些。快速充电会缩短电池寿命，有时这种影响非常明显，所以如果你并不急于在短时间为电池充好电，最好还是以 0.5C 左右对电池进行充电。

总而言之，在外接电源充足的情况下，锂电池从 0% 充到 100% 大概需要花 2~3 小时。在为电池充电时，如果充电电流不够大，这会导致充电时间增加，比如我们在为一个大锂电池充电时选用了一个小电流的 USB 充电器。以较低电压或大电流充电都会让充电时间变短。

说来挺有趣，在为锂电池充电时，它自身的发热通常不会成为什么问题。锂电池的充电效率非常高，其中发生的化学过程会带走电池一部分热量，让电池冷却，这就抵消了电池内部产生的热量。当电池放电时，电池产生的热量值得关注，特别是接近完全放电时。

虽然电池产生的热量不是什么大问题，但是如果不注意，充电器电路所产生的热量就有可能会成为一个很大的问题，因为充电期间会有大量能量进入电池，充电电路中任何低效的部件（比如使用了线性稳压器）都有可能导致明显的发热问题。稍后会介绍几种提高电源效率及降低发热量的方法。

延长锂电池寿命

随着时间的推移，锂电池会发生损耗，并最终被更换。我们可以采取许多措施来延长电池的使用寿命。电池的寿命从几百个到几千个充放电循环不等，具体要看充放电是如何进行的。由于这些电池通常内置于设备之中，电池对于产品成本和用户体验来说是个非常重要的因素，因此电池使用寿命绝对是值得考虑的问题。

有关电池容量的规格参数通常都假定电池充电能够达到其最大容量，这样电池厂商就可以对外“吹嘘”其产品如何强大。但问题是，如果把电池电量充到它的最大容量，电池的寿命就会受到影响。在设计中，我们要在电池寿命和其他性能参数之间做权衡。接下来介绍这方面相关的内容。

- **放电**

  自始至终，锂电池都“不喜欢”放电。比如，相比于 0%，在电量剩余 25% 时停用电池会将电池使用寿命延长 50%。当然，这样做在电池的每个使用周期中，我们都会少用 25% 的电量，但是从整个生命周期看，电池释放的总能量会大幅增长。

- **充电**

  同样，锂电池也“不喜欢”充电。虽然 4.2V 是电池安全充电的极限，但是把电池电压充到 4.1V 或者更低将延长电池的使用寿命。对电池充电时，通过把电池电压充到 4.1V 而非 4.2V，可以将电池使用周期延长一倍，同时只丢失 15% 的电量，这比限制放电深度更划算。若把电压限制到 4.0V，电池寿命又翻一倍，但丢失的电量将达到 25%。

- **充放电倍率**

  电池的充放电倍率也会影响电池寿命。电池充电时，充电倍率高于 1C 将导致电池寿命大幅缩短，一般 0.7C 是个合适的值。同样，电池放电时，放电倍率高于 1C 也会导致电池寿命缩短。在某些情况下，为了降低给定充电时间和放电率下的充放电倍率值并且延长电池使用时长，选用稍大容量的电池是值得的。

- **温度**

  锂电池的充电温度为 0℃ ~ 45℃，工作温度为 –20℃ ~ 60℃。许多电池（比如锂聚合物电池）内置有热敏电阻（温度传感器），充电芯片和其他电池管理芯片通过热敏电阻来监视电池温度，并做相应处理（比如电池过热时切断电流）。电池的工作温度范围设定是相当合理的，比如汽车中的 GPS，一辆汽车停在烈日下，如果是在美国，车内温度将会上升到 45℃，在一些热带国家温度有可能达到 60℃。

事实证明，在 45℃的温度下为电池充电还是可以的，但此时电池承受的压力相当大。把温度保持在 30℃以下将会大大延长电池寿命。不过，我们通常无法对电池的充电温度做过多干预。

评价这些权衡是否值得，在很大程度上取决于使用场景。比如，每次电池充好电，有的智能手机用户可能偏向于把电池剩余的 25% 电量全部用完，这样一来，他们可能一年左右就需要换一块新电池，而非两年。如果智能手机允许用户自己更换电池，而且新电池也不贵时，更是如此。另外，如果我们的产品是一个远程监测站，每天都可以通过太阳能不断充电，我们可能就会希望电池寿命长一些，会选用容量更大的电池，每次充电也不会充满。

如何具体进行权衡，取决于产品的电路和实际情况。比如，充电截止电压在某些充电芯片中是固定值，而在其他一些芯片中这个值可以被编程写入芯片的某个寄存器中。我们也可以利用处理器监视和控制芯片。重要的是先了解我们想做什么，然后选择相应的架构去实现。

你有没有注意到，大部分智能手机刚买来激活的时候，电量不是满的。接下来谈谈其中的原因，并解答其他一些有关电池保存的问题。

保存

首次使用锂电池时，我们经常会惊讶地发现，如果电池长时间不用，不但会失去电量，也会失去容量。如果电池本身电量高，又置于高温环境中，那情形将会更糟糕。比如，一枚满电电池存放于温度为 60℃的库房里，仅仅 3 个月，电池容量就会永久性地失去 40%。也就是说，一枚容量为 2600 mA·h 的 18650 电池只要放置 3 个月，容量就会神奇地变为 1600 mA·h，并且以后存储的电量再也不能超过 1600 mA·h。

相比之下，一个半满电的电池在略高于 0℃的环境中，同样放置 3 个月，将只丢失 2% 的容量，这还是让人有点郁闷，但比上述情况好多了。保存电池最好的方法是把电池充电到 50%，然后放置在 0℃的环境中。由于电池会自放电，保存电池时，最好每 6 个月左右就充一次电，每次充到 50% 就好。

当然，更好的做法是在使用产品之前从靠谱厂商那里买新电池换上。

现在，大部分智能设备可以由单独的锂电池供电，前面已经介绍过这些锂电池了。但是，笔记本计算机、扫地机器人等“大功率”设备往往需要多块电池来供电。如何把多个电池连接在一起，方法多种多样，接下来讲一讲。

电池组

标准锂电池组通常由多个锂电池通过并联或串联的方式连接而成。电池并联相当简单，这种方式适用于同时对一组电池进行充放电。但需要注意的是，如果把一个没电的电池和一个有电的电池并联，它们的电压差可能超过 1V。这会导致短时间消耗大量电流，有可能会产生各种问题。最好的办法是购买那些已经做好多个电池并联的电池组。另一个选择是单独给每个电池充电，让它们拥有一样的电压，而后再把它们并联在一起。

相比之下，电池串联要麻烦一些。为保证正常工作，在串联之前，各电池的电量必须是均衡的。也就是说，所有电池都要处于一样的荷电状态。关于电池串联的内容，超出了本书讨论的范围，相关资料网上也不少，你可以搜索并学习。

如果我们想让电池电量保持均衡（这很少发生）或者想知道剩余多少电量，那么该如何测量电池的荷电状态呢？接下来详细介绍。

测量荷电状态

让产品显示电池有多少剩余电量是很有用的，用户都希望产品具备这种功能。电量显示方式有复杂的，比如在显示屏上显示剩余电量所占的百分比，同时估算出电池剩余可用时间；也有简单的，比如使用一个 LED 灯表示电量的大致状态，当电池剩余的可用时间还有 30 分钟左右时，LED 灯显示为黄色。

对锂电池来说，测量其荷电状态并不容易。许多设计工程师最先想到的是测量电池电压，但这不是个好方法，因为电池电压和荷电状态不是线性关系，它受负载、温度、电池的使用时间影响。

测量荷电状态最常用的方法是“库仑计数法”，这种方法会记录有多少电子进入电池内部，又有多少电子会从电池中出来。

库仑（C）表示电子的数量，1C 约有 $6.241\,46 \times 10^{18}$ 个电子。1A 电流每秒输送 1C 电子，所以“库仑计数法”实际测量的是进出电池的电流。

基本原理如下：首先找一个荷电状态已知的电池，通常是那些刚放完电的电池（放电到截止电压）。此时的荷电状态为 0。然后，对电池充电，同时做库仑计数，直到电池完全充满时断电，此时荷电状态为 100%。这样，我们就知道电池存储了多少库仑电荷量，即从 0% 充到 100% 的电荷量。如果继续对流进和流出电池的电荷量做记录，原则上，我们总能知道电池的荷电状态。

库仑计数通常使用专门芯片——电量计来做。库仑计数是一种监测电池电荷状态非常棒的技术，但这项技术并非完美无瑕。事实上，电池会随着使用时间和方法而有所变化，所以库仑计数法只能提供一个大致的荷电状态。对于电池的荷电状态，我们唯一能够确切知道的是电池完全耗尽（0%）或完全充满（100%）时的荷电状态。电量计芯片带有某种程度的“智能”，它能够基于其内部的电池行为模型更好地估算荷电状态。

库仑计数法的缺点之一是，我们需要一个完整的充放电循环才能知道电池从 0% 充到 100% 所需的电荷量，工厂为每个产品跑这样一个循环需要耗费大量时间和金钱。不过，虽然每个电池的容量都有差别，但幸好这种差别不会很大。因此就有了一种为每块电池确定容量的变通方法，那就是在生产过程中用平均电量对电量计编程，这样就不必为每个设备跑一个完整循环了。具体步骤如下。

- 挑选几个产品样品，把电池放电，直到放电完毕。
- 对这些产品充电，直到电池满电截止。此时，每个电量计会算出几个常量（比如满电时的电荷量、失调电压等），后面会使用这些常量来判断电池的荷电状态。

- 从每个电量计读取算得的常量（通常是从与产品的处理器相连接的寄存器读取），把每个参数的值计算出平均值。这样，我们就得到了平均值。
- 产品制造过程中，把平均值写入每个电量计中。

随着生产下线，每个产品都有一系列常量，它们大致都是对的，并且会随着产品的充放电变得越来越准确。每个设备都有些许不同（这也是我们求平均值的原因），但是对于同种产品，它们彼此很相似，除非我们特意做改变，比如采用了不同的电池。

当我们在生产期间为电量计编好程序之后，还有些准备工作要做：电量计和电池配对时，电量计仍然需要先知道电池在某个时间点的实际荷电状态，然后才能通过进出电池的电荷数量评估电量。

我们知道电池充电截止（满电）时其荷电状态是 100%，所以我们可以一直为电池充电，直到其荷电状态达到 100%，随即开始对电荷量进行计数。对此，一种聪明的做法是请用户在首次使用新买的产品前先为它充一段时间电（比如 4 个小时），这样可以保证电池满电时荷电状态为 100%。这不是最理想的方法，但比起请用户先完全充满电再完全放完电（如果电量计没有预先设置好常量，我们需要这样做以便得到准确的电池读数）更容易让人接受。让用户开始时先充满电还有一个好处，电池在保存时是以半满电保存的，首次使用之前，先给电池充满电有助于延长电池寿命。

根据新匹配好电池和电量计确定荷电状态的另一种方法是借助电池的空载电压做估算。如果知道电池是新的，也没有负载，我们就能做出相当合理的评估。这样做的好处是在使用之前不需充满或者放电去确定电池的荷电状态。德州仪器公司的阻抗跟踪设备就采用了这种技术。

工作过程中，电量计会一直学习（更新存储于它们内部的常量）。在电池的使用过程中，电量计会对存储在自身内部的常量进行修正，把电路中的变化因素考虑进去。当到达截止电压时，电池就会充满电或放完电，我们通常在这时候做修正。

库仑计数法为我们提供了准确预测荷电状态的方法，但是有些因素会影响预测的准确性。首先，电池容量会随温度的变化而改变。有些电量计会测量本身或电池的温度，并以此修正评估结果。

自放电也是个难以处理的问题。若一个使用电池供电的设备几周不用，它的荷电状态就会有一定程度的减少，但是由于这部分电量不会通过电池的电极流出，所以库仑计数无法将其记录下来。如果我们的电量计能够根据前述的开路电压做出合理估计，也是非常有用的。对于那些基本每天都要充电的设备来说（比如智能手机），自放电不是什么大问题。但是，对于那些有可能长时间闲置或者需要精确估计电量的设备来说，自放电问题就需要认真对待了。

除了要设计良好的电路，在把常量写入每个电量计芯片的过程中，我们还会遇到一些问题。

- 在制造过程中，我们需要一种方法对产品进行编程，或者为电量计厂商和分销商提供一种方法以便他们为产品编程。这看上去很简单，但有时我们直到“游戏”快结束时才想起来。我们可以使用两种方法，一种是在线路内测试时编程，另一种是将常量写入闪存或内存，在设备首次启动时由内置的处理器进行编程。

- 如果我们不打算在电池耗完电时把产品丢掉，就必须认真考虑电池的更换问题。随着电池老化，电量计中的常量会发生变化和更新。如果我们不假思索地把新电池和“老”电量计芯片配对，就会导致荷电状态读数出现严重错误，至少在做充放电循环之前是这样的。这个问题的解决方法应该尽量简单，维修中心或用户更换电池后只需运行一个程序就能搞定。另一种方法是把电量计封装到可更换电池中，更换电池的同时也会更换电量计。
- 如果我们打算使用新型电池或电池厂商对我们正在使用的电池进行了升级，与之相关的常量也需要修改。避免出现意外的途径通常包括从电池厂商获得变更通知，从购买的每批新品获得的电池样品等。

总之，做荷电状态监视要注意几点：

1. 不要只看电池电压，要使用电量计芯片；
2. 在大部分应用场景中，库仑计数能正常工作；
3. 在某些应用场景中，可以使用更复杂（更昂贵）的技术，比如德州仪器公司的“阻抗跟踪”技术；
4. 不仅要考虑设计的各个方面，更重要的是要考虑制造和维护问题。

至此，有关电池的内容差不多讲完了。接下来讲一个特别有趣的主题：供应链。

安全和供应链

由于锂电池本身可能存在重大安全隐患，因此第三方测试和认证机构测试产品时会对它们进行严格审查。化解这个问题最简单的方法是使用那些带有内部保护并且通过 UL 认证的电池。这样做有助于我们设计的电路避免各种可能遇到的困境，因为不管我们怎样使用电池，它们应该都是安全的。另一个选择是使用未加保护的电池，并证明在电池的整个生命周期内，不管以哪种电流进行充放电，我们的系统都能确保电池安全，但这其实并不容易做到。

相比于其他零件，我们在选择电池供应链时要倍加小心。市面上存在大量假冒伪劣的电池，它们的质量和安全性都得不到保证。去互联网上搜索一下，就会看到各种假电池，比如所谓的 18650 电池，其实是小的锂电池装在与 18650 电池相同尺寸的管子里，里面填满了白色粉末，诸如此类，不胜枚举，一定要小心！

至此，有关电池的选用、充电等内容就讲完了，接下来介绍如何使用插座电源和其他主要电源为产品供电。

9.2 插座电源：AC到DC转换

相比于电池，在大多数应用场景中，墙壁插座能够为产品提供稳定、无限的电能，但在实际应用中，又会有一些问题需要解决：

- 插座电源提供的是交流电，而我们的电路需要使用直流电，并且两者的电压也不同；
- 不同国家交流电的电压、频率、墙壁插电口各不相同；

- 插座电源提供的电能充足，正常运行中有可能会发生火灾或其他事故。

在把交流电转换为芯片所需要的直流电时，通常会用到两种主要电路。首先要把交流电转换为单一直流电压。然后把这种直流电压转换为其他各种所需的直流电压。本小节主要讲如何把交流电转换为直流电，之后将讲解如何做直流电与直流电的转换。

设计用来把插座电源转换为直流电的电路和物理硬件并非易事。幸好，现在可以很容易地买到现成的解决方案，并且费用不高。这一部分，我们将走这条路，而不会从零开始设计。除非我们大批量生产产品，或者有不寻常的要求（比如需要使用大电流），否则采用现成的解决方案就足够了。

目前应用最广泛的解决方案是 USB 充电器（又名“适配器”或“电源供应器”），如图 9-10 所示，它是一个小的白色塑料盒，前部是两个金属插头，使用时要把它们插入墙壁插座中。USB 充电器输出的是直流电，提供 USB 微型或迷你 B 型连接器，或者提供 USB A 型插口，这样我们就可以加上一根带有 USB B 型连接器和任意长度的电缆了。

图 9-10：USB 充电器（AC 到 DC 通用转换器）

目前端口和充电器普遍采用 USB 2.0 标准，它能够提供 5V 直流电。对 USB 充电器来说，500 mA 载流量是最常见的，但是有些甚至达到了 2A。USB 3.1 标准提供了更大电流（高达 5A）和电压（20V），达到了 USB 2.0 的 10 倍。

A（安培）是表示电流的基本单位，1A=1C/s，也就是每秒 6.24×10^{18} 个电子通过横截面的电流。1 mA=1/1000 A。

使用 USB 充电器有如下好处。

- 几乎每部手机都通过 USB 充电。大多数人有一个或多个 USB 充电器，用户几乎可以从任何一家科技产品销售店轻松买到新的 USB 充电器，来换掉旧的或者留作备用。
- USB 充电器广泛普及，生产厂家多，竞争压力使得价格较低。
- USB 电源适配器也可以接到标准的车载电源上，这大大拓宽了用户可以使用的电源范围。如果没有 USB 电源适配器，我们将很难使用车载电源。
- 用来连通电源的 USB 端口也可以当作真实的 USB 端口使用。当需要和计算机通信时，只要通过充电的 USB 端口就可以做到，充电和通信共用一个 USB 端口使得我们不必花钱添加新的连接器，大大降低了成本。但是，请注意，这种二合一的 USB 端口也让电路设计变得复杂，相关内容稍后讲解。

使用 USB 电源时有几个问题要注意。首先，设计 USB 充电器并非易事。对于 USB 端口电源，USB 标准定义了不同的使用方式，具体取决于源的类型。总共定义了三种源，它们都使用同样的连接器：

- 标准下行端口（SDP）多见于旧式计算机和集线器；
- 充电下行端口（CDP）多见于新式计算机和集线器，支持大电流设备；
- 专用充电端口（DCP），比如墙上适配器电源。

“USB 电池充电规范”中包含用于判断设备类型的官方规则 。美信（Maxim）官网上有更容易阅读的说明，还有一些好的建议。正如美信白皮书所言，计算机、外围设备、电源的生产商经常违反 USB 标准。因此，开发期间我们要做些“功课”，测试产品是否在墙壁插座和计算机所允许的范围内。

USB 电源的另一个重要限制是 Micro-B 连接器只允许通过 1800 mA 电流（Micro-B 连接器现在很常用，所有智能手机都采用这种 USB 连接器，包括苹果的产品）。你可以通过墙壁插座来获得更大电流，但这并不是个好主意，最好还是遵循产品指定的规格。

除了 USB 电源，还有许多其他外置的“AC 到 DC”的电源适配器可用，仅在 DigiKey 上就有数千个，它们拥有不同的输出电压、电流负荷和插头配置。那些能够提供多种直流电电压的电源适配器就很不错，因为我们经常要用到多种直流电电压。依我的个人经验，这些电源适配器不适合用在大批量生产的产品中，因为它们（包括连接器）的个头往往比较大，笨拙，也很难找到恰好能够提供的所需电流和电压。而对于小批量生产项目，这些产品的外观不需要多么好看，所以这些电源适配器完全够用。

如果我们的产品个头比较大，而且工作时需要使用大量电能，这时可以考虑使用内置式“AC 到 DC”转换器（安装在产品外壳之中），而不使用那些大而笨重的外置式电源适配器。内置转换器分为开放框架的（见图 9-11）和封闭的，有各种各样的输出电源和电流。使用内置转换器的一个缺点是，我们必须在产品中使用具有潜在风险的内部变流器，而不是独立从外部电源适配器继承安全的、隔离的直流电电压。

图 9-11：商业开放框架式 AC 转 DC 电源模块（图片来源：CUI Inc.）

选择外置式（或内置式）电源适配器，重要的是先计划好产品的销售地区。不同地区的供电电压和频率不同，有些电源适配器只适用于某个地区，有些电源适配器提供了切换开关，用户可以根据实际情况进行选择，有些电源适配器可以自动切换。

不同地区采用不同的墙壁插座，有几种方法可以对这些插座进行适配。通常，设备只支持单一类型的插头，有些标准插座支持带有不同插头的电源线。有些墙壁插座设计得很巧妙，支持不同地区的插头，这很有用：我们可以随产品为用户提供几种插头，用户根据自身需要选用即可。尽管这样做会增加电源成本，但是会降低因地区不同而需要不同产品型号（包括不同插头）的成本。

选用现成的 AC 到 DC 转换器还有一个重要好处，那就是它们大都通过了各种认证，有安全保障，符合电磁兼容性规范。图 9-12 展示的是一个典型的笔记本计算机电源适配器（AC 到 DC 转换器），其上标签表明它通过了 10 多项认证。若没有这些认证，我们必须自己努力让它们符合相关标准并取得相关认证。我们还要了解每个目标销售地区对于产品安全性和电磁兼容性的要求，并检查可用的电池解决方案，以确保一切臻于完美。

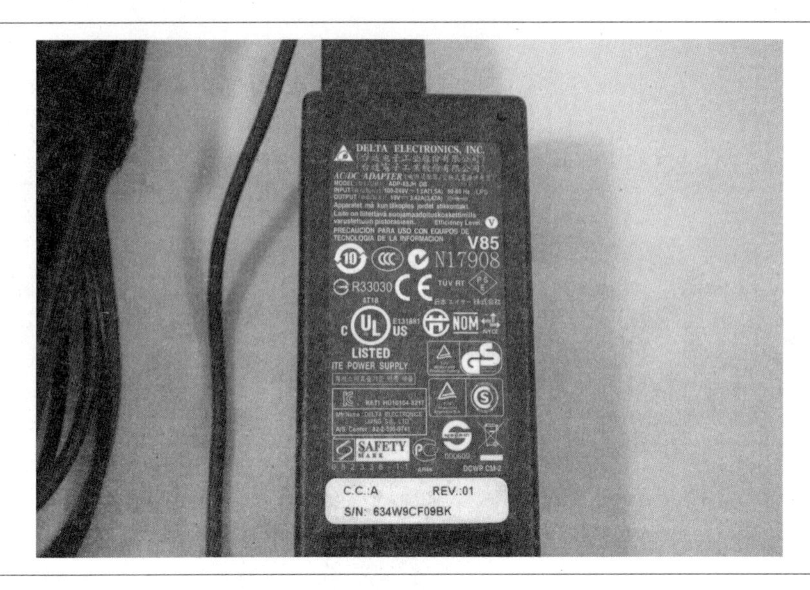

图 9-12：外置式 AC 到 DC 转换器及其通过的各项认证

当我们把交流电转换成了直流电之后，接着就该把得到的直流电转换成不同电压的直流电了。我们一起来看看该怎样做。

9.3 DC到DC转换

无论我们使用的电能来自电池，还是来自插在墙壁插座中的 AC 到 DC 转换器，最终都得把之前转换得到的直流电转换为电路所需的直流电，并且确保电压稳定和电流充足。产品设计中，为了保证正常工作，其组成元件需要四种或四种以上电压的直流电是很常见的。我们可以使用 DC 到 DC 转换器对 AC 到 DC 转换器输出的直流电进行转换，从而得到具有不同电压的直流电。

在 DC 到 DC 的转换中，最大的困难在于选对芯片和电路。一旦我们确定了要使用的转换芯片，设计每个 DC 到 DC 转换器就变得很简单了。通常，每个转换器都需要用一个芯片，为了确保成功，芯片厂商会提供样例原理图、在线元件值计算器以及其他帮助。只要设计工程师认真阅读相关数据手册，并且听从厂家建议，一切都能搞定！

线性转换器和开关转换器

在不同电压之间进行转换并非完全没有损失，总会浪费一些电能（比如转变成热量）。DC 到 DC 转换器（亦称“DC 到 DC 稳压器”）大致分为两种：线性转换器和开关转换器，它们在效率上差别很大。

我们可以把线性转换器看作“智能电阻器”，输入高电压，输出低电压。实际上，它们总能神奇地提供合适的电阻，把输入电压降到我们需要的电压输出。线性转换器的行为类似于智能电阻，它们只能降低电压，而无法提高电压。

TIP 我们经常把转换器的输出称为“电压轨”。

比如，当把 5V 转换为 3V 时，线性稳压器会改变自身电阻，以便把输入电压降低 2V。如果电流为 25 mA，那么稳压器会浪费 50 mW 的电能，并且这部分电能会转化成热能散发。换言之，在把电压 5V 转换成 3V 的过程中，至少有 40% 的电能白白浪费了，转换效率还不到 60%。

但是，如果电压的降低幅度较小，比如从 3.3V 降到 3.0V，情形会好得多。在这个过程中，只会浪费 7.5mW 的电能，转换效率约为 90%。因此，对于小幅降压来说，线性稳压器能够非常出色地工作，但是它并不适合用于大幅降压。

连续的直流电压只能借助这种偶尔低效的线性拓扑方法通过降压直接将其转换为其他直流电压。理论上，使用储能元件（电感器和电容器）能够提高或降低电压（尤其是反复开关的直流电压），并且不会损失任何电能（实际会有极少量的损失）。开关模式的转换器（通常称为“开关转换器”）正好可以做这件事。首先，对直流输入电压做高频开关，被开关电压的振幅会增大或减小，然后使用电感器与电容器转换回稳定的直流电，同时伴有极少的电能损失。在这个过程中，实际转换效率在 90%~95%，并且与电压改变的大小无关。

如上所述，开关转换器的另一个优点是它们能够提高或降低电压，而线性转换器只能降低电压。其中，用来降低电压的开关转换器称为降压转换器，而用来提高电压的开关转换器称为升压转换器。降压转换器和升压转换器的电路不同但类似。

多数情况下，转换器的输入电压是固定的（比如 USB 端口电压为 5V），所以我们知道是使用降压转换器还是升压转换器。但是，有时（尤其当使用电池时）输入电压的变化相当大。我们经常遇到的情况是元件需要使用 3.3V，而用来供电的锂电池在充放电期间所提供的电压在 4.1V 和 3.0V 之间。根据电池电压的不同，有时需要用降压转换器，有时需要用升压转换器。为了解决这个问题，人们设计出了集升压与降压于一身的升降压转换器，这种转换器会根据实际需要在两种模式之间切换，同时保持高效率。

虽然开关转换器有许多优点，但相比于线性转换器，开关转换器更复杂，价格也更高，高频下切换电流有可能会引发各种问题，尤其是会导致在电源和信号中产生高频噪声，噪声还会在空气中辐射（也就是变成了一个微型无线电发射站），这很可能会导致产品无法通过 FCC 认证。认真设计电路和 PCB 会大大减轻这些噪声问题。

表 9-2 比较了线性转换器和开关转换器的各项特征。

表9-2：线性转换器和开关转换器

线性转换器	开关转换器
低效，转换效率与降压幅度有关；有可能需要处理发热问题	更高效
更简单	更复杂
更便宜	更贵
只能降低电压	支持升压和降压
无电气噪声	有电气噪声

一般来说，线性转换器用在那些需要更小供电电流和更小电压降幅的应用场景中，这些应用要么对开关噪声敏感，要么对成本超级敏感。开关转换器适用于那些需要大电流和电压变化大的应用场景，尤其是那些由电池驱动的设备，这是因为开关转换器的转换效率超高，能升压也能降压。

开关电源运行可能很挑剔。开关转换器的数据手册通常会包含一个示例电路及其元件清单（包括元件品牌 / 型号和 PCB 布局）。我们最好严格按照这些建议行事，除非你有充分的理由。

至此，产品的供电部件基本介绍完毕。接下来介绍如何把这些部件集成到一个功能完整、行为良好的系统中。

9.4 系统级别的电源设计

设计单个电源转换电路非常简单，而为了运行功能以及电源转换器与其供给电源的元件之间的优化组合而做出权衡的那种系统，会使事情变得更加复杂。我们需要一丝不苟才能搞定一切，尤其是大型系统、使用电池的系统和包含高速信号的系统。

为产品制订电源方案有三个主要目标：确保足够的电力供应、电力消耗小、成本与复杂度低。下面依次讲解这三部分内容。

9.4.1 提供必需的电能

软件最让我欣赏的特点之一是，它在 99.99% 以上的时间是明确的：1 就是 1，0 就是 0。除非我们的硬件出了问题，或 CPU 被意外篡改（比如放射线或宇宙射线干扰），或被一些异常代码重写。只要不主动做修改，我们就可以认定原先的 1 或 0 会一直保持不变。然而，在电子领域，说 5V 绝不是真的 5V——至少不会总是 5V。无论哪种芯片，其电源引脚电压经常由于某些原因而不断发生跳变。出现 0.01% 的跳变可能不会有什么问题，但如果跳变达到了 50%，则可能引发一些较为严重的问题。

芯片对供电有特定要求，当电源跳变导致满足不了这些要求时，就可能引发各种灾难。电源问题经常会招致一些麻烦，而这些问题有可能在“游戏”快结束甚至为用户寄送产品时才被发现，比如特定条件下耗电增加以及可靠性大幅下降等问题。这些问题通常在测试中就能发现，但是相比之下，在设计中把一切都设计正确更重要。因此，设计中一项重要工作是确保电源轨的跳变始终在被供电器件的容许范围内。接下来看看如何做到这一点。

跳变预防

跳变从何而来？尽管 DC 到 DC 转换器本身并不完美，但已经非常好了。如果根据转换器芯片的数据手册设计电路，转换器输出引脚的电压与目标电压的差异一般不到 1%，这通常可以忽略不计。另外，如果我们引入的电流超出（或小于）电路指定的处理范围，或者错误地使用了转换器（比如未遵守数据手册中的规则），就有可能出现轨电压下降或者其他失常行为。所以，首先要做足功课，明确以下问题：

- 电路需要从电压轨获取多少电流；

- 电压轨能提供多少电流；
- 保证使用的电源能够满足电路所需。

尤其要认真考虑产品在第一次开启或者切换大电流（比如包含引擎 H- 桥控制器和大功率照明的电路）时会发生什么。这些情况下所需要的峰值电流可能是平均所需电流的数倍。

向电路添加大电容是个好办法（也是惯例），切换期间会暂时增大电流。这些电容位于电压轨和地之间，一般在接通电的电源引脚上。当相关元件使用较小电流时，这些电容会储存电量。而开关期间，相关元件需要使用大电流时，这些电容会释放存储在其中的电能，形成补充电流帮助维持电源引脚。大电容的大小一般大于 1 μF。

电路切换时往往会向外辐射能量。这个噪声会引起尖峰，并且产生足够大的振幅，干扰芯片正常工作，或者通过电源引脚进入芯片内部，导致模拟部件（声音、视频、传感器等）出现噪声等问题。在每个芯片的电源引脚和地之间接一个旁路电容可以减轻这种噪声。相比于大电容，有些电容值更小的电容工作时可以把高频峰（即短时间）引至地线。

有关大容量电容和旁路电容，元件数据手册往往能够提供许多有用的建议和参考。如果设计团队没有这方面的专长，那么邀请或雇用专家帮助审查电路图并提供相关建议绝对是有必要的。

供电排序

通常元件的供电顺序相当重要。许多芯片需要多个供电电压，这些电压有时需要按照特定的顺序开启，开启时机和斜升时机都要正确。此外，为不同元件排定开启顺序也很重要。比如，有些芯片只有在电源引脚供电指定的时间后，才允许大量数据输入引脚。设计电路时，要考虑到可能的用例，这一点很重要，这样可以确保在所有情况下都能满足元件需求。

9.4.2 最小化耗电量

要把产品的耗电量降到最低需要付出巨大努力，而且要求电子工程师和软件开发者密切合作。以下基本方法有助于实现这些目标：

1. 选用低功耗元件；
2. 减少数字转换；
3. 降低电压；
4. 关闭当前不使用的电路。

接下来逐条讨论。

选用低功耗元件

通过使用低功耗元件来省电好像无须费脑，但是有些地方的确需要我们注意。现在好多芯片很复杂，有多种运行模式，这些模式消耗的电量也各不相同。在检查元件时，我们应该注意电源在实际应用中的消耗模式，留意如何利用该模式。

像智能手机、平板设备等有着复杂图形用户界面的设备，采用的应用处理器都非常复杂。这些器件提供的选择和支持的模式多到令人咋舌：许多器件提供了几十个“域”，可以通过软件开关它们，每一个都控制着（打开 / 关闭）器件不同的功能组。要优化这些“域”的使用，软件开发者和电子工程师可能需要研究几个月，所以低功耗处理器也许只能存极低的电量，但也能引入大量的电量，除非我们利用它的电量来做文章。

我们还要考虑耗电元件之间的互联关系。比如，I2C 总线上的上拉电阻会消耗几微安电流，如果换用采用 SPI 总线的元件，这几微安电流也省下了。

减少数字转换

实际上，现代数字芯片不工作时并不耗电，比如后台没有时钟运行，也没有输入和输出等。只有当芯片上的晶体管从一种逻辑状态转换为另一种状态时，才消耗一点儿电能。虽然单个晶体管消耗的电能很少，但是一个芯片动辄几百万甚至几十亿个晶体管，把这些晶体管的耗电量全部加起来，也是相当可观的。晶体管状态转换越频繁，就越耗电。

通过调低处理器时钟频率或者在处理器不工作时把它们完全关闭，可以大幅减少处理器消耗的电能。通常，处理器消耗的电能与系统时钟频率成正比，当把系统时钟频率减半之后，处理器耗电也会相应减半。代码的执行速度与时钟频率直接相关，两者成正比，只有降频造成的性能下降可以接受（处理器也支持降频），降频才算得上一种实现节能的好办法。

此外，把系统时钟全部关闭可以把耗电量降至近乎 0。大多数处理器支持节电模式（比如休眠模式），在节电模式下，系统时钟会关闭，只有少数芯片处于工作状态，用来监视“外部世界”，当需要再次启动处理器时，这些芯片还会重启时钟。在这个方案下，一枚纽扣电池可以让智能设备运行几年，但是如果系统时钟一直处于工作状态，即便在最好的情况下，电池也只能维持几周时间。

降低电压

晶体管转换状态时，每次能量波动大小在很大程度上取决于状态转换时的电压：电压越高，波动越大。每次转换期间，电压降一半，消耗的电流也降一半，当电压降一半时，耗电量（瓦数）减少了 3/4 左右，节电效果相当明显。

许多芯片（并非全部）支持多种电压供电。降低工作电压能够产生明显的节电效果。比如，Arduino 单片机搭载的 AVR ATMEGA 328P 芯片可以在 1.8V 到 5.5V 之间的电压下工作。从其数据手册可以知道，在固件里运行闲置循环的一个部件在 1.8V 下工作时的电流量是 5.5V 下电流量的 1/4。通过低压运行，最终节能超过 90%，相当可观！

芯片低压运行的一个缺点是其上晶体管的开关速度会变慢，这通常会降低芯片运行速度的下限。比如，ATMEGA 328P 在 5.5V 下时工作，系统时钟频率为 20 MHz，而在 1.8V 下工作时，系统时钟频率只有 4 MHz。

当然，如果同时降低时钟频率和电压，节电效果会更加明显。比如，相比于 5.5V 和 20 MHz，ATMEGA 328P 在 1.8V 和 4 MHz 之下工作时，省电高达 98%。

综合考虑：在低电压、低时钟频率和接近零耗电的休眠模式下，处理器和其他数字电路的电量消耗可以降低几个数量级。正因如此，我们在使用大部分智能设备的过程中，点击“关闭”按钮关机，其实很少会真正关闭电源，而会进入极低耗电的休眠模式；当我们点击“电源”按钮时，它们就会瞬间“苏醒”过来。这样就可以省去开机时间，方便我们在手机上快速运行某个任务。

关闭当前不使用的电路

如同关闭无人房间中的照明设备一样，如果某个电路当前未被使用，将其关闭会有不错的节电效果。电路开关功能通常由硬件提供支持，并通过软件实施。比如，在软件中，我们可以把某个输出引脚设置为低电平以关闭电源，或者通过 I2C 总线向 GPS 芯片发送命令使其进入休眠模式。

这种减少电量消耗的方式很有效。但是实际上，相比于按照明开关，这种方式操作起来要复杂得多。原因在于软件和硬件之间以及硬件的各个部分之间存在大量依赖关系。

软件和硬件的交互过程中会有一些问题，其中两个问题尤为突出。

- 软件要实现对指定电路的准确开关，这增加了软件的复杂度。
- 需要记录依赖关系。比如，在某些情况下，软件可能需要知道，打开芯片 A 要求我们先打开芯片 B，而其他芯片不需要打开。

此外，还有一个不太明显的问题，它与软件（特别是操作系统）有关，软件不希望硬件随着电源开关而“出现”或“消失”。比如，为了省电，我们指定某个 USB 端口芯片只有使用时才为它供电开启。尽管软件操作系统允许 USB 设备从运行的本地端口进行拔插，但是它们不允许本地 USB 端口本身时有时无。如果开机时某个 USB 端口芯片断电，那么操作系统就有可能不加载其驱动程序，这样即便后来这个 USB 端口又通电了，应用程序也无法使用它。你可能会说，可以先在开机时打开这个端口，当其驱动程序加载之后再关掉它。但是请不要忘了，操作系统会不定时地查看那个 USB 端口，即便我们的应用程序不使用它时，操作系统也会进行检查，如果操作系统发现那个端口不见了，就会产生很多问题。这些问题可能在意料之外，操作系统的设计未必考虑到了这些问题。

这个问题的最佳解决之道是选用带有低功耗模式的芯片，它们是为实现特定目的而设计的，其低功耗模式为软件交互提供了支持。比如，为了使操作系统正常工作，芯片会让面向操作系统的接口始终处于工作状态，同时让其他部分休眠，需要时再把它们全部唤醒。通常这样的芯片并不易用，硬件开发者和软件开发者要花一些时间进行沟通、计划，也许还需要请芯片厂商的技术人员提供帮助。在我们的操作系统中使用某个芯片时，如果没有现成的设备驱动程序可用，那就更费劲了。若想避免出现这样的麻烦，在挑选芯片时就要选那些有现成驱动程序可用的芯片。

此外，这样的芯片也不容易找：有时尽管在芯片的宣传资料中提到了“低功耗”，但这并不意味着这个芯片用在我们的应用场景中就能实现低功耗。我们需要知道如何使用这个芯片，需要翻看其数据手册，确保低功耗特征适用于我们的应用场景。

硬件与硬件的交互也可能出现。根据惯常设计，当系统打开时，芯片会通电，并保持通电状态：如果周围电路的运行不在芯片厂商的考虑之列，芯片才会断电。对芯片电路来说，断电并不意味着它在系统中消失不见，而只表示不再有电流流到芯片的供电引脚上，这两者有相当大的区别。当芯片断电时，它与其他芯片还经常有各种路径相连，而这些路径可能仍然会有电流通过，这可能造成大麻烦，为此，必须认真阅读相关芯片的数据手册。

比如，假设芯片 A 的输出接到芯片 B 上，而芯片 B 的数据手册指出，在向其数据输入端施加电压之前，必须先为其电源引脚通电。这样一来，在把芯片 B 关闭进行节电之前，需要先对来自芯片 A 的输入做一些处理。或许，我们还可以关闭芯片 A，或者把它的输出线设置为高阻抗状态（这可能需要有其他硬件支持，除非我们事先考虑过这种情况），又或者将其输出强制接地。这些解决方案都需要付出额外的精力和成本。

再次重申，这个问题的理想解决方案是选择那些明确支持低功耗模式的芯片，请不要选那些不需要时只简单断电的芯片。

总之，请尽量按照元件原本的用途来使用它们，在复杂系统中更是如此。否则，日后的麻烦将接连不断。

9.4.3 尽量降低成本和复杂度

有几个基本方法，比如可以通过减少元件数目降低供电电路成本和复杂度。其中一个简单方法是选用那些使用相同电压的电路元件，这样可以大大减少 DC 到 DC 转换器的数目。

另一个简单方法是，在做小幅降压时，使用线性稳压器，而不使用更复杂的开关转换器。比如，如果我们需要从同一个电池得到 3.3 V 和 3.0 V 两个电压，相比于使用两个开关转换器，更好的做法是使用一个开关转换器从电池得到 3.3 V，再使用一个线性稳压器把电压从 3.3 V 降到 3.0 V。

使用不同电源（比如电池或 USB 充电器）以及通过开关电路元件进行节电时都会导致复杂度增加，这会带来巨大挑战。这个问题通常使用电源管理集成电路（power management IC，PMIC）和电源路径管理器（power path manager）等特制芯片来解决。接下来，我们来了解它们是如何工作的。

电源路径管理

对于采用锂电池供电的产品来说，常见的电源使用范式是使用 USB 端口，这个端口兼用作数据通信口。乍听起来很简单，但是这要求大量不同的用例能够正常工作，还要能在它们之间实现平滑切换。比如，我们的产品无论启动还是关闭，都必须支持非智能充电（电池供电）和 USB 充电，当电缆被切断或接上时（或者其他许多使用场景中），USB 和电池之间都能切换。

也有一些容易被忽视的极端案例，处理起来颇费周章。比如，深度放电的电池必须经短时涓流充电之后才有能力支撑系统启动所需的电量。如果我们处理不当，系统开始启动时，会出现电池电压下降，系统关闭，充电几分钟后重启，再次关闭等问题。在某些情况下，USB 端口无法为设备提供充足的电流，必要时需要添加电池电源，以保证系统正常工作，同时尽量延长电池寿命。当温度超出规定范围时，要停止对电池充电或放电。

此外，还有很多问题需要注意！如前所述，当我们按下电源键时，大部分智能设备会进入休眠状态（并非真正关闭电源）。但是，如果设备遭遇低温会发生什么呢？需要重启吗？用户必须等到电池电量耗尽才重启吗？是否有一个特殊的电源开关，短按一下，系统会进入休眠，而长按（比如 3 秒）会真正关闭电源？

意外情况随时可能发生。比如当我们做复杂任务时，芯片制造商会帮我们。在这种情况下，拥有神奇的“功率路径管理”功能的芯片就能轻松满足目标用例。花上一两美元，就能解决充电问题，还能得到多电源输入、两用电源按钮、温度感应断电等功能，通常还会附带稳压供电系统和其他好处。强烈建议你采用这样的芯片，说实话，我还从没见过有人使用简单的元件把这样的功能正确地设计出来。

电源管理集成电路

电源管理集成电路（PMIC）芯片在单个芯片上集成了各种电源功能，比如多个 DC 到 DC 转换器、充电、电源路径等。PMIC 中还经常包括其他许多与电源无关的功能，这些功能大大减少了芯片对其他芯片的依赖，如 USB 端口、音频编解码器、放大器、实时时钟以及其他任何你可以想到的周边部件。简言之，PMIC 芯片几乎无所不包。

尽管有些 PMIC 芯片是通用的，但是大部分时候，PMIC 芯片是定制的。这样一来，它就能与特定的处理器芯片（通常是复杂的应用程序处理器）协同工作。在某些情况下，处理器和 PMIC 彼此联系十分紧密，选用特定的处理器芯片就必须选用与之对应的 PMIC 芯片。

在处理器节能方面，PMIC 通常扮演着重要的角色。当 PMIC 检测到（或被告知）处理器工作量不大且可以降速节能时，PMIC 就会降低处理器电压和时钟频率，很多 PMIC 和处理器对此提供支持。这就是人们常说的“动态电压频率调节”技术。

在为特定处理器选择相应的 PMIC 芯片时，我们往往会想当然地认为，PMIC 的电路和周边部件适用于我们的应用场景。虽然它们可能非常适合于处理器，但是那些涉及处理器之外电路的功能可能并不是我们需要的。比如，如果 PMIC 的电池充电电路提供的是 700 mA 电流，那么它可能无法在一个合理的时间段内为一个大号锂电池充电。因此，即便要用 PMIC，还是需要买专用的充电器芯片来增强 PMIC 功能。相比于所提供的功能，PMIC 芯片的价格相当低，即使有些功能我们用不到，把整个芯片买下来也是非常划算的。

TIP PMIC 和电源路径管理芯片无法解决所有问题。我们必须确保它们配置正确，并能够与其他电子部件和软件协同工作。开发一款产品，如果在开发后期或者当产品推向市场之后出现严重的硬件问题，我们很有可能必须重新设计，而采用这些芯片能够大大降低这种风险。还是那句话，重要的是要勤奋，要认真阅读每个芯片的数据手册和其他相关文档，在开发过程中要善于从高层系统视角进行观察和思考。

9.5 总结与反思

至此，希望你能明白：添加电源并非易事，即便对那些经验丰富的产品开发老手也是如此。总之，为产品供电充满了挑战（尤其是那些采用电池供电的产品），需要我们按部就班地去做。其中有一些要点如下。

- 最重要的是阅读相关资料。在选择元件和实现电路之前，先要认真研究相关数据手册和白皮书。即便是经验丰富的设计工程师，每次做新设计时，都要花大量时间阅读相关资料。事实上，设计经验越丰富的设计师，会花更多时间阅读相关文档，因为他们知道，设计过程中的每个错误假设都可能会为日后带来很大的麻烦。花几天阅读数据手册可能不是什么愉快的经历，但是从长远来看，这么做可能会省下几周甚至几个月的时间。

- 电子工程师和软件工程师应该密切合作，认真计划所有电源模式和状态以及它们之间的转换方式。确保所选的芯片能够与实现这些电源模式、状态、转换的软件协同工作。
- 对不懂的事情，要怀有敬畏之心。尽量不要自己从零开始设计，购买现有的实现方案是最佳选择，因为自己的设计可能会不可避免地漏掉一些使用场景。
- 当设计好电路原理图之后，最好再仔细检查一下电路，确保每个芯片在通电、运行、断电时的电源规格都正确。
- 使用面包板和原型大有帮助。它们和最终设计(包括 PCB 布局,尤其是开关电源)越接近,就能得到越多有用的信息。

在产品开发过程中，适当的创造力、合乎准则的行为、反复迭代相结合会产生最好的结果。

9.6 资源

本章简单介绍了描述电池性能的基本参数。除此之外，还存在其他一些常用的电池性能参数，有些会让人困惑。可以访问麻省理工学院电动汽车小组的网站获得相关资料。

德州仪器公司提供了大量有关供电电路的资料，虽然都是围绕德州仪器公司的产品，但是里面大量有用信息是通用的。YouTube 有许多讲解电源管理、便携式电源、线性电源的视频，德州仪器公司网站上也有一些相关内容。此外，德州仪器公司还制作了有关大电流、低占空比功耗（CR2032 电池）的白皮书，我觉得很有帮助。

处理开关噪声和其他开关电源问题时，很关键的一点是认真考虑 PCB 布局。最重要的一条是严格按照器件的数据手册操作。相关内容，可以从德州仪器和美信公司获得更多参考资料。本章讲到，USB 供电无处不在，但又充满挑战，因为许多 USB 充电器没有采用 USB 电源标准。美信公司制作了一份相当不错的白皮书，深入分析了 USB 充电的现状。

第10章

安全

我们都希望自己的产品安全，这是毋庸置疑的。我们不愿看到有人因为我们的产品而受到伤害，也不想吃官司，更不想遭遇更坏的情况。

然而，不论我们多么努力，多么用心，造出的产品也不可能是绝对安全的。任何产品都有可能出意外。比如，像汽车、手枪这些产品能够造成巨大的伤害。而电子产品，如果设计上存在问题，不论这款产品是什么，当把它插入插座后，在特定条件下，都有可能引起触电事故，有时甚至导致用户死亡。一个瓶盖也有可能导致孩子窒息。

那么，如何在安全与合理之间找到平衡呢？一方面，我们总是可以通过投入更多精力让自己的产品变得更安全。但另一方面，这样做什么时候才是结束，什么时候我们才可以说“够了”呢？毫不夸张地说，这的确是个生死攸关的问题，政府机构和各种组织花费了大量时间来考虑这个问题。最终形成了一系列法规、标准和其他行业规则，本章将讲解这方面的内容。通过从政府层面定义“安全”，创建一个公平竞争的环境，在这个环境中，所有厂商都遵守相同的规则。

法规能让产品更安全，汽车法规就是一个好例子。20 多年前，在美国，每百万里程的死亡人数接近 3.3。而今天，这个数字已经降至 1.1，减少了 2/3。相比以前，更多安全措施应用于新生产的汽车上，比如安全带、安全气囊、安全玻璃等。刹车指示灯和碰撞标准也得益于现有的汽车法规。

大部分产品法规关注的重点是产品的安全性，还有一些法规影响产品的销售和性能。比如，美国政府规定，所有汽车必须采用同一个标准方法测量燃油效率，这样消费者就可以通过比较做出更好的购买选择，同时刺激汽车厂商相互竞争，不断提高燃油效率。此外，政府还规定，每家汽车厂商生产的汽车在总量上必须实现燃油效率最小化。

法规也可能导致成本增加，有时会拖慢创新的速度，且通常无法让我们的产品更酷炫，同时无助于增加销量。但我们必须遵守法规，这样我们才被允许在某个地区销售产品而获得收益。

就像产品开发的大多数事情一样，遵守法规通常并没有多少难度。难点在于了解产品开发期间都要遵守哪些法规，以免以后遇到意外，这也是本章的主要内容。不同国家的法规是不同的，但是基础几乎都相同。首先列出一些共同的基本法规。然后讨论具体细节，看看要在欧美销售智能产品需要符合什么法规。这两个市场总共占去了全球市场份额的一半多，在产品开发中，欧美往往是最重要的两个市场，需要认真对待。最后，我们还要考虑电池的问题，国际运输法规对电池的运输有详细的规定。

10.1 监管基本法规

根据我的个人经验，法规引起的最大问题在于我们对一些基础问题缺乏了解，比如，我们要遵守哪些法规？这些也是标准吗，也需要遵守吗？认证是怎么回事？需要做认证吗？

有些产品法规尽管很复杂，但是我们必须遵守，尤其是当产品面向的主要是儿童时，或者产品一旦出问题就可能造成巨大伤害时。针对这类产品的法规和规定往往很多，我们最好聘请顾问或律师来帮忙处理相关问题。

TIP 当然，本章内容不是罗列实际产品法规，也不适合用作法学学习资料，而旨在简单介绍与产品法规相关的程序，这样你就会知道要做什么。即便你最终还是聘请了顾问或律师帮忙，如果你理解了整个程序，就能有效地利用专家的时间了。

对于那些主要面向非儿童和不易造成重大伤害的大部分产品来说，法规还是相当宽松的。如果你有耐心，愿意阅读大量法律术语，完全可以不用他人帮助，自己就可以厘清产品有关的法规。接下来介绍有关法规和监管程序的基础知识，先概述，然后具体讲解细节。

10.1.1 程序概述

不论在哪里（比如哪个国家），也不管我们遵守的法规是什么，产品开发和法规之间有以下关系：

1. 找出我们的产品要遵守的所有法规；
2. 把找到的法规添加到产品需求中，确保开发的产品满足相关法规；
3. 测试成品，确保满足需求；
4. 指明产品符合法规要求；
5. 为产品打上正确的标签；
6. 销售产品；
7. 产品销售时，如果安全不达标，通知有关部门并改正问题。

在详细讲解每个步骤之前，我们先回答一个问题，我想这个时候大家都会问这个问题。

“像我这种小厂商也要遵守这些法规吗？”

“小厂商没办法严格遵守所有的法规啊！”

其实，小厂商也是有办法的。虽然对小厂商和小批量产品生产偶尔会有豁免，但是产品法规通常适用于所有厂商。不论生产规模大小，产品安全容不得妥协。

对小厂商来说，最好的选择是开发那些法规要求较少的产品。后文会介绍如何判断要开发的产品是不是这种产品。好消息是大部分智能产品的有关法规相当宽松。

10.1.2 法律、法规、标准以及其他监管术语

当谈论对某个东西进行监管时，法律、法规、标准、认证、指导性文件、标签等词汇都经常被提及。每个词汇的含义不同，但是它们都很重要。

法律

法律（亦称“成文法”）由政府立法机关（比如美国国会）通过，它们设立了高层目标，以此确保消费品的安全。通常，产品设计师和开发者不会直接与法律打交道，但他们要遵守相关法规，而法规的最终来源就是法律。

法规

法规是指遵守法律的具体细节，还包括那些用来确保法律得到贯彻执行的检测程序。下面这个例子取自美国法规，为防止儿童窒息，法规指出儿童用品应该满足的要求。

1501.4 尺寸要求和检测程序如下所示。

- （a）在按本法规（b）段落所示测试流程测试时，受 1500.18（a）（9）及本法规管制的玩具或其他儿童物品尺寸都不应小至可整体置入如图 10-1 所示的圆筒内。在针对本法规进行测试时，调查者所使用的圆筒不得大于图 10-1 所示尺寸。（此外，为了遵循法规要求，尺寸测量应使用英制计量法。图中所示的公制近似值仅为方便。）
- （b）（1）将受测物品置入圆筒，不做任何挤压。若物品在任一方向或角度能完全置入圆筒，即为测试失败。（本测试流程适用于受测物品的任何可分离元件。）
- （b）（2）若受测物品无法完全置入圆筒，则据 16 CFR 1500.51 和 1500.52 法规（其中“咬力测试”除外），为其进行“使用和滥用测试”。在使用和滥用测试中，受测物品上任何可分离的元件或配件（纸质物、纤维织物、纱线、绒毛、橡皮圈和细绳除外）若脱离物品，应逐一置入圆筒做测试。若任何此类元件或配件能在任一方向或角度完全置入圆筒，且未经挤压，则受测物品应视为测试失败。

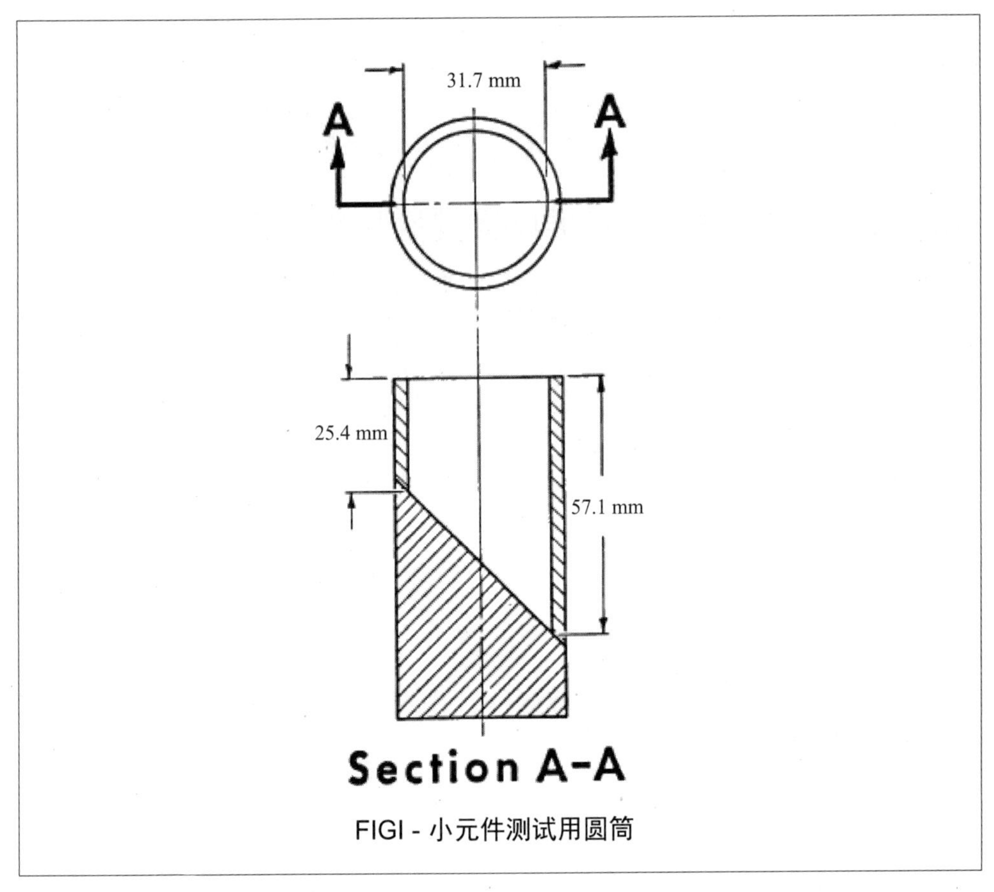

图 10-1：测试用圆筒

严格来说，法规不是法律，但它们同样具有法律效力：违反了法规就等于违反了其所依据的法律。

美国法规由美国消费品安全委员会（CPSC）、美国食品药品监督管理局（FDA）等政府机构制定和强制执行。在美国，所有法规都可以很方便地在《美国联邦法规》（CFR）中找到。该法规分为很多篇，每篇代表法规的不同领域，其中第 16 篇（商事行为）与产品开发者密切相关，包含了 CPSC 强制产品开发者遵守的法规。通常，一款产品要遵守多个法规。例如，如果消费品中含有电子电路，那么这款产品不仅要遵守第 16 篇“商事行为”，还要遵守 FCC 法规，即第 47 篇中有关电信的法规，也许还有其他法规，具体要看产品的功能。

每篇可进一步划分为大章、小章、部分和节。比如，上述提到的有关防止儿童窒息的法规就来自于法规中的第 16 篇、第 2 章、C 小章、1501 部分，标题为“供 3 岁以下儿童使用的玩具和其他物品（这类物品的小零件有造成儿童窒息、吸入或摄入的危险）的识别方法”，通常缩写为 16 CFR 1501，根据 CFR 的组织方式，一旦知道了哪一篇和哪一部分，就能找出与之一一对应的法规了。

标准

标准是由各种标准化组织（非政府机构）主导制定的一系列规则，常见的标准化组织有国际电工委员会（IEC）、美国国家标准学会（ANSI）、国际标准化组织（ISO）、美国保险商实验室（UL）、美国材料与试验协会（ASTM）等。有时，多个标准化组织会共用一个标准，比如外壳防护等级标准 ANSI/IEC 60529。

标准本身不具法律约束力，除非有法律或法规与这些标准相互对应，而这种情形十分常见。

比如，IEC 60601-1 标准定义了一大批用以确保电子医疗设备安全的设计规则，还包含了用来验证电子设备是否遵循这些规则的测试方法。该标准的 8.4.3 节“使用外接电源的电子医疗设备”中一开始便提出了以下规则：

> 医用电子设备或其通过插头与电源连接的元件应如此设计：断电 1 秒后，插头引脚之间的电压，或电源引脚及外壳之间的电压都不应超过 60V。若该电压值超出 60V，则存储电荷量不应超过 45μC。

接下来介绍如何检测设备，确保设备真正符合这个规则。

你可能已经注意到了，“标准”这个词与前述“法规”有点类似。事实上，法规和标准非常类似，法规和标准相互对应的情况很常见。换言之，要求产品必须合乎某些标准是为了让其遵守法规。比如，CPSC 法规规定在美国销售的所有婴儿床必须符合 ASTM F406 和 F1169 标准。美国和欧盟并不严格要求电子医疗设备遵循上述 IEC 60601-1 标准，但是所有电子医疗设备的确需要以某种方式证明自身是安全的，而证明其符合 IEC 60601-1 标准是法规规定的一种方式。（从实际情况来看，我所了解的所有电子医疗设备都符合 60601-1 标准。设计备选方案去证明产品的安全性是一项艰巨的任务，并且充满风险，因为相关机构可能不会接受。）

大多数标准允许制造商忽略那些对指定产品无意义的部分。然而，如果我们忽略了某一部分，应当给出原因，这样人们才知道我们这样做是明智的，而不是因为懒惰。

产品制造商让自己的产品遵循相关标准除了可以让产品合乎法规（有时即使不这样做也不会违法），还有如下好处。

1. 遵循标准有助于销售产品。假如我们销售一种昂贵的水下使用的工业摄像机。精明的消费者可能对我们只是简单地告诉他们产品可以在水下使用感到不满，他们也许想知道产品的防护等级，ANSI/IEC 60529 标准中对此做了定义。
2. 遵循标准有助于保护自己，避免官司缠身。假设有心怀不满的用户起诉我们，声称我们销售的水下摄像机未经过有效的测试，防水效果不理想。在这种情形之下，法官更倾向于以下哪种辩护呢：“我们的确测试过了，产品可以在水下正常工作！”“经过测试，我们的摄像机达到了 ANSI/IEC 6059 的 IP7 级别，这是国际认可的防水标准，专门用以进行防水保护测试。”
3. 用户可能要求我们的产品符合特定标准。比如，如果我们的产品要在有爆炸风险的环境（如用来检查航空器或其他存在燃油蒸汽的设备）中使用，用户可能会坚持要求我们的产品符合相关标准，如 IEC 60079，这个标准对在存在爆炸风险的环境中使用电子设备的安全性做了规定。

4. 保险公司可能会要求我们的产品符合特定标准，才同意为产品承保。在这种情况下，用户可能不得不购买符合特定标准的产品。我们可能需要符合特定标准，才能获得责任险

认证

我们自己担保说产品符合某个或某些法规或标准，往往是不够的。有时，产品厂商被要求聘请独立第三方机构来为产品做测试和认证，这样可以大大增加厂商欺骗消费者的难度。对安全性极其重要的产品来说，这样做无疑是正确的。做产品认证要花钱，还有些小诀窍。相关的详细内容，稍后会讲解。

指导性文件

指导性文件是政府机构编制的文档，文档中描述了在其管辖范围内对各种法规的理解和认识。比如，针对某种产品，指导性文件可能会提出（并非强制）各种遵守法规的途径。从理论上说，政府不会强制你遵照指导性文件行事。更有趣的是，在法规的执行过程中，政府机构甚至也会不遵照自己出台的指导性文件行事。然而，在实际中，对于那些与必须遵守的法规相关的指导性文件，我们最好还是留心关注。政府机构对于自己出台的指导性文件也不太可能做一些明显违背它们的事情，虽然理论上他们可以这样做，但也只是停留在理论层面上。

标签

本质上，标签只是贴在产品上带有特定含义的标记而已，其中较为著名的标签有如下几种（见图 1-4）。

- UL 标签：它表示产品经过测试达到了 UL 认为这类产品应该达到的标准，经过 UL 定期检查，确保产品生产正确。UL 认证并非强制的，但它可以向用户表明产品不仅合乎相关法规，而且安全性达到了某一级别。
- CE 标签：它表示产品符合在欧盟上市销售的必要法规。虽然产品厂商可以自己把 CE 标签贴到产品上，但是大多数情况下，他们需要第三方机构认证，以证明产品达到了其中某些具体要求。
- FCC 标签：它表示产品经过认证，符合 US FCC 法规。

稍后会详细讲解有关 CE 和 FCC 认证的内容，而有关 UL 认证的内容，见本章的“资源”版块。

10.1.3 地理位置

不同政府制定的法规不同，这是显而易见的。不论产品的销售地和使用地是哪里，理论上都会涉及几个不同级别的政府机构（比如美国联邦、州、市），从而会受不同法规的影响。在不同国家，相关法规的差别更大，这通常也是最令人头疼的地方。

好消息是：为在不同国家销售产品，厂商要遵守不同国家的法规，这种不便促使各个国家积极进行协调。协调时，各国一起努力让彼此的法规更趋一致，从而推动相互贸易。这种“协调”的一个典型例子就是欧盟，欧盟的成员国一致同意采用相同的产品法规。这样，一旦我们的产品符合一个欧盟成员国的法规，无须花太多精力就可以在其他欧盟成员国进行销售了。

这种“统一”正是法规有时与标准形成相互对应关系的原因之一。比如，IEC 60601-1 标准用来评估电子医疗设备的安全性，它几乎适用于每个国家。一个独立组织制定了一个标准，然后许多国家宣布采用它，所有人都会从中受益：国家不必花费大量人力、物力、财力去制定详细法规，厂商也只需遵守一套规则，就能在多个国家销售产品。

虽然这种“统一”大大消弭了不同国家法规之间的差异，但是它们之间仍然存在一些区别。比如欧盟内部不同国家之间的法规有时是不同的。因此，遵守法规的第一步是确定产品的销售地，只有确定了产品销售地，才能确定具体要遵守哪些法规，而后再让开发的产品合乎那些法规。

不只国家会推出产品相关法规，有时美国州政府也会推出一些，但这些州政府出台的法规一般不适用于本书所讨论的产品。据我所知，对智能产品开发有影响并且由州政府推出的法规只有一个，那就是“加州 65 号提案”。如果我们的产品包含该提案中列出的任何化学物质，那么要在产品标签上加上如下声明：“警告：本产品中含有加州已知的可能引发癌症、先天性缺陷或其他生殖伤害的化学物质。”

若不想添加上述声明，最好的办法是在为产品选择原材料时，不选用上述提案中列出的任何物质。

尤其需要注意的是，如果我们的产品面向的是儿童或者属于易爆品，或者使用了不寻常的化学物质，又或者很可能会造成人身伤害或扰民，那么最好还是了解加州和其他州的相关法规。

10.1.4　法规种类

本书主要讲产品开发，介绍的是与产品本身相关的法规。但是，请注意，除了这些法规，还有一些法规与产品的生产过程有关，涉及厂房安全和生产产生的废弃物的处理问题。在美国，从联邦政府层面看，这两个方面分别由美国职业安全与健康管理局（OSHA）和美国环境保护署（EPA）进行监管。想了解更多详细信息，你可以访问这两个机构的官方网站。在美国，不论在哪里生产产品，了解州政府的相关法规是十分重要的，和产品本身相关的法规大部分是联邦法规，而厂房安全和环境保护法规更多的是州政府法规，并且在这两个方面州政府的监管力度要比联邦政府更强。

相比于美国联邦政府，州政府出台的法规更严格。

本书不会细讲与生产相关的法规，因为大部分生产是外包的，但是如果你是自己生产，那就要了解相关法规，并且一定要遵守它们。

10.1.5　法规中的模糊性

法规最让人沮丧的一点是它们的模糊性：多数情况下，我们必须在信息不准确的情形下做出决策。比如，我们必须根据 CPSC 的指导文件确定自己的产品是否要面向儿童。这个决定对于整个项目有重大影响，并且可能会为设计带来明显的限制。假设我们决定自己的产品不面向儿童（因此规避了许多法规的约束），但是后来我们的产品伤害到了一个孩子，并且家属向 CPSC 投诉。如果 CPSC 认定我们的决策是错误的，判定我们的产品其实是面向儿童的，那么我们将面对如下一种或两种情况：

- 如果我们的产品不符合 CPSC 认为应该遵守的法规，CPSC 将责令召回产品；
- 如果 CPSC 认定我们故意错分产品类别，以逃避相关法规的约束，那么我们将面临刑事指控。

不必为以上两点猜测而感到惊慌，这其实很少发生，但还是要给予足够的重视。

对于法规的“模糊性”，最好的解决之道是不动歪心思，真心实意地去做正确的事情，并且编制一系列文档将决策过程记下来。倘若未来有人硬要主张我们做出了错误的决策时，我们可以呈现相关文档，证明我们的付出极有诚意，以减少面临的监管负担。

最好采用书面形式把那些不易察觉的监管决策记下，包括引用的法规、指导性文件以及其他相关资料。如果某个决策处于灰色地带，那么请第三方帮忙，听取他们的意见是很有用的。第三方的意见往往会比较公允，如果他们在这个领域有经验，那么提供的参考意见将对我们更有意义。例如，如果我们让监管律师写一封短函，表明他认为我们的某个决策是正确的，那么当我们面临指控时，这封函将相当有分量。

10.1.6 一致性测试和认证

如前所述，许多产品要通过第三方测试来证明自身符合相关法规。

目前有许多公司提供这种认证服务，其中较为著名的几个是美国保险商实验室（UL）、法国必维国际检验集团（Bureau Veritas）、天祥集团（Intertek）、德国莱茵集团（TÜV）、和加拿大标准协会（CSA）等。所有主要的认证服务提供商都是国际性的，如果我们想通过多个国家法规的认可，这一点非常重要。有些认证服务提供商是非营利性的，比如 UL 和 CSA，有些则是营利性的，比如天祥集团和法国必维国际检验集团。

然而认证并不便宜。做一次认证至少要 1000 美元，而为特殊产品（比如医疗设备）做多国认证费用往往高达数万美元。

选择和使用第三方认证服务时，要注意以下几点。

1. 通常，认证服务并不决定我们的产品要遵守哪些法规。我们需要告诉认证公司自己要遵守哪些法规，然后他们对产品进行测试，检测产品是否合乎相关法规。
2. 认证机构本身必须被授权可以对待认证的产品进行认证。也就是说，测试实验室必须有资格验证我们的产品是否符合指定法规，这种资格通常由法规的制定者授予。你可以在各大认证机构的官方网站上查看它们分别提供哪些认证服务。
3. 一般情况下，认证服务是按小时收费的，与认证是否成功无关。如果认证失败，需要重新认证，那我们还需要再花一笔钱。为了提高认证成功率，如果条件允许，可以自己做模拟认证测试，这样在正式委托第三方机构做认证之前，可以找出那些可能导致认证失败的问题并有针对性地予以解决。
4. 如果认证失败，认证机构很乐意告诉我们原因是什么，却不太愿意告诉我们如何去改正。有时，他们觉得告诉我们解决方案可能会影响他们自身的利益，因为如果我们按照他们的建议去做，那么（在某种意义上）最终他们测试的其实是他们自己的“作品”，这是不可接受的。对于这点，不同认证机构、不同测试和不同测试人员之间有着不同看法。

5. 如果一款产品在认证时需要进行复杂测试，那在产品设计期间最好还是定期请认证机构工作人员来提供协助，同他们一起讨论产品潜在的缺陷、设计等。他们能够指出那些可能导致认证失败的设计问题，还会提供一些有用的建议。这样做虽然要花些钱，但比起产品认证失败，然后重新开发来说，要划算得多。

与法规有关的内容还有很多，难以尽述，尤其是那些涉及医疗设备等受高度监管产品，这里介绍的只是那些适用于大部分智能产品的通用法规。接下来深入介绍美国和欧盟两个真实市场的法规框架。再次重申，我们只讲与智能消费品有关的，并不包括工业、医疗、航空航天、军事以及其他专业领域的产品，当然这基于这样一个假设，即大部分读者开发的是消费产品。对于其他专业领域的产品，有不同的法规进行约束，这些法规相似，但更详细，还非常专业。

如果你的产品用来诊断病症或治疗疾病，那么 FDA 就会认为它是一种医疗设备。比如，若 MicroPed 宣称是一款用来计步或者监控运动量的产品，那么它就不会被认作医疗设备。但是，如果它声称通过鼓励用户多运动来治疗口臭（口腔异味），那么它就有可能会被看作医疗设备，这时它就要遵守与医疗设备相关的法规了。开发与健康相关的产品时，最好听取专家意见，确保不越雷池一步。此外，还请注意，这个领域中的法规变化很快，因为 FDA 要尽量在新技术的运用和用户安全之间取得平衡，防止新技术对用户造成伤害。

10.2 美国法规

美国是世界上最大的单身消费者市场，我们从美国法规讲起。

当确定了产品销售区域之后，我们就需要找出产品要遵守哪些法规以及如何遵守。政府由各种机构、部门、委员会和其他立法机构组成。我们必须找出哪些机构负责监管我们的产品，并且认真研读这些机构出台的相关法规。

相比于其他国家，美国法规往往更难懂。如果可能，最好是去政府相关部门，向他们介绍我们的产品，然后请他们提供一份完整的法规列表，里面列出产品要遵守的所有法规，但这几乎是不可能的。我们需要自己下点功夫，找出那些负责监管我们产品的机构，然后做些调查，（如果有的话）找出他们有哪些法规是专门针对我们这类产品的。

在美国，大部分电子产品由 CPSC 与 FCC 两个机构进行监管。任何包含电子元件的产品都受 FCC 监管。像汽车、医疗产品、化妆品、烟草、手枪等这类产品受到 CPSC 之外的其他机构监管，但是除非我们的产品针对的用户的确不是普通消费者（比如我们研发的是医疗设备或者喷气背包），否则，开始时最好还是假设我们的产品处在 CPSC 监管之下。

10.2.1 CPSC

查找产品适用法时，先从 CPSC 查起。这样做有个好处，因为它的官网上列出了哪些产品不在其监管之列，非常有用。其中列出了几十种不在其监管范围的产品，并且明确给出了每种产品的监管机构。在很多情况下，同一个产品会同时受到多个机构的监管，比如药品，首先药品受 FDA 监管，其次药品包装在 CPSC 监管之下。

假设我们的产品受 CPSC 监管，那么在它的官网上，你可以找到许多有用的信息。只要按照页面提示的步骤，就可以搞清自己的产品要遵守哪些法规以及如何进行测试和认证等。

判断一款消费品受监管的轻重程度时，最重要的标准是看它是否属于儿童产品。所有儿童产品必须做到几件事。

- 符合许多一般性法规，确保产品本身是安全的。这些一般性法规在这个页面中都有列出，并且能直接跳转到相关页面。
- 在销售之前，付费请独立第三方做认证测试，证明我们的产品合乎相关法规。
- 定期请独立第三方做测试，证明我们的产品一直是合法的。

所谓“儿童产品”是指那些专为 12 岁及以下儿童设计或者以他们为主要使用者的消费品。有些产品面向的是所有年龄段的消费者，这其中也包括儿童，这样的产品被视作“一般用途产品”，它们不必遵守那些专为儿童产品制定的法规。CPSC 网站上提供了大量信息帮助你做判断。

如果我们生产的是儿童产品，那么确定目标儿童具体的年龄段对于判断产品适用的法规非常重要。至于各类产品如何确定，CPSC 也提供了详细的指导文件（总共 313 页），你可以前往进行下载。

确定好我们的产品是否是儿童产品之后，接下来就要查找有哪些 CPSC 法规是针对这类产品的。为此，CPSC 在其网站上为我们提供了一个表格，其中列出了几百种产品（主要是化学品、材料和儿童产品）及其相关法规的链接。我们最好详细查看整个表格，以免我们对于产品定位的想法跟 CPSC 有所不同，也为确定我们产品的任何元件是否受管制。

相关法规对产品的具体要求非常详细，尤其是那些有伤人“前科”的产品，比如悠悠球、头部带金属的飞镖等。如果你非想制造并销售带有 LED 灯的悠悠球，也没问题，但是你要确保产品遵守与悠悠球有关的法规。

如前所述，有些普通用途的产品需要请第三方做测试。特定产品的要求比较严格，会告知我们是否需要这样做。否则，我们可以假定自己的测试就已足够。

如果我们未发现有专门针对我们产品的法规，那我们交了好运：CPSC 不会要求我们做什么测试和设计考量。然而，如果有些特定产品的法规也适用于我们的产品，那么除了要遵守它们，还要做“一般合格认证书”（GCC），非儿童产品生产厂商必须向零售商、分销商提供这种证书（如果 CPSC 也要求出具这种证书，我们还要向他们提供）。GCC 证书给出了产品遵守的法规、通过的测试以及其他有用的信息，人们可以根据这些信息知道我们的产品确实是经过政府机构认可的。

另外，当产品的确存在安全问题时，消费品（不管这些产品是否受监管）的所有厂商都有义务把相关情况报告给 CPSC：

“无论你是消费品的生产商、进口商、分销商，还是零售商，如果发现产品中存在有可能伤害消费者的缺陷，或者发现产品有可能给消费者带来害处或危险，都应立即把相关情况向 CPSC 报告，这是你应尽的法律义务。”

这样的报告会导致产品被召回，有关细节，请前往 CPSC 网站了解。

至此，有关 CPSC（主要职责是确保产品对消费者是安全的）就介绍完毕了。接下来介绍 FCC，它的主要工作是减少电磁干扰，管理和控制无线电频率范围，保护电信网络，让电器产品正常工作。

10.2.2 FCC

类似于 CPSC，智能产品开发者应该对 FCC 这个机构做一些了解。不管我们的产品是否有意使用射频频谱，所有电子产品都必须遵守 FCC 出台的 47 CFR Part 15 无线电设备法规。

射频通信有点像我们在房间这头冲着房间另一头的朋友喊话，朋友会听到我们的喊话，同房间的其他人也会听到。如果我们的喊声足够大，就会干扰其他人交谈，使得他们听不清自己的谈话。

FCC 的工作之一就是扮演无线电通信的交警，确保没人大喊大嚷，影响他人交谈。有关细节见"Part 15"法规。事实表明，监管射频时要做到兼顾每个人的利益是相当复杂的。不同类型的通信有着不同的需求。例如，调频广播电台需要提高"嗓门"来增加受众面，而 Wi-Fi 需要低声"交谈"，以便沿街的每个无线网络不会彼此影响。这样一来，调频广播和 Wi-Fi 就需要使用不同的射频频谱（不同频段）来防止相互干扰。否则，调频电波就会淹没 Wi-Fi 信号。按规定，Wi-Fi 只能做低功率传输，以防止干扰邻近的其他 Wi-Fi 网络。

如果我们的产品中使用了 Wi-Fi、蓝牙或其他任何射频通信方式，它就必须遵守所用射频频谱的规则，并且需要请第三方机构做测试认证。除非我们能够巧妙地避开这些规则（更多内容稍后讲解），不然我们就得花 10 000 多美元请人做测试和认证。射频本身较为复杂，这使得我们的设计第一次认证时很可能无法通过，可能需要重新修改几次电路设计，多次测试，才能解决所有问题。

好消息是，如果我们选用了那些已经通过了 FCC 认证的无线模块（在技术上称为"模块化认证"），就可以免去测试了。现在有许多厂商生产这样的模块，这些模块一般通过了 FCC 和其他类似的国际认证，并以此为噱头大肆宣传。无论如何，我们都要认真检查，确保所选用的模块通过了指定认证。

如果选用的模块本身带天线，我们直接把它集成到产品中就好。只要满足模块厂商设定的参数，比如供电电压，模块就能在我们的产品中正常工作。如果模块本身不带天线，那么我们必须自行添加天线，并且添加的天线要与模块认证时所用天线的基本类型一样，哪怕比它更高效也不行。在此情况之下，模块厂商应该提供模块认证时所用天线的相关信息，但有时我们得自己跟模块厂商索要这些信息。

如果我们的产品根本就不用无线通信呢？也许我们并非有意让产品向外发射无线射频，但事实表明，不论我们愿不愿意，只要是电子电路，都会向外发射无线射频，这是电路固有的物理现象。有些电路在无意间放出的无线射频还非常强，尤其是那些用来驱动直流引擎或者开关大电流的电路。正因如此，所有电子设备都要做测试和认证，证明它们是"无意辐射体"，并且放出的射频在 FCC 规定的范围之内。在这个过程中，一般测试一天就得花 2000 美元。而有意辐射体也需要做无意辐射体测试和认证，以确保它们在非通信频段行为正常。

无意辐射体测试要遵守两套规范，定义在“47 CFR Part 15”中，具体遵守哪一套取决于产品的使用地点：

- 若设备仅在商务环境中使用，则必须遵守“类型 A”规范；
- 若设备还有可能在家庭中使用，则必须遵守更为严格的“类型 B”规范。

当产品认证完成后，我们需要向 FCC 提交文书，并且使用 FCC 提供的 ID 编号为产品打标记。

更多信息，你可以去 FCC 官网了解，不过里面的内容有些零碎，分散在网站的各个页面中。Linx 公司还编写了一份 FCC 法规参考资料，你可以从其官网下载这份文件，此外，Linx 还提供了许多有关射频法规的白皮书，类似内容也可以在 LS Research 官网找到。

至此，与美国监管机构相关的内容就讲完了，相信本书的大部分读者将来会与他们打交道。接下来讨论欧洲的情况，欧洲可是全球第二大消费品市场。

10.3 欧盟法规

欧盟由 28 个成员国组成，它们之间存在着紧密的政治、经济联系，这使得它们从许多方面看起来就像一个拥有 5 亿多人口的“超级大国”。从经济角度看，我们把它们称为“欧洲经济区”（EEA）更为合适，这个经济区不仅包括所有欧盟成员国，还囊括了冰岛、挪威、列支敦士登等国家，但是大部分成员国仍然把这个联合体称为“欧盟”（EU），我们也这样称呼它。

对产品开发者而言，欧盟的成立是件好事：在把自己的产品卖给这 5 亿消费者时，在欧盟出现之前，我们得逐个了解各个国家（31 个）的相关法律法规，并且要使自己的产品遵守这些国家不同的法律法规，而欧盟出现之后，我们只需遵守一套法规即可，这真是解决了很多麻烦。尽管各个国家之间的法规仍然存在些许差异，但通常不是什么大问题。

你如果想在欧盟市场合法销售自己的产品，首先必须让自己的产品通过 CE 认证（见图 10-2）。这是怎么一回事呢？接下来，我们一起来了解。

图 10-2：CE 认证标志

10.3.1 CE认证

一款产品通过了 CE 认证，就表示它符合欧盟的所有相关法规。欧洲市场的消费者、零售商、分销商、海关人员通过贴在产品上的 CE 认证标志，就能轻松地判断某款产品是否合乎欧盟法规。

针对 CE 认证，欧盟委员会做了概述。以下是我转载的内容，有些部分特别重要，稍后会详细讲解。

> “一款产品通过了 CE 认证，即表明它符合欧盟相关法律法规，这样它就可以在欧盟市场上自由流动。产品厂商把 CE 认证标志贴到产品上，以此声明相关产品达到了 CE 认证的所有要求，这也是厂商自身应负的责任，这意味着这款产品可以在整个欧洲经济区域（EEA，28 个欧盟成员国和 3 个欧洲自由贸易联盟国家）内进行销售。这也适用于那些在其他国家生产然后在 EEA 进行销售的产品。”
>
> “然而，并非所有产品都必须经过 CE 认证，只有欧盟有关 CE 认证指令中提及的产品才需要做 CE 认证。”
>
> 虽然 CE 认证并不表明产品就是在 EEA 制造的，它只是说产品在上市之前被认真评估过，符合相关法律法规（比如统一安全标准），并且可以上市销售。这意味着产品厂商：
>
> - 可以证明其产品符合适用指令中提及的所有相关要求（比如，健康、安全、环境方面的要求）；
> - 对于欧盟指令有特别要求的产品，厂商必须把产品交给独立的国际合格评定组织进行检查。
>
> “生产厂商有责任做合格评定，准备技术资料文件，做合格声明以及把 CE 认证标志贴到产品上。产品分销商必须检查产品是否通过了 CE 认证，以及必需的辅助文件是否已经准备妥当。如果产品是从 EEA 之外的地方进口而来，那么进口商必须检查产品厂商是否已经履行完必要的程序步骤以及是否已经备齐所需文件。”

接下来详细解释上文的重点部分。

- **“可以在欧盟市场上自由流动”**
  一旦我们的产品通过了 CE 认证，它们就可以在整个欧洲经济区内畅行无阻。
- **“这也是厂商自身应负的责任”**
  在美国，生产厂商通常有责任去举证自己的产品合乎法规，而一般政府不会主动表明自己认可某产品。
- **“并非所有产品都必须经过 CE 认证，只有欧盟有关 CE 认证指令中提及的产品才需要做 CE 认证。”**
  除非我们的产品被特别提到，否则不必做 CE 认证。实际上，大多数包含电子电路的产品需要做 CE 认证。
- **“统一安全标准”**
  虽然欧盟各成员国对 CE 认证的要求有些不同，但是它们之间还是很统一的，因此一款产品在遵守某个国家法规的前提下完成 CE 认证之后，就可以在欧盟所有成员国市场上进行销售。请注意，由于不同国家之间的法规存在一些差异，所以有时我们可以“走捷径”，去那些法规相对宽松的国家做 CE 认证，然后产品就可以在整个欧盟市场上销售了。

- **“适用指令”**

  这个说起来有点复杂。严格来说，生产商在欧盟市场上遵守的那些“规则”应该算是“指令”，而非“法规”。这些“指令”由欧盟提出，设定了每个成员国法律必须实现的目标。对大多数产品来说，这些“指令”过于“抽象”，但仍需要我们予以关注。

- **“对于欧盟指令有特别要求的产品，厂商必须把产品交给独立的国际合格评定组织进行检查。”**

  在美国，一些产品必须由第三方做合格验证。

- **“准备技术资料文件”**

  技术文件是生产商用于证明产品合规的文件。技术文件应该保持更新，并且可以随时示人，有时政府（或者其他组织）就要过目。这通常发生在产品拥有高风险功能（比如医疗设备），或者有可能引起某种麻烦（比如伤害用户）的时候。这些技术文件可以不是真实的物理文件，但是应该有个文档指向它们所在的特定位置。

- **“做合格声明”**

  类似于那些在美国受监管的非儿童产品，生产商必须起草一份“合格声明”（通常就是一页纸上的几个段落），指出某产品符合欧盟指令要求，还包括其他一些基本信息。这份声明通常由公司高层人员（拥有丰富的知识来做声明）签字生效。

- **“把 CE 认证标志贴到产品上”**

  除非不切合实际（或者不必要），否则必须把 CE 认证标志贴到产品上，以便消费者能够看见它。

- **“产品分销商必须检查产品是否通过了 CE 认证以及必需的辅助文件是否已经准备妥当。”**

  欧洲分销商有责任确保他们分销的产品合法地获得了 CE 认证。这有助于阻止那些没有经过（或者伪造）CE 认证的产品上市销售。

- **“进口商必须检查产品厂商是否已经履行完必要的程序步骤以及是否已经备齐所需文件。”**

  同上，这样做也有助于阻止那些没有合法经过 CE 认证的产品上市销售。

10.3.2 美国与欧盟

上述整个过程看起来需要做大量工作，的确，这并非易事。但实际上，相比于美国，在欧盟走这套程序通常会更简单一些，因为欧盟的法规更有组织性，并且一致性更强（我个人这么觉得）。比如上述过程就涵盖欧盟所有成员国的所有商品，从地砖到医疗设备，无所不包。虽然每种产品的具体细节有所不同，但是基础资料还是相当容易找的。在美国，这套程序在不同机构之间差别很大。

另外，相比于美国，欧盟的法规要更严格一些，首先是受监管的产品类型编号：相比美国，在欧盟有更多产品受到监管，所以我们的产品受到监管的可能性会很大。

再则，欧盟法规有个明显趋势：其监管范围从产品安全逐渐扩展到产品性能。所以，许多产品除了被要求证明自身安全，还被要求证明它们能够实现既定的功能。相比之下，美国的法规往往只关注产品本身的安全性。

举个例子，假设我们正在开发一款电子啤酒杯，当倒入的啤酒达到一定量时，其上的 LED

灯就会亮起。如果一款杯子声称自己可以测量容量，那么在欧盟它会被划入测量仪器的行列，就有可能需要遵守相应法规，确保这个“声称”名副其实。即便是一款普通的旧啤酒杯，如果本身带有容量刻度（比如 500 ml），它就有可能需要遵守计量器具指令。至于是否真的需要遵守这个指令，这要看杯子在哪个国家销售：许多指令包含一些可选项，它们在每个国家的执行情况各不相同。虽然欧盟在一定程度上实现了统一，但并非完全一致，各个国家之间仍然存在差异。而且，不同国家的执行情况也不一样。特别是德国，尤其复杂（Kickstarter 上有几个著名的众筹项目就遇到了这个难题，当这几个项目的发起人试图把做好的产品寄给德国赞助者时，产品在通关过程中遇到了很大的障碍）。

此外，相比于美国，欧盟更乐意采用第三方标准，而且这些标准不可以免费使用。每个标准通常需要花 100~200 美元不等，有些产品可能需要同时符合多项标准才能上市。你可以通过网络向多个供应商购买这些标准（PDF 文件）。只要在网上搜索所需要的标准（相关法规要求产品通过这些标准认证），就能轻松地找到它们。各个供应商开出的价格也不同，到处看看，多做比较，选择一个合适的就好。

购买标准时，一定要保证标准的版本（版次和年份）正确。标准的新版本不时出现，从标准发布到获得政府机构认可一般要花几年时间。例如，某个标准推出了最新版——第 3 版，而政府机构采用的仍然是该标准的第 2 版，要求产品达到第 2 版标准。法规会要求产品达到它们所参考的指定版本的标准。

10.3.3 查找适用法规（欧盟）

了解欧盟法规最好的入门之道是使用“向导”。第一步是查找适用我们产品的指令（成组的法规），从下拉列表中选择相关“产品组”即可。每组产品都与特定的欧盟指令（法规组）对应，详细内容稍后再讲。我们的产品可能属于多个产品组，我们需要遵守所有这些产品组对应的指令，但是每次只能通过一个产品组的向导。如果没有适合的产品组，那我们的产品就不需要做 CE 认证。

针对包含电子元件的设备，主要有三个指令。

- **电磁兼容性**

  这与美国 FCC 法规大致类似，适用于那些非故意辐射射频能量的电子产品。

- **低电压**

  这可以确保输入或输出电压在 50 V 与 1000 V 交流电之间（或者 75 V 与 1500 V 直流电之间）的设备对消费者是安全的。实际上，这适用于那些使用插座电源的产品，并不适用于那些依靠电池供电的产品。

- **无线电和电信终端设备**

  这包括那些专门依靠射频能量进行通信的产品，比如 Wi-Fi。它与美国 FCC 有关有意辐射体的法规大致类似。

当选好适用指令之后，“向导”会带领我们走 CE 认证必需的步骤。

TIP “认证机构”这个术语的出现与CE认证有关。在美国，某些法规需要产品做第三方认证。“认证机构”是经欧盟政府授权的组织，其工作是检验产品是否合乎某些法规。实际上，美国那些有权做美国法规认证的机构通常也都有权做欧盟法规认证（通常也经授权可做其他国家的法规认证）。可以说是监管需求一站式服务了。

10.3.4 安全处置

与美国不同，欧盟产品法规十分看重产品安全，甚至包括消费者丢弃产品之后废弃物的安全问题。在这些安全法规中，最著名的是《电子电气设备中限制使用某些有害物质指令》(RoHS)。在电子设备中，RoHS对6种有毒物质的使用进行了限制：

- 铅；
- 汞；
- 镉；
- 六价铬（应用于镀铬工艺中）；
- 多溴联苯（塑料阻燃剂）；
- 多溴二苯醚（塑料阻燃剂）。

有趣的是，对每种有害物质的用量限制针对的是单个元件，而非单件产品。因此，一款产品符合RoHS指令要求的关键是确保产品的各个组成元件和原材料（比如注塑成型中使用的塑料）全都符合RoHS标准，这在目前是可以做到的。为了提醒自己在订购产品元件时记得检查所订购的元件是否符合RoHS标准，我们最好在产品元件清单的每个元件旁边添加一个RoHS检查框，以免忘记。

除了RoHS指令，还有《报废电子电气设备指令》(WEEE)，其知名度不如RoHS高。这是一个非常重要的计划，旨在最大限度地回收电子电气产品。WEEE指令指出各个电子电气设备厂商必须提供回收各自产品的方法。实际上，这是由“生产商合规计划”(PCS)小组负责的，该组织由众多生产商共同创立，负责收集和回收报废的电子电气产品。欧盟的电子产品厂商都希望自己能够加入其产品销售地的PCS，需要交纳的会费取决于每年所收集到的各厂商报废品的数量。

WEEE指令还要求生产商在其产品上加贴WEEE标志，如图10-3所示，用以告知消费者在产品报废后应该如何处理，而非简单地丢入垃圾桶。

图 10-3：WEEE 标志

此外，欧盟还推出了电池环保指令，对电池中使用的有害物质加以限制。在电池环保指令中，除了要求产品厂商确保产品所用电池符合指令的相关要求，还要求厂商做到以下两点。

- 电池必须可以从产品中移除，若电池是嵌在产品中的，则必须提供拆除电池的操作说明。但以下情况除外：基于安全性、性能、医疗或数据完整性考虑，需要为产品持续供电，并且要在产品和电池之间保持永久性连接。
- 与 WEEE 指令要求一样，生产商必须为消费者提供回收利用电池的方法。这通常由 PCS 来做，这点和 WEEE 是一样的。

虽然电池环保指令适用于整个欧盟，但是每个成员国分别颁布了自己的具体实施法规。有些国家严格限制使用镍镉电池，甚至完全禁用，这些国家包括奥地利、比利时、丹麦、瑞典、芬兰、法国、德国、荷兰、英国等。好在近年来可充电电池发生了重大变化，锂电池逐渐取代镍镉电池，相比于镍镉电池，同样尺寸和重量的锂电池能够存储更多能量。但是这些锂电池又引起另外一个法规问题，接下来我们讲一讲。

10.4 电池

电子产品厂商经常还要遵守另外一套产品法规。这不太寻常，它是一项国际性法规，与电池或包含电池的产品的运输有关。

智能手机和笔记本计算机中使用的电池一般个头较小，并且存储的电能较多，可以连续为电器供电几个小时。但是，在如此小的空间内存储大量能量不仅是好电池的标志，还有可能让电池成为一枚威力不小的“炸弹”。而且，事实证明，如果电池保管不善，或者制造得有问题，又或者自身有瑕疵，就有可能变成小的“燃烧弹”，引起火灾。迄今为止，锂电池是最受关注的电池，不仅因为它们能够在很小的空间内存储更多电能，还因为锂元素十分易燃（若想了解锂电池出现问题时会发生什么，请到网上搜索“锂电池爆炸”相关视频）。

目前，有大量锂电池在世界各地运来运去，运输过程中，这些电池可能会引发事故。如果飞机在飞行过程中锂电池出现问题，则很有可能引发一场巨大灾难，这是最让人害怕的情节。如果飞机运送的是一大批锂电池，只要其中一枚电池爆炸，就有可能引起连锁爆炸（一枚电池爆炸会引起其附近的电池也发生爆炸），结果也是相当骇人的。

为了避免飞行途中发生类似悲剧，国际航空运输协会（IATA）出台了一系列与锂电池空运相关的法规，各种使用锂电池的产品厂商应该了解这些法规。详细内容，请前往 IATA 官网的相关页面了解。

10.5　质量认证体系和ISO 9001

当与供应商合作时，我们要不断问这样一个关键性问题：“这些元件真的可以实现指定的功能吗？”假如我们按照指定规格（公差、尺寸、额定功率、温度系数）购买了 10 000 个 330Ω 的电阻。我们愿意相信每个电阻都符合指定规格，但是凭什么相信呢？我们可以测试每个电阻（或者借助采样统计手段），检测它们是否符合指定规格，但是这毕竟要额外费些功夫。如果有个合理依据，我们相信这些电阻都符合指定规格，并且不需要我们做测试验证，岂不是更好？

客观衡量一款产品（或服务）质量是为了了解它达到指定要求的程度。质量管理体系（QMS）由一系列政策、流程、程序（操作步骤）组成，由企业和其他组织开发出来并遵照执行，以此确保他们的产品和服务满足用户的要求。电阻要符合厂家所宣称的规格就是质量管理的一个例子。

有时法律会明确要求某种产品符合某个质量体系，比如医疗设备，多数情况下，法律要求厂商生产的医疗设备获得 CE 认证。任何一套操作步骤都可以用作质量管理体系，但是国际上认可的质量管理标准是 ISO 9001，它是国际上最著名、最流行的标准，目前全世界有 100 多万个组织的质量管理体系采用了这项标准。

首先澄清一下：ISO 9001 是一项质量管理标准，而非质量管理体系。每家公司都是独一无二的，因而都需要有独一无二的质量体系。ISO 9001 只是简单地给出了一个总体框架，供质量体系遵守。这套框架通用性很强，适用于任何企业，从律师事务所到电阻产商再到食品公司，几乎无所不包。

采用 ISO 9001 作为质量体系的指南有以下两个好处。

1. ISO 9001 是经过许多“聪明人”认真思考而制定出来的，得到了世界各国的普遍认可。如果一个质量管理体系遵守 ISO 9001，那么它有可能就是一套合理的操作步骤，使得最终交付的产品和服务达到顾客的要求，并且许多或大部分顾客（取决于行业）知道它的价值。
2. 是否遵守 ISO 9001 标准可以请第三方机构进行认证，当然这要看我们自己的意愿。通过定期审查，可以判断质量体系是否符合 ISO 9001 标准以及当事组织是否真的遵守了他们的质量管理体系。

总结一下。

- ISO 9001 认证并不保证产品能够像厂商所宣称的那样工作，但是有这种认证会让我们对产品的质量抱有一定信心。对于那些关键的组件（这些组件一旦出问题就会引发重大灾难），最好额外做些测试，以确保它们能够正常工作。
- 根据所研发产品的不同，有时我们可能需要为自己的公司做 ISO 9001 认证。由于 ISO 9001 标准也覆盖了产品开发活动，因此最好在深入开发产品之前就开始贯彻质量体系，这样我们就能遵从正确的操作步骤，依据标准开发产品。

详细介绍 ISO 9001 标准的资料很多（见本章“资源”一节），并且这个标准本身非常通俗易懂（但是阅读这个标准大约要花 150 美元），这里就不赘述了。我和 ISO 9001 标准（与医疗设备相关标准是 ISO 13485）打交道很多年了，也帮助制定了好几套质量体系，积累了如下一些心得。

- 如果落实好了，ISO 9001（和 ISO 13485）的作用非常大。相反，若落实不好，则徒劳无益。
- 质量体系要尽可能易用。与其一开始就制定出完美的步骤然后把人搞得晕头转向，不如刚开始时步骤简单些，让工作人员切实根据步骤操作更好。开始时简单些，然后慢慢改进（但改进的方向要正确）。
- 记录我们遵守质量管理体系的整个过程是最大的挑战之一。如果我们拿不出客观证据证明自己遵守了，那么当我们接受审查时他们就不会认可。几乎没有人喜欢记录自己都做了些什么（“我们只是在做文书工作”），所以最好还是把这个工作交给计算机，比如运行一个程序，让它指导用户走流程，并且自动对事件做审计跟踪（带时间戳），这要比让人每完成一项任务就填写表格好多了。
- 相比于第三方认证，仅仅声称自己的质量体系符合 ISO 9001 标准另当别论。如果供应商只是声称自己的质量体系符合 ISO 9001 标准但实际并没有拿到相应认证，那么我们很难判断他们的质量体系究竟有多好，很多人甚至不知道该问什么，除非我们自己去做审核。

最后说一点：截至写作本书时，新版 ISO 9001 标准正在更新之中。如前所述，我们要时刻留意当前的标准版本，关注那些适用于我们产品的法规的情况。

至此，有关 ISO 9001、各种法规、标准、认证以及指导性文件的内容就介绍完毕了，认真了解这些内容是很有必要的，因为实践中我们极有可能会遇到相关问题。

10.6 总结与反思

虽然大部分设计师和开发者不怎么看重与产品有关的法规，但是大多数人认可那些法规在提升产品安全性方面所发挥的积极作用（有时还有助于提升产品性能）。不管是否认可法规的作用，我们都必须遵守它们，因为它们本身就是法律。

在产品开发过程中，有关遵守法规的问题，我们可能犯下的最大错误是早期不重视它，直到产品开发结束时（甚至更晚）才去做相关工作。最重要的一点是找出并认真了解我们需要遵守的法规，这样才能使开发的产品符合相关法规，并且做好适当的计划和预算。就像产品开发的其他阶段一样，在这个阶段我们也要尽量避免日后出现意外情况，因为那时出现问题，做相应补救会大大增加开发成本。

10.7 资源

由于法规一般是非常具体的，因此本章的大部分资料可以在所讨论的相关主题下找到。

10.7.1 自愿认证

讲解“自愿认证”相关内容的资料很多，这些资料都值得阅读。如果你开发的产品耗电多，用的是插座电源，或者产品的某个元件一旦出问题就有可能带来极大危险，那更应该认真阅读相关资料。UL 官网的 FAQ 页面有更多有关“自愿认证”的内容，里面的内容很全面、详细，从中你可以学到自愿认证都有哪些类型以及为何如此有用。

了解有哪些产品与我们的产品类似以及它们都取得了哪些认证会有很大的启发意义，因为我们的产品可能也要取得同样的认证。TechNick 网站给出了一张表格，里面列出了各种认证标志和相关说明，我所见过的所有国际认证都在里面，但还是有许多不太常见的认证标志未在这个表格里列出，你可能需要自己去网上搜索。

10.7.2 欧盟监管框架

本章采用“读者文摘”的方式介绍了欧盟的监管框架，通过这些内容，厂商可以很好地了解欧盟法规是如何运作的，但所讲内容并不全面。

如果你想深入、全面地了解欧盟的指导性文件、法规、授权机关、认证机构等，可以去欧盟官网下载 100 多页的《欧盟产品安全手册》，认真研习一番。

10.7.3 ISO 9001

ISO 9001 无处不在，网上有很多介绍 ISO 9001 的相关资料。我发现其中有两个网站讲得特别好。一个是 Praxiom，里面有一系列关于 ISO 标准的内容，并且都讲得通俗易懂，比如 *ISO DIS 9001 2015 Translated into Plain English* 等。Praxiom 还对 ISO 9001 做了很好的概述，免费且易于理解。

另一个网站是 ISO 官网，非常值得浏览，里面还提供了很多免费又有用的“小册子”。

第11章

撰写产品开发需求

任何一款产品最初都只是一个抽象的想法，存在于某个人或某几个人的头脑之中。这个抽象想法关注的可能只是产品的功能，即这款产品能做哪些很酷的事，而不会考虑产品的具体特征，比如尺寸、颜色、电池续航时间等，因为考虑这些没什么乐趣。而且，我们通常都会假设它们都处于最理想的状态：尺寸恰到好处，颜色人见人爱，电池可以一直供电等。

过了几个月或几年之后，用户终于拿到了真实的产品，它可能具有几百个真实特征。现在，尺寸、颜色、电池续航时间都是真实的，但愿这些特征能够让用户更喜欢产品，而不是相反。

TIP 需求计划是我们有意识地把抽象想法转变为产品真实特征的过程。在这个过程中，要尽可能早地为这些特征撰写需求，这样当产品下线后，我们碰到意外问题的可能性就大大降低了。

需求是人们认为产品上市销售之前必须要做到的一组事。以 MicroPed 为例，其需求大致如下：

- MicroPed 具备智能蓝牙无线接口；
- 在平整路面上，MicroPed 的步距精度的误差小于 5%；
- 凭一枚电池 MicroPed 可以运行一年或更长时间。

需求反映的是相关人员的共同期望。在项目开始时，相关人员共同讨论，确定产品必须做到哪些事情，这些事情反映在文档上就形成了“需求”。这种需求文档主要有以下两个用途。

- 原则上说，在产品制造之前，任何人都可以查看产品需求，从中了解产品主要用途以及有关尺寸、重量、可靠性等特征的信息。我们根据需求知道该对潜在用户、投资人等说些什么。但是请注意，在产品开发过程中，需求可能会发生变化。

- 产品开发者把需求文档看作一系列指示，用来指导他们应该做什么。在项目最后会对产品进行测试，以确定产品能否上市销售，这种测试主要验证产品需求是否得到落实。

像产品开发工具库中的大多数工具一样，需求计划并不是千篇一律的。对于两个在车库中创业的人来说，需求计划可能很简单，只要把几个关键的地方写下来，开发产品时记住就够了。而对一家飞机制造商来说，做好需求计划可能需要十几个（甚至上百个）全职员工连续奋战几个月甚至几年。

在正式讲解细节之前，先明确几个术语。

11.1 需求、目标和规格

有关需求计划的术语很多，也很容易让人困惑。许多术语在不同人看来有不同的含义。本书尽量不使用相关概念的“行话”。其实，“行话”也是很重要的，因为可以借助它快速表达某个概念，但是鉴于这个领域常用的词都有较大延展性，就请产品开发团队自行统一你们想使用的行话吧。

我们需要区分几个基本概念，包括需求、目标和规格，它们都可以描述产品功能。人们常常无法很好地区分这几个术语，这可能是因为它们都没有明确的定义。

本章中，这几个术语的含义如下。

- 需求是指那些可量化且产品必须做到的事情。
- 目标是我们要尽量实现的事情，但是很难量化，也不容易做到。比如，我们对电池续航的需求可能是“连续供电不少于 5 小时”，而我们确定的目标可能是 7 小时。这有助于我们在产品开发过程中把精力放在那些“有了会更好”的事情上。
- 规格是一些可以量化的描述，来自开发过程的某个部分。比如，经过测试表明，我们开发的产品借助一枚满电的电池可以连续、可靠地运行 6 小时。我们想把这一点写在产品的宣传资料和用户手册中。那么，此时“充电一次运行 6 小时”就变成了产品规格，它描述的是产品实际能做到什么。规格可以变成需求，需求也可以变成规格。比如，如果之前选用的电池停产了，那么我们可能会选其他续航时间不低于 6 小时的电池。在很多情况下，那些不想改变的规格会变成产品需求。

设计师与开发者愿意做与设计和开发有关的事情，但其中大多数人不太愿意去做需求计划。不管我们多么认真地做需求计划，它们都会不准确。既然如此，那我们为什么还要去做呢？接下来分析原因。

11.2 为什么要做需求计划

就像产品开发过程中的其他阶段一样，做需求计划的目的是减少产品开发风险，即尽早确定并解决问题，而不是把问题拖到以后再去解决，那样付出的成本就太大了。事实上，就我的个人经验来说，需求计划做得不好是导致产品开发困难的最大原因。

这句话实在太重要了，再重复一遍：就我的个人经验来说，需求计划做得不好是导致产品开发困难的最大原因。

我们来看一个简单但常见的产品开发失败的例子，即产品开发失败由需求缺失造成。假设销售人员头脑里有了一个想法，他们想把装有嵌入式软件的新产品最先在美国、加拿大、英国、德国、法国 5 个国家发布。但是，他们并没有把这个想法以需求的形式告知软件开发者和硬件开发者。这会造成什么后果呢？只是在屏幕上改几个词？真是这样吗？

如果我们在产品开发早期忽视了产品的国际化问题，直到产品开发快结束才意识到，就很有可能会出现以下一些不良后果。

- 所选的软件平台（操作系统、语言）可能过于精简（为了可以在廉价处理器上运行），以至于无法轻松地通过语言包来更换文字界面。在根据用户语言更换不同的文本文件时，软件平台也没有提供任何内置方法，以便应用程序向每个界面应用同样的布局和图形。在这种情况下，开发者需要为每种语言手动构建新的显示布局，或者自己开发用来根据用户语言更换显示语言的机制。不论哪种情况，都会大大增加产品开发和测试的工作量。即使是英国和加拿大版本，可能也需要不同的展现界面，因为这两个国家的语言在单词拼写等方面有细微差异（比如“colour”和“color”）。
- 经过翻译之后的外语文本（尤其是德语、法语）可能无法使用那些为英文而创建的显示布局。这些外国语言需要多出 50% 的显示空间才能表达出同样的意思，有时呈现短语可能需要更多空间。解决方法有两种：一是重新设计各个显示界面，让每个界面显示更少的信息；二是重新设计硬件，采用更大的 LCD 显示屏。显然，这两种方法都需要花很多工夫来做。
- 产品可能把一些用户数据通过互联网集中存到了某个中心数据库。由于不同国家有关数据保密的法律不同，后端数据库可能需要重新设计架构，重新开发，以确保从欧盟各国收集的重要个人数据只存储在相应国家的数据中心。
- 各个国家的差异并非只有数据隐私法，其他法规也有差别。不同国家在产品安全等诸多方面有着不同的要求。如果某款产品没有相应文件证明自身符合欧盟标准，那么欧盟的进口商和分销商就会对它“敬而远之”。如此一来，该产品的生产商可能需要重新进行设计，以使其符合欧盟安全标准，并获得相应的认证。

在项目早期，需求不充分会引起许多问题，例如下述这些。

1. 基于 Linux 内核为军用设备开发专用操作系统。在即将开始做现场测试之前，研发团队发现 Linux 遵守的 GPL 协议要求他们公开对 Linux 内核所做的修改。对于军用设备来说，这显然是不合适的。随之而来的是法律纠纷和软件重写问题，这会花掉很多预算，耗费大量时间和精力。因此，选择操作系统时，添加一项需求是很有必要的：该项目涉及的所有软件的许可证不要求向他人开放源代码或二进制代码。
2. 项目中采用了单板计算机，而在这些计算机中，用来为实时时钟供电的电池是不可更换且不可充电的。这样，两三年后，当电池耗尽时，就必须更换整个板子。为了避免这个问题，我们可以添加这样一项需求：在不更新电池的情况下，该产品的实时时钟电池可以连续供电 X 年。当电量耗尽时，用户可以轻松地为它更换新电池。
3. 在把产品运送到某个目的地的途中，LCD 显示屏可能会发生意外故障。经过调查发现，这是由空运货仓中的温度低于某些 LCD 显示屏的最低保存温度引起的。一旦环境温度低于产品能够承受的最低温度，产品能否正常工作就不好说了。为此，我们可以添加一项产品存放需求，从最低温度（冰冷的飞机货舱）到最高温度（温室），指出产品存放的温度范围。

在以上情况下，提前做些打算，可以避免日后吃苦头。虽然提前做需求计划（决定着产品属性）要花费一些时间，却能避免以后大量麻烦。

需求能成就一个项目，也能毁掉一个项目。接下来介绍这是怎么回事以及如何避免失败。

11.3 需求与实际情况不符

一方面我们可能在需求上下的功夫不够（这是很常见的），另一方面我们也有可能对需求产生过度依赖。

在某些情况下，产品开发伊始，设计师和开发者会一厢情愿地认为自己撰写的产品需求很出色、严谨，也很完美。在他们心中，整个产品开发过程如图 11-1 所示。

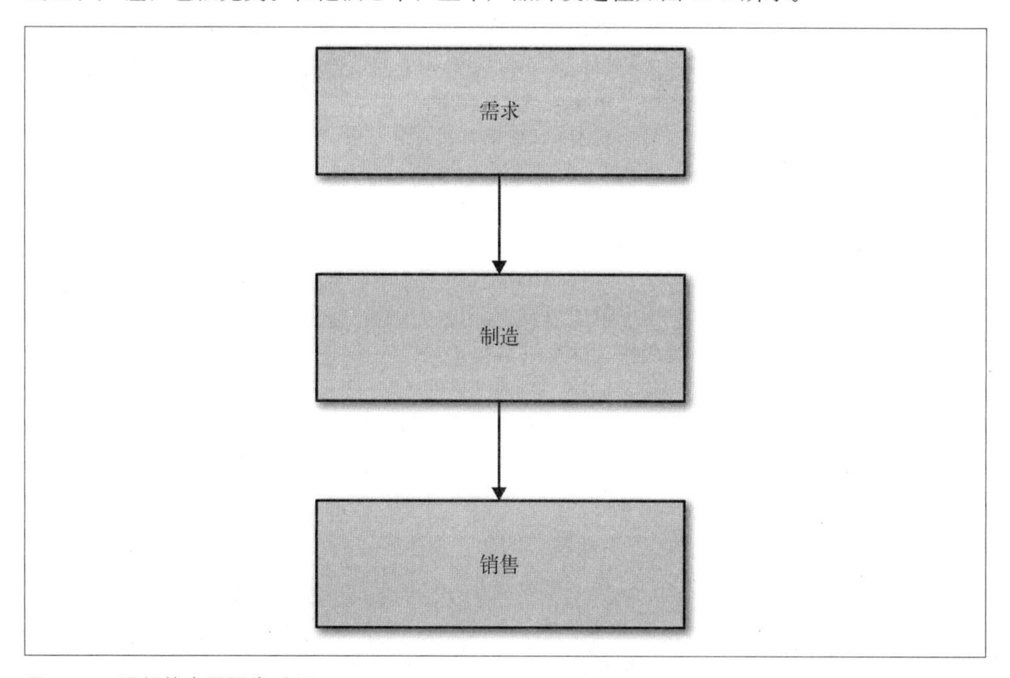

图 11-1：理想的产品开发过程

在编写第一行代码或选择第一个芯片之前：

- 开始时，市场营销人员要努力工作，确保我们生产的产品就是用户想买的；
- 设计人员要花大量时间和潜在用户一起讨论产品的功能、外观、软件界面，保证产品能够按照用户要求完成指定任务，且用户体验良好；
- 当产品需求确定下来，产品开发启动时，这些需求就不会再变了，除非太阳从西边出来。

理论上说，在产品开发之前，消除所有歧义会极大提高整个开发过程的可预见性：

- 技术人员能够准确评估开发成本和时间表，因为他们知道需要什么，根本不需要去猜；
- 当开发后期需求改变，需要修改产品时，没有成本和时间压力，工作会推进得很快；
- 开发者和工程师不必怀着戒备心理开展工作，比如，不会有像“把东西做灵活点儿，未来我们可能会决定把它做成别的”这样的需求。毕竟，消除歧义之后，大家都清楚，未来我们确定不会把它做成别的。

唯一的问题是这不可能办到，一开始就写出完美需求是根本不可能的，甚至连接近完美的需求也不可能写出来。对几乎所有已拥有成型用户界面或正在攻克新难题的产品来说，产生需求并且盲目地按需求来开发，最后很有可能会演变成悲剧。主要原因有四个：

1. 用户并不确切知道自己想要什么，直到他们真正拥有了它；
2. 技术人员按照要求去做，但是最终产品可能不是你想要的；
3. 随着项目的推进，我们会得到重要启示；
4. 周围的世界一直在改变。

细讲之前，容我先唠叨一句：这四个原因不应该成为我们在项目之初撰写不出“好需求”的借口。相反，这些需要考虑的问题有助于我们理解需求为何会随着项目的推进而发生变化，刚开始我们可能不想过多纠缠于某些需求的细节（那些我们知道需要深入理解的特征详情）。但是，与其他计划活动一样，即使我们得到的一些细节是错的，但需求中绝大部分仍是对的，这个过程本身会提高我们成功的概率。

11.3.1 用户并不确切知道自己想要什么，直到他们真正拥有了它

乍一看，用户好像知道自己想要什么。你只要问一下，他们就会告诉你。但是，盲目跟着用户的需求走常常会产生痛苦的结果（例如，“我知道我说过要 X，而且你做得也很不错，但可惜的是……”）。

事实证明，用户告诉我们的往往是那些他们觉得自己想要的东西。但是，出于种种原因，这些东西有可能不是他们真正想要的。用户之所以会给出这些不正确的信息，可能是因为他们并不知道自己真正需要什么。人类健忘的本性、用户对我们提问的误解以及我们对用户答案的依赖也会让我们得出错误的结论。

在需求阶段，的确有一些方法可以帮助我们提高从潜在用户那里获得信息的质量。比如，相比于预测将来的行为，人类往往更擅长描述过去的行为，基于这一点，我们可以询问他们使用其他产品的感受如何：他们喜欢哪些功能，使用了哪些功能？使用中遇到了什么问题？

相比于了解用户的过去行为，更好的做法是观察用户在产品的实际应用环境中都会做些什么，这样我们就可以真正了解这个过程中到底发生了什么。我们还可以做出产品模型和界面模型，供用户在日常环境中（或在近似的模拟环境中）试用，从这个过程中收集有用的反馈信息。

11.3.2 技术人员会按照要求去做，但是最终产品不是你想要的

从根本上说，需求就是技术人员的行动指示。然而，我们经常遇到的情况是需求正确但不够清晰或完整。图 1-3 给过一个例子，市场营销人员想要的是兰博基尼的设计，但需求说

的是四个轮子和一个引擎等，所以技术人员根据需求最终造出了一辆大众甲壳虫汽车。由于需求不完整，导致最终造出的汽车虽然满足需求，但并不是市场营销人员真正想要的。

除了需求有时无法真正反映我们想要的东西，有时需求本身还容易引起歧义。例如，假设有这样一种需求：

Wi-Fi 通信支持 WEP、WEP2、WPA 或 WPA2 安全标准。

我们可以大致以两种方式理解这个需求的含义：一种是芯片要支持上述所有安全标准，芯片会根据其所在的局域网从中选用一个合适的；另一种是说整个系统只需要支持其中一种安全标准即可。假定本意是第一种，而电子工程师理解成第二种，那么他就可能会选用一款旧的仅支持 WEP 安全标准的 Wi-Fi 模块（如果市面上有这样的模块），从技术上看，这也是满足需求的，却不是我们想要的。

若想把上述需求的真正含义表达清楚，最好采用如下表述方式。

- 系统支持 Wi-Fi 安全标准：WEP、WEP2、WPA、WPA2。
- Wi-Fi 安全标准可以由用户自行设置，用户只需根据实际网络在系统的网络设置界面中选择合适的 Wi-Fi 安全标准即可。

11.3.3 随着项目的推进，我们会得到重要启示

随着项目向前推进，新的信息和想法将不断涌现，随之会出现很多可改进产品、提高成功概率的机会，示例如下：

- 通过与更多用户交流，我们会得到很多灵感，并把它们落实到产品功能中，有时这些灵感还会转化成新的需求。
- 我们发现了一些先前未被发现的市场，这些市场与原有的目标市场几乎有同样的需求。为了兼顾这些市场，我们可能需要重新调整产品需求。
- 我们发现自己搞砸了，原以为可以重用一些软件去满足新产品的要求，结果我们需要做的那些微妙改动原来一点儿也不微妙。如果不追加资金，投入更多时间，某些需求将无法实现。于是，我们妥协了，干脆砍掉了这些需求。
- 当大家每天都花大量时间琢磨产品时，就会涌现许多奇思妙想，改进产品的机会就来了。有些想法可能会引起需求变化。比如，我们打算使用“帮助视频”替换原来的帮助文本，这有助于提升产品的易用性，为此我们需要更改产品需求，增大屏幕尺寸，因为原来的屏幕太小，很难用来播放视频。

> TIP 灵感与改进是一柄双刃剑：一方面，它们会引起产品需求改变，让我们的产品变得更好、更有利可图；另一方面，它们几乎总会导致产品开发延期。

11.3.4 周围的世界一直在变

我们埋头于产品开发，辛勤工作，但总是有些事情会超出我们的控制，比如一项关键技术的供应商破产了，或者向我们停售相关器件。假设有一家大型原始设备制造商和我们一样都采用了 4 英寸的半穿透式 LCD 显示器，这家大型厂商买断了未来 3 年所有 4 英寸的半

穿透式 LCD 显示器，那么我们就有可能陷入无显示器可用的境地。虽然这种 LCD 显示器很适合在户外使用，但是由于全部被买断，我们无法再使用它们了。真遇上这种情况，我们只能修改产品需求，以便让自己的产品可以采用不同尺寸的 LCD 或者背光式 LCD。在日光下使用背光式 LCD 时，背光会消耗大量电能，这可能会影响产品的电源需求。

当产品研发完成了 20% 左右时，可能会有大客户承诺采购 100 万件产品，但销售人员为了拿下这笔订单，承诺客户将售价压到我们的预估价格之下。为此，我们可能需要调整产品需求，进一步降低产品生产成本。由于我们知道产品会畅销，因而希望有更多预算来做更多降低产品成本的工作。

在某些情况下，产品需求会发生变化，有些需求会被删除。这听上去有点滑稽——既然某些需求会被删掉，那当初为什么要把它们加上呢？

事实上，有些需求的确是必需的（比如通过 FDA 认可的医疗设备），但许多需求只是大家达成的共识。如果某个功能是必需的，那么项目中的每个人都知道它会被开发出来。但是有时事实证明某个需求无法得到合理满足，在这种情况下，大家应该修改需求，努力达成一致意见，这样各方才能遵照执行。

随着项目的推进，我们必须调整产品需求，其中缘由不再赘述。接下来深入讲解如何才能写出有用的产品需求。

11.4 撰写“好的需求”

产品需求既能成就产品，也能毁掉产品。那么我们如何才能写出好的需求呢？如下建议供你参考。

11.4.1 产品需求是设计的约束

一方面，产品需求是技术人员要实现的目标；另一方面，它也是设计的约束条件，因为它排除了产品的其他呈现方式。

例如，我喜欢在设备中使用可更换电池，比如 AA 电池和 AAA 电池。它们个头很小，价格低，又能提供大量电能。与那些采用可充电电池供电的设备相比，如果可更换电池设备的电量用尽，我可以轻松更换新电池，让设备立即运行，而不必找插座去充电。我可以买很多 AA 电池备用，着急的时候，我可以去任何一家超市或便利店买一次性电池来用。

如果要我为一款便携式产品写需求，我很乐意加上这样一条需求，“必须使用可更换的 AA 电池供电”。但是，这个看似简单的需求会给设计带来如下诸多影响。

- 这个需求限定了产品的最小尺寸。显然，产品必须装得下电池。
- 产品需要支持更换电池。因此，产品外壳必须设计有电池仓盖，电池仓内部要有相应装置供电池装载，这些都会增加设计时间。如果电池仓盖合上时不用螺丝，而采用扣紧的方式（听见咔嗒声即为合上），那么可选用的外壳材料也可能会受限，当然，可选用的成型工艺也会受限。
- 这个需求会影响产品的机械架构（各个部件如何安排等）。电池需要放置在靠近外壳的地方，以便于更换，而这可能会导致一些“聪明”的元件布局方式无法实现（这些布局可以有效地减小产品尺寸、提高散热效率等）。

- 在同等电量条件下，相比于其他一些类型的电池，标准可更换电池的体积更大，分量更重。这可能导致电池续航时间和尺寸、重量无法得到兼顾，要得到较长的电池续航时间，产品的重量就会增加；而要想尺寸、重量合适，电池续航时间又会缩短。
- 与其他一些类型的电池不同，AA 电池中的剩余电量无法在使用中准确测量出来。所以，无法告诉用户电池的剩余电量以及可用时间，唯一能做到的只是在电量耗尽之前向用户发出提醒。

在某些场景下，确实需要指定电池类型，必须保证可以更换电池。例如相机或其他高耗电的便携产品，因为每几个小时就要充一次电，真的很麻烦。但是，除非我们真的觉得更换电池这项功能非常重要，否则最好不要把能够更换电池写进需求里，以便设计师设计电源时满足那些真正对产品至关重要的需求，比如产品尺寸、重量、电池续航时间等。

编写需求时，要认真提要求，只提那些真正重要的内容（当然其中也包括对用户重要的内容），让设计师在这些约束下发挥创造力，造出最好的产品。

11.4.2 需求必须是可测试的

“好的需求”的显著标志之一是意思清晰、不含糊。这样的需求得到满足时，应该不会有人提出任何异议。换言之，就是需求应该是可测试的。在许多（乃至大部分）情况下，我们想要测试产品设计是否满足需求，以此确保产品能够准确地按照我们的要求工作。

“这款产品应该是安全的”这类说法在很大程度上只是反映了我们的美好愿望，它太过笼统，不能算作产品需求。“安全”由谁定义？如何测试产品是否安全？你如果想把上述说法换成标准的产品需求，应该修改成这样：这款产品要符合目标销售地区的所有安全法规。这样一来，定义“安全”的担子就转移到了监管部门，这样做是有意义的，因为我们需要满足法律法规的要求。事实表明，大部分监管部门出台的产品安全标准和测试方法是很明确的。

比如有一款便携产品，使用时人们主要把它放在口袋里。为此，我们编写了这样一个需求，“这款产品应该适合装在口袋里”。然而，口袋形状各异，尺寸也不一样，既有衬衫上的小口袋，也有工作服上的大口袋，口袋是各种各样的，上述需求就模糊不清了。

我们可以为该产品估计一个大致的尺寸，使之适合装入大多数口袋，比如：“这款产品的尺寸应该不超过 8 cm × 10 cm × 2 cm。”虽然这样做可能会导致产品尺寸过大或过小（毕竟只是猜测），但是设计师至少有了设计依据可参照。

另外，还有一种方法，可以为产品编写合适的尺寸需求，即从用户角度去描述它，比如“经过测试，在目标市场中有 90% 的用户认为这款产品应该很容易装进他们的口袋里”。这就是一个“好的需求”，因为归根结底，所谓的“好”与“不好”，都是用户对产品的看法，而不是我们对产品的看法。像这样一个需求还蕴含着其他细节，比如产品应该可以很轻松地放入或拿出口袋。从不利的方面看，要测试是否实现了这个需求，需要召集一大群人，让他们亲身体验产品，然后询问他们的使用体验，这远比拿把尺子来测量要费力得多。

11.4.3　需求是以接口为中心的

从外部世界看，产品本身没什么大不了的。本质上，产品就是一组接口，这些接口与外部世界相通，产品内部“填充”着让这些接口正常工作的“东西”。

由此可以得出结论：产品需求应该主要关注产品和外部世界之间的接口：

- 产品和用户之间的接口（用户界面）；
- 产品和其他产品之间的接口（比如USB端口、互联网服务等）。

与接口有关的需求一般是指我们想让产品做什么，而与产品内部“填充物”有关的需求是指我们如何让产品做它应该做的事情。大部分需求是前一种，后一种需求通常用来告诉设计师和开发者如何去做自己的工作，这是他们需要做的事，与我们无关。编写需求应该尽量围绕我们想让产品做的事情展开。至于如何实现这些需求，就让设计师和开发者去琢磨吧。

“人”是复杂的，“物”也是复杂的

如前所述，提前把人机接口需求做完美相当困难。而在为软硬件接口编写需求时由于只涉及元件、电压、电流等物理知识，写起来应该更容易？真的是这样吗？

理论上，我们可以为“部件”之间的接口编写详细的文档，而后让开发者以某种合乎需求的方式将其创建出来。然后，我们把各个部件组装起来，形成一个完整的产品，产品的各个部件都能很好地集成在一起，因为所有部件都符合指定的接口需求。

事实上，与人机界面一样，在产品开发过程中，物物接口也需要早做测试，并且要经常做。如果我们想当然地认为自己一开始就能搞定一切，这种盲目自信会导致以后遇到一些意料之外的情况。

相较而言，有些接口更容易指定。例如，如果我们的产品通过蓝牙和计算机通信，那么蓝牙接口要统一好。但是，如果上升到蓝牙通信内容这个层面，问题会变得更复杂，复杂程度取决于通信的内容。在蓝牙通信中，有些类型的数据是有固定标准的，比如耳机和手机、音乐播放器和无线音箱等。但是，如果标准蓝牙接口规范不支持我们传送的数据，我们就需要重新自定义高层数据格式和协议，以便发送方和接收方能够相互理解。实际上，当发送方向接收方发送信息时，蓝牙会确保接收方能够收到信息。然后，接收方会利用收到的信息做什么，这就取决于我们了。

其他“标准”接口的标准化也存在很大差异。例如，类似于蓝牙，USB这个通信“管道”也支持某些高层接口定义，在某些使用场景中对传送的信息进行解释和标准化，比如键盘、鼠标、游戏控制器、大容量存储器等。但是，即便产品的USB通信符合其中一个场景，从供电和耗电来说，USB设备还是非常复杂的。电力标准有很多种，许多USB设备遵守这些标准。对产品中所有使用USB与任何其他设备连接的接口尽早进行测试，在产品的生命周期中时常进行测试，是非常重要的。

> TIP：我们从零开始对任何接口所提出的初始需求，比如内部子系统之间的接口需求，很有可能是不完整、有歧义的，甚至是完全错误的。接口设计是一门技术活儿，除非我们先前设计过并且投产过非常相似的接口，否则，一般会或多或少出一些岔子。在开始开发产品之前，合理提出这些需求是非常重要的。此外，还应尽早为测试子系统做好规定，并随着开发推进更新规定。

写到这里，我想起了自己曾经参与过的一个开发项目（当时我为一家承包商工作）。这个项目巨大、复杂，由一家大型电子产品制造商主导。在此之前，他们曾经遇到过子系统协同工作不畅的问题，深受煎熬。经过仔细分析，最终他们认为问题是由一个非最优的需求引起的，因为其中包含了太多的模糊性。有了这个教训，这次他们打算下大力气把子系统接口需求做好，确保子系统接口准确无误。随后，他们不遗余力地完善了各种产品需求，力求做到完美。

在投入了大量人力、财力，耗费了几个月之后，产品需求终于做完了。他们认为需求做得相当完美，因此，在产品完工之前，他们不必再浪费时间来测试子系统之间的协调性了，只要到最后阶段把各个子系统集成在一起，一切都能正常运转起来，至少八九不离十。

可是，当最后把各个子系统集成起来之后，还是出现了混乱。由于各个子系统的开发过程不同，要修改它们需要付出高昂的代价，牵一发而动全身。这个项目最终完成了，但耗费的时间和预算远远超出预期，令人感慨万千。

在项目刚开始时忽视需求的做法是愚蠢的，但是那种一开始就认为自己完全能够做出完美需求的想法也好不到哪儿去，过犹不及。随着产品开发的进展以及将产品暴露给外界，原来的产品需求会发生变化。因此，我们要尽早并经常向外界暴露产品，以此完善需求。

至此，如何写出“好的需求”介绍完毕。那么，接下来的问题是，如何确定产品的功能和特征（产品需求正是为它们而写的）呢？接下来回答这个问题。

11.5 主要需求和次要需求

我喜欢把需求划分成以下两大类。

1. 主要需求：描述产品的主要特征（或功能）。如果有人要求我们在 15 秒内描述自己的产品，那么我们会提到这些主要特征。例如，对一款计步器来说，其主要需求可能是“这款产品会发出挑战，以此激发用户跑步的积极性”。
2. 次要需求：描述产品的次要特征。它们不是产品要实现的首要目标，但是如果这些需求描述不当，同样会引起问题。这类特征包括产品尺寸、重量、电池续航时间、监管要求、可靠性等。

> TIP：把产品需求划分成主要需求和次要需求两个类别并不是工业标准，只是我个人的喜好。你可以接受，也可以忽略。

至于哪些需求应该归于哪个类别，并没有硬性规定和便捷方法可供使用。某些产品的主要需求对另一些产品来说可能只是次要需求。我之所以对需求做这样的划分，是为了给你提个醒：有些类型的需求有趣，谈起来也容易（主要需求），而有些需求必须认真对待，否则我们的产品就有可能存在潜在的缺陷（次要需求）。

次要需求检查清单

项目开始时，我们很容易漏掉一些次要需求。下面列出各种常见的次要需求，你可以把它们做成检查清单，在项目开始时用来检查确认。

- 产品销售的国家或地区。
- 说明书、标签等。
- 应用程序、说明书、标签等使用的语言。
- 法规要求，一般包括安全和电池兼容性。
- 可靠性。一般用“平均故障间隔时间”或其他衡量方法表示。事实上，在销售产品之前判断或评估产品的可靠性并非易事。
- 零件的可用性。比如，在生产开始后 5 年内预计所有零件都可用。
- 亮度、响度等。LCD 显示屏应该多亮？扬声器和铃声的声音应该多大？
- 使用时的环境要求。最高 / 最低温度、湿度、海拔、落差、抗震强度、飞行或其他旅行模式（静默）、机场安全扫描等。
- 运输 / 保存时的环境要求，最高 / 最低温度、湿度、海拔等。
- 尺寸 / 重量 / 颜色，包括所有未在主要需求中提及的特殊需求。
- 防水 / 防尘。一般用“异物防护等级”表示。例如，液体防护等级为 4 表示产品可以防水溅。在网络上，你可以轻松找到有关异物防护等级和相关测试的内容（这些测试用来判断我们的产品是否达到了某个防护等级，比如适应淋浴、游泳、暴风雨、洗涤等）。
- 易用性。明确用户和一些易用性标准。例如，“随机挑选一些用户，其中有 90% 的人在阅读完说明书后不借助任何人的帮助便能顺利完成任务”。此外，还应该视情况考虑残障人士（视力障碍、听力障碍等）的使用要求。
- 产品销售成本。以我们能收获利润为前提，产品的造价最多可以到多少。
- 他人的知识产权许可限制条款。比如，产品中用到的每个软件都必须是可获得许可的，且不要求我们公布修改后的源代码。
- 设备 / 软件和升级授权许可。按使用次、按用户或其他可能由设备软硬件执行的升级许可要求。
- 安全。个人数据、财务数据、密码存储以及保护产品设计和源代码免受逆向工程技术破解。
- 电源需求。120V 交流电、240V 交流电还是使用车载电源。
- 软硬件平台。如果我们的产品需要使用其他系统（比如包括可安装的软件时），我们应该尽可能指出所支持的软硬件环境，比如操作系统的版本和补丁级别、浏览器类型和版本、最低内存和处理器型号、接口（包括修订，像 USB 2.0）、智能手机版本等。
- 技术支持。比如有记录产品错误的日志，并有将错误信息转交给服务人员的渠道。
- 响应能力。系统响应事件的速度有多快，比如用户在屏幕上点了一个选项；从开机到设备准备就绪要花多长时间；有没有启动画面或者灯光提示用户发生了什么。
- 可维护性。如果设备发生了故障，是否可以维修，还是应该换新；如果可以维修，应该修哪些零件，产品是否需要定期维修。

- 实时时钟问题。对于一款内部含有时钟（记录日期和时间）的设备，有许多问题需要考虑。时钟多久耗尽为它供电电池的电量；它的电池是可充电的，还是可更换的；如何设置时钟（用户还是网络时间协议）；设备应该存储本地时间，还是格林尼治时间；时钟误差可容许的范围是多少（比如每年 1 分钟）。
- 说明书。这款产品是否配有说明书；若有，纸质版还是电子版。
- 报废处理。设备报废时，是可以直接丢入普通垃圾箱，还是有特殊的要求。
- 包装。包装要漂亮还是实用；运输过程中产品要避免哪些问题，例如防挤压。

11.6 沟通需求

撰写需求的标准方法是把每个需求表述成一个句子。

- 这款产品应该具备一个 Wireless-N 网络接口，并且遵守 IEEE 802.11n 标准。
- Wireless-N 网络接口最好采用现成模块，这个模块符合所有目标市场的相关法规。
- Wireless-N 网络接口可以采用一个外部天线来保证覆盖范围。天线必须可以灵活伸缩，长度小于 10 cm。

上述三个句子中出现了“应该”“最好”“可以”三个词。它们是标准的需求描述用语，拥有特定的含义。

- 应该 / 不应该：指产品必须做或者不准做的事情。
- 最好有：指有些东西有最好，但不是必需的。
- 最好没有：指我们不希望有某个东西，但它也可以存在。
- 可以：表示能这么做。
- 不可以：表示不能这么做。

因此，我们可以把上述三个句子做如下转换。

- 产品必须支持 IEEE 802.11n 标准。
- 需求撰写人建议最好采用已经在目标市场通过认证的无线模块。由于认证是个麻烦事，并且要花不少钱，因此如果产品是小批量生产，这其实是一个非常好的建议。但是，应酌情处理，假如用电路板从零开始写会有更好的效果，就另当别论了。
- 若有用，可以为这款产品配备一个小天线。

上述就是撰写需求常用的方式，当然，也不是必须采用这种方式。比如，我们可以使用电子表格或数据库来描述需求，其中第一列指出我们想要什么，第二列指出需求的必要程度，如表 11-1 所示。

表11-1：需求表格

	产品需求	必要程度
1	无线 IEEE 802.11n 接口	必需
2	无线采用在所有市场通过认证的 OTS 模块	可选
3	无线外部天线小于 10 cm	可选

我们甚至可以再进一步，增加表示重要性等级的数字（大于 3），把它们转换成拥有一定范围的优先级等级，比如从 1 到 10，其中 10 表示“必需”，1 表示“绝对不要”。

让产品需求更清晰

一般来说，我们的工作是尽可能地提高产品需求的易读性，并使其含义清晰明确。为此，在撰写需求时不应该只局限于文字。比如，我们还可以配上插图，用例图、状态表以及其他一些辅助元素。最好把这些元素与对其进行讲解的单独文档或表格结合起来。例如，可以采用这种方式把表 11-1 扩展成表 11-2。

表11-2：拓展需求表格

	产品需求	必要程度
1	无线 IEEE 802.11n 接口	必需
2	无线采用在所有市场通过认证的 OTS 模块	亮点
3	无线外部天线小于 10 cm	可选
4	无线设置流程与（某款旧产品）一致	亮点
5	彩色屏幕	必需

此外，还可以为每个需求添加其他一些有用的信息，比如：

- **基本原因**

  为什么会有这个需求？这将促使我们思考更多问题，写出的需求都是经过深思熟虑的，还有助于读者理解那些看似奇怪的需求。

- **测试方法**

  简要描述我们用来测试需求是否实现的方法。这促使我们一定要写出可测试的需求，并让我们思考测试过程都需要什么。

现在，需求表格又大了一些，如表 11-3 所示。

表11-3：含有更多细节的需求表格

	产品需求	必要程度	基本原因	测试方法
1	无线 IEEE 802.11n 接口	必需	广域网通信需要一个工业标准。IEEE 802.11n 标准应用广泛，它能够提供足够的带宽，并且比有线以太网端口更方便	测试结果证明符合 IEEE 802.11n 标准
2	无线采用在所有市场通过认证的 OTS 模块	亮点	我们自己不必做专门的辐射体测试，这可以省下 25 000 美元左右。这样还避免了因测试未通过而需要重新进行设计的麻烦。由于初期产量低，因此这种增加单位成本的做法还是值得的	从模块生产商那里获得认证证书副本。验证认证证书是否真实有效
3	无线外部天线小于 10 cm	可选	这个尺寸的天线若能有高强度信号，同时不超出预算，那它对产品的外观也不会有严重的影响	测量天线，并尝试弯曲它
4	无线设置流程与（某款旧产品）一致	亮点	我们希望（某款旧产品）的用户对我们的新产品有熟悉感，可以直接上手使用，而且这个使用流程对用户来讲非常容易学会	确认测试
5	彩色屏幕	必需	其他竞争产品都配有彩色屏幕。市场研究发现，如果产品不配备彩色屏幕，它在潜在客户心目中的形象就会大打折扣	肉眼观察

此外，我们还可以为每个需求指定负责人（人员或部门），由负责人确保实现相应需求。如果“负责人”是一个部门，我们还要在这个部门中指定“主要负责人”来具体负责，必要时，主要负责人也可以把这项任务委托给其他人。

需求的主要目的是为相关人员设置共同期望。接下来讨论如何提高相关人员在需求订制过程的参与度，以提出更好的需求。

11.7 好的需求需要相关人员广泛参与

只有相关人员切实参与其中，才能得到高质量的产品需求。如果参与过程还很有意思，那就更棒了。如果创造产品的过程是快乐的，那么这份快乐通常也能传递给用户，他们在使用过程中也能感受到同样的快乐。就工作效果来说，把许多人召集到一起（比如一个有白板、有零食的房间），比传递文档、各干各的要好得多。人们面对面讨论时，会产生许多好想法，这真是神奇！

多数情况下，需求是由一个人撰写的，而后分发给大家审阅，并听取大家的意见。绝大多数时候，这种工作方法并不好。一般来说，撰写需求的人不可能掌握产生“好需求”所需要的全部知识，他们肯定会漏掉一些需求。评审人员也各自为政，他们的目标是查找问题，而不是花宝贵的时间来全面考虑问题。

就小公司而言，采取这种方式得到主要需求通常不会有什么问题。毕竟，创意是他们最拿手的。但是，不利的一面是，小公司的团队通常比较小，经验不多，这使得他们很容易忽略次要需求。这个时候，就要多动动脑筋，想点办法，比如使用前述的那种检查清单。

相比于创造力，在大公司工作的人往往更擅长执行，他们可能需要一些刺激来激发创造力。大公司里还会遇到一个难题，那就是与项目有关的人员很多，有时这些人还分布在世界各地，把他们召集在一起并非易事。按照如下步骤来做，会让一切变得更顺利。

1. 组织一次或几次跨部门会议，把所有主要的相关人员（比如技术人员、设计人员、营销人员、销售人员、监管人员、财务人员等）召集在一起，确定主要需求。有些部门的代表可能只需要参加一部分会议。例如，财务代表可能只需要参加项目启动会议，从财务角度对项目的可行性发表自己的意见。
2. 整理会议上通过的主要需求，再次碰面进行审查和改进。
3. 让各个相关人员小组分别找出各自所负责区域里的每种次要需求并提出来，或者制订一个确定这些需求的计划。比如，法规监督团队可以在不做调研的情况下写出自己的需求，因为他们以前参与过类似产品的研发工作，对相关内容非常熟悉。但是设计团队可能需要撰写一个研究计划，以便在撰写与产品尺寸、重量等有关的需求之前了解如何使用产品。
4. 召集所有相关人员的代表，召开跨部门会议，审查并确定主要需求和次要需求。

如前所述，即便相关人员对需要达成一致意见，这些需求肯定还是会发生变化的。变化无处不在，真正实施起来并非易事。接下来，我们介绍如何有效地完成这个任务以及一些有用的自动化处理方法。

11.8 需求维护

大多数需求不是一成不变的。随着不断获取新信息，应该经常更新需求。更新过程应该确保几点：

- 相关人员都要参与；
- 相关人员都会收到变更通知，以便对变化做出相应调整；
- 考虑到每个需求变更给其他需求造成的影响；
- 考虑到每个需求变更对测试造成的影响。

另外，还要考虑一点，那就是随着开发的推进，那些“可选”需求和“亮点”需求最终会变成真实的产品特征。要更新产品需求，以便反映这一点。测试也需要需求来驱动，要明确自己要测试什么。

需求管理软件

现在，有很多软件可以用来管理需求，比如IBM Rational DOORS、IBM Rational RequisitePro、Borland Caliber、PTC Integrity、Enterprise Architect、Parasoft Concerto等，其中有几十款著名的软件产品是收费的。有些软件主要用来做需求管理，有些软件用来做产品生命周期管理或应用生命周期管理，需求管理是整个产品生命周期管理的一部分。这些软件工具很强大，能够做很多事情，不只用来做需求管理，但是要配置这些软件工具，让它们变得易用并不容易。

这些需求管理系统的优点是能够记录所有细节，比如需求是谁审查的、谁签字的，哪些产品特征实现了哪个需求等。

需求管理软件最重要的作用是跟踪需求和测试程序之间的关系。原则上，在产品发布之前，所有需求都要做完全测试。在高度受监管的行业（比如医疗设备），所有需求都必须做完全测试，这是强制性的，因为这可以证明产品能否真的完成我们为它指定的工作。

在某些情况下，一项需求可能需要做多种测试才能充分验证；在另一些情况下，一项测试可能有助于验证多个需求。有时，我们最终得到的跟踪矩阵（用来描述所有需求和测试之间的关系）可能相当大，包括几百个或几千个需求和几十个测试程序。虽然我们可以采用手工方式（比如用电子表格）构建这样的矩阵，但是随着时间的推移，矩阵的维护会变得极其困难。比如，用户在我们的产品中发现了一个严重问题，于是我们决定修改测试程序，以便当同样的问题再次出现时能够在测试中及时发现。如果原来的测试程序有助于验证多个需求，那么当我们修改那个测试程序之后，还应该看看修改后的测试程序是否仍然能够正确地验证其他需求。

如果我们使用电子表格把这些内容全部记下来，电子表格将变得十分冗长。相比之下，选用一款好的需求管理软件就可以将大部分流程自动化。当测试程序发生改变时，软件就会提醒我们该审查哪些需求，记录是由谁审查的以及他们的结论是什么。

这些软件本身也有一些缺点，比如：

- 价格不菲，一套正版软件售价在 3000~10 000 美元，甚至可能更高；
- 学习曲线陡峭，一个人从入门到上手至少要花好多天，然后才能帮助其他人学习；
- 每个公司都要根据自己的实际需求配置软件，这需要时间和专家的帮助；
- 在整个产品研发周期中，各个部门都必须经常使用软件，否则系统中的信息会因过时而变得毫无用处。

11.9 总结与反思

关于产品需求，很少有人这么详细地讨论过，我们这样做是有充分理由的。依据我的个人经验，在产品开发过程中，缺少可靠需求是导致混乱、争吵和超支的罪魁祸首。要确保每个人都朝着同一个目标努力，关键是让大家对所造产品的细节达成一致意见。正如尤吉·贝拉（Yogi Berra）所说："如果你不知道要去哪儿，那你就到不了想去的地方。"

就一款产品来说，确定细节数目看似简单，实际上却并非如此。花时间做需求计划可能要比实际实现需求更痛苦，不过有一点我可以保证：在需求计划上花费的每一点儿时间，都会为以后实现需求省下大量时间。

这一点在那些需要花几周甚至几个月才能把电路和机械部件修改好的硬件产品上体现得尤为明显。在开发之前，先把所有细节整理好有助于我们避免以后反复修改，这可以为整个项目节省不少时间和支出。

希望本章内容可以帮助你写出足够详细的需求，一方面可以指导产品开发，另一方面又不至于详细到妨碍解决实际问题。但是这种平衡并非总能轻而易举地实现，但只要做到哪怕 80% 的程度，就能让开发过程和谐、高效，也能提高结果质量。

11.10 资源

本章讲解的有关需求的内容都是十分基础的。关于这些内容的更多细节，你可以通过多种资料学习了解。这些资源都是相当有用的，只不过有时偏于细枝末节（个人意见），或者讲得过于枯燥无味。下面列出了一些参考资料。

- 维基百科页面系统工程知识体系（systems engineering body of knowledge）包含系统需求部分：其中内容基于系统工程国际委员会（International Council on Systems Engineering，INCOSE）的 *Systems Engineering Handbook* 整理而成。
- 美国项目管理协会（Project Management Institute，PMI）发布的《项目管理知识体系指南》（*Guide to the Project Management Body of Knowledge*）。
- *Customer-Centered Products: Creating Successful Products Through Smart Requirements Management*。
- 麻省理工学院 2009 年秋季研究生课程中使用的一套幻灯片——系统工程基础，可以从麻省理工学院的 OpenCourseWare 上获得。

如前所述，在运输过程中产品可能会暴露在极端环境中。联邦快递公司有一份文档——*Packaging Guidelines for Shipping Freight*，其中提到了关于最低温度、压力等大量实用的信息。

如果你打算购买应用生命周期管理（applications life cycle management，ALM）软件来管理产品需求，可以参考高德纳咨询公司 2015 年出版的 *Magic Quadrant for Application Development Life Cycle Management* 一书，从中你可以获得非常有用的信息，另外，该公司的官网提供了很多有价值的资料。

第12章

分析问题框架

“我们完全忘记为它做预算了。”

“工期已经过去了80%，花掉了80%的预算。我原以为我们做得很不错，但现在听说实际上只完成了项目的一半。”

“哦，对呀！几个月前我就发现这个问题了，但是后来把它给忘了。我应该在组装那些PCB之前告诉别人的。”

“哎呀！问题找到了。原来你做设计的时候一直在用旧的接口规范，新的接口规范已经做了很大改动。”

在产品开发过程中，上述几类问题会造成严重的后果，导致开发预算增加，开发周期变长，这是显而易见的。一般来说，项目规模越大（往往需要大量人员参与），这些问题就越严重。大多数问题是由于参与人员沟通不畅造成的：在一项工作中，沟通次数（和失败的可能性）往往会随着参与人数的增加而呈指数级上升。

本章简单介绍几个分析问题框架，它们在很大程度上会影响项目能否开发成功。

1. 项目计划（确定项目细节及参与人员、地点、时间、成本等）。
2. 项目管理（确保项目和项目计划相符）。
3. 问题跟踪（确保新信息得到恰当的处理）。
4. 文档控制（确保所有组员获得正确的信息）。
5. 变更管理（确保设计、开发、生产过程中的更改有序进行）。

虽然解决这些大问题可能很费力，但是开发过程中在它们身上花点力气是值得的，这会使项目花钱更少，做得更快，并且做得更好。

我们按照时间顺序，从项目计划讲起。

12.1 项目计划

我们请一位音乐家即兴创作一支新曲子，如果这位音乐家有一定的音乐天赋，那么她有可能出色地完成这个任务，兴许还能创作出惊人之作。如果请两位音乐家一起创作，结果或许更理想，但也可能完全相反。如果请三位或者四位音乐家一起创作，在事先不做计划的前提下，做好的可能性几乎为零。那么，让地球上最伟大的音乐家组成交响乐团一起演奏一段即兴创作的曲子，结果又如何呢？肯定一团糟！

参与演奏的人越多，就越需要制订计划来把所有环节以一种和谐的方式整合起来。在音乐领域，这些计划称为“乐谱”。某个作曲家构思出一支曲子，这支曲子由许多单独的片段组成，他把这些片段分派给各个演奏者，每个演奏者只演奏自己负责的那段旋律，最后把所有片段拼接在一起，就会得到一支优美的曲子。

在项目开发中也是如此。随着项目变得越来越复杂，往往需要做更为正式的计划，即项目计划。简单项目（只有一个参与者并且他经验丰富）可能不需要做项目计划，但做一个也是很有用的。而建造一幢摩天大楼（需要几千人参与）显然需要做完善的项目计划。事实上，许多人的全职工作就是做项目计划，在整个项目期间负责维护这些项目计划。大多数项目在规模和复杂度上介于两个极端（简单项目和复杂项目）之间，对项目计划的需求程度亦是如此。

即使我们不把做项目计划视作自己未来的职业方向，学点项目计划的知识也有助于更好地理解整个项目。项目计划包括：

- 成本和周期；
- 所需要的技术，比如，我们应该雇用什么样的人或指派谁来做事；
- 依赖关系，比如，什么时候需要什么资源。

技术项目可能会远超原本预算和开发周期，这是众所周知的。依我的个人经验，研发投入不断增加的“主犯”之一是不合适的项目计划。并不是说按某种顺序来安排项目任务，就肯定能让项目进展更快、成本更低，但项目计划多多少少是有帮助的。项目开始时，细致的计划能够帮助我们记住许多要做的事情，在对项目时间和成本做粗略估计时，这些事情很容易遗忘。当我们和专家一起做出一份全面的项目计划时（里面列出了各项任务以及每项任务的预期投入），“那部分应该要花 1 个月，最多 1 个月！”，在现实中往往会变成 3 个月。

项目计划过程也可能不那么正式，比如用电子表格为团队成员列出预估的工时。对于那些有很多人参与的项目，我认为最好使用专业的项目计划软件来做项目计划，因为这些软件支持一些实用的特性，有关内容我们稍后介绍。本章将通过一款专业项目管理软件的屏幕截图阐释相关概念，它所支持的某些特性值的了解。即使你最终选用电子表格，如果你觉得某些特性很有用，或许也可以自己动手编写或创建。图 12-1 展示的是一个最初的项目计划，它针对的是 MicroPed 项目的第一阶段。

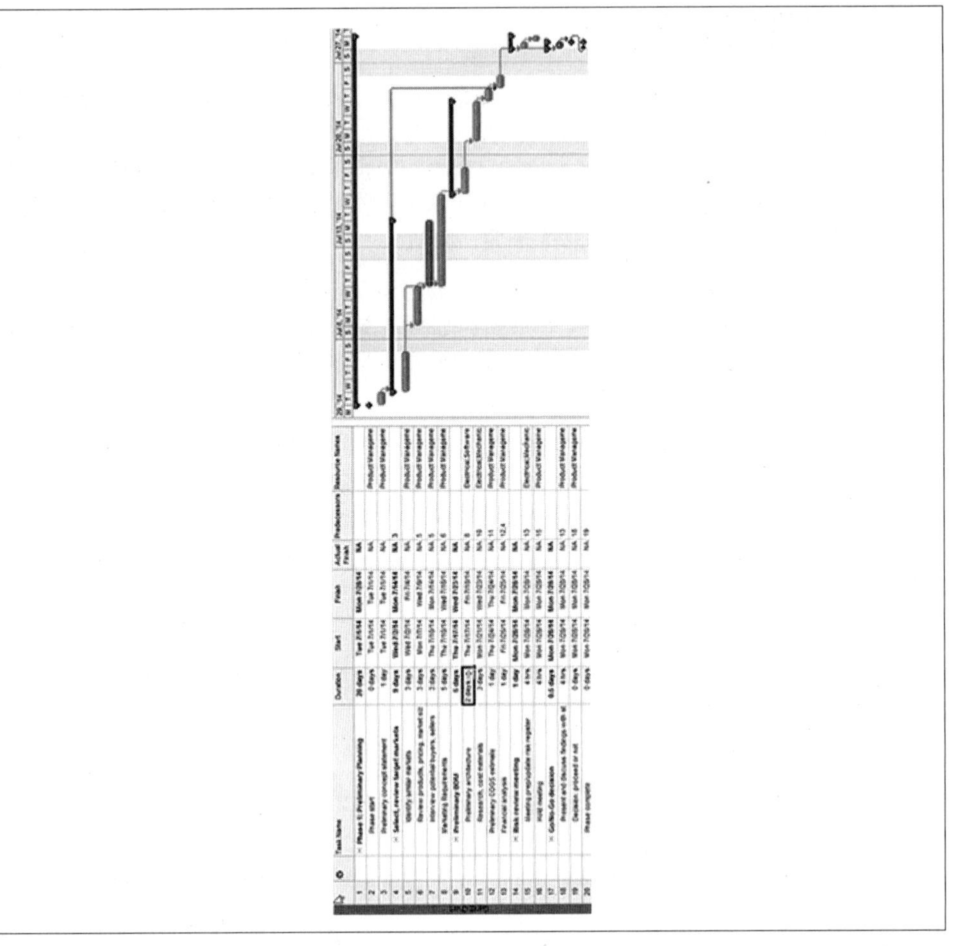

图 12-1：MicroPed 项目第一阶段项目计划

之后我们会看到，这个项目计划做得不太严谨。下面先介绍项目计划是如何工作的，然后看一个更详细的计划，它针对的是项目的另一个部分。

项目计划由一系列任务组成，每项任务可以包含子任务。子任务也可以包含自己的子任务，以此类推，可以划分出很多层级。在图 12-1 左侧的表格中，“阶段 1：初步计划”是顶层任务，“风险评审会议”是一个子任务，它又有两个子任务。

每项任务都有一个持续时间。如果某个任务由多个子任务组成，那么总的持续时间从第一个子任务开始，一直到最后一个子任务结束，由软件自动计算。在某些情况下，那些不包含子任务的任务的持续时间也要计算，稍后会讨论。

任务可以存在依赖关系（“前置任务”一列），它们限制了任务的开始时间和结束时间。例如，“任务 13”（财务分析）被标记为“直到任务 4（选择、审查目标市场）和任务 12（初步成本评估）完成后才能开始”。此外，我们还可以设置其他类型的依赖关系。比如，如果一个任务在另一个任务完成后才能完成，那么可以把它们设置为“完成—完成”依赖。

也可以把资源（“资源名称”列）分配给某个任务，这样每个采用该计划的人都清楚每项任务都有谁参与。

项目计划软件的有效性体现在，它们可以根据依赖关系、持续时间和我们设置好的项目启动时间为每项任务算出开始时间和结束时间。计算时，软件程序会把假期时间考虑在内，假期时间包括周末和我们在项目计划日程表中设置好的节假日。这样做有助于防止出现某些意外情况，尤其是那些假期比较集中的时间段，比如西方感恩节（11 月末）到新年之间的一段时间。随着我们不断更新项目推进情况（比如有些任务提早完成），软件会根据项目的实际进展更改未来项目开始和结束的时间。

图 12-1 右侧是一个甘特图，它是软件根据我们输入的任务信息自动生成的。在对项目和计划变化进行可视化时，甘特图非常有用。甘特图使用进度条来表示任务，起始点和结束点标有明确的时间。有些进度条是红色的，有些是蓝色的，红色表示相应任务在项目的关键路径上，是关键任务。关键任务的起始时间或结束时间发生变化会影响整个项目的完成时间。相比之下，那些非关键任务（不在项目的关键路径上）持续时间的变化不一定会影响整个项目的完成时间。例如，在图 12-1 中，虽然任务 6 和任务 7 的开始时间相同（它们都依赖任务 5），但任务 7 是关键任务，而任务 6 不是，所以缩短任务 6 的时间对于提前结束这个阶段没有任何影响。

项目管理者经常会在项目计划的关键路径上花费大量时间，以尽量缩短项目持续时间。在图 12-1 中，创建市场需求要为关键路径分配 5 个工作日。缩短这个阶段完成时间的一个方法是在目标市场任务完成之前就开始做市场需求，但是我们只有了解了市场之后才能做市场需求，所以在找到市场定位之后，还是可以预留几天时间来做市场需求。为此，可以在项目管理软件中创建一个依赖关系加以描述。

MicroPed 项目规模很小，大部分任务在关键路径上。在大型项目中（这类项目一般包含几百个任务，很多事情要同时进行），关键路径通常不会很明显。在这些情况下，那些可以为我们确定关键路径的项目计划软件就非常有用了。

在 MicroPed 项目中，我根据个人直觉设置了任务持续时间，但是有一种方法更好。接下来详细分析。

以投入比为导向的项目计划

假设我们指定一个人投入全部工作时间来做某项任务，又指派了另外一个人协助他。根据任务的类型，添加另外一个人大致可以把任务的完成时间缩减一半，因为对于大部分任务来说，完成它们所需要的投入（比如工作天数、工时）是一定的，而添加一个人意味着每天的工时数翻倍。

以投入比为导向的项目计划指定的是任务的投入量而非持续时间。持续时间是软件工具根据完成任务所需的工作量和可用资源（由我们指定）自动计算出来的。项目计划软件让这个过程变得相对容易。如果我们向任务中添加一个资源，它的持续时间就会自动缩短。

大多数项目包含多种任务，它们本质上是基于工作量的，这种任务的工期是固定的（比如，供应商会花固定的工期来安装机床）。在 MicroPed nRF51822 电路板的项目计划中包含两种任务，如图 12-2 和图 12-3 所示。

		Task Name	Duration	Start	Finish	Actual Finish	Predecessors	Type	Effort Driven	Work	Cost	Resource Names
27		**nRF51822 breakout board**	**24.25 days**	**Tue 7/1/14**	**Mon 8/4/14**	**NA**		**Fixed Duration**	**No**	**94 hrs**	**$9,260.00**	
28		**Schematic**	**5.5 days**	**Tue 7/1/14**	**Tue 7/8/14**	**NA**		**Fixed Duration**	**No**	**27 hrs**	**$2,700.00**	
29		Schematic Specification	1 day	Tue 7/1/14	Tue 7/1/14	NA		Fixed Duration	Yes	8 hrs	$800.00	Electrical Engineer
30		Select PCB Layout Tech	5 days	Tue 7/1/14	Tue 7/8/14	NA		Fixed Duration	Yes	5 hrs	$500.00	Electrical Engineer[13%]
31		Draft schematic	1 day	Wed 7/2/14	Wed 7/2/14	NA	29	Fixed Units	Yes	8 hrs	$800.00	Electrical Engineer
32		Schematic review	3 days	Thu 7/3/14	Mon 7/7/14	NA	31	Fixed Duration	Yes	2 hrs	$200.00	Electrical Engineer[8%]
33		Schematic review meeting	2 hrs	Tue 7/8/14	Tue 7/8/14	NA	32	Fixed Duration	No	2 hrs	$200.00	Electrical Engineer
34		Schematic updates	0.25 days	Tue 7/8/14	Tue 7/8/14	NA	33	Fixed Units	Yes	2 hrs	$200.00	Electrical Engineer
35		**PCB Layout**	**6 days**	**Tue 7/8/14**	**Wed 7/16/14**	**NA**		**Fixed Duration**	**No**	**27 hrs**	**$1,930.00**	
36		Initial layout	2 days	Tue 7/8/14	Thu 7/10/14	NA	30,34	Fixed Units	Yes	16 hrs	$1,040.00	Layout Tech
37		Layout review	3 days	Thu 7/10/14	Tue 7/15/14	NA	36	Fixed Duration	Yes	3 hrs	$300.00	Electrical Engineer[12%]
38		Layout review meeting	2 hrs	Tue 7/15/14	Tue 7/15/14	NA	37	Fixed Units	Yes	2 hrs	$200.00	Electrical Engineer
39		Layout updates	0.75 days	Tue 7/15/14	Wed 7/16/14	NA	38	Fixed Units	Yes	6 hrs	$390.00	Layout Tech
40		**Board Build**	**16.5 days**	**Tue 7/8/14**	**Wed 7/30/14**	**NA**		**Fixed Duration**	**No**	**6 hrs**	**$1,230.00**	
41		Order components	0.25 days	Tue 7/8/14	Tue 7/8/14	NA	34	Fixed Work	Yes	2 hrs	$350.00	Electrical Engineer,nrf51822 bre
42		Order PCBs	0.25 days	Wed 7/16/14	Wed 7/16/14	NA	39	Fixed Units	Yes	2 hrs	$380.00	Layout Tech,nRF51822 breakou
43		Receive components	0 days	Tue 7/15/14	Tue 7/15/14	NA	41FS+5 days	Fixed Units	Yes	0 hrs	$0.00	
44		Receive PCBs	0 days	Wed 7/23/14	Wed 7/23/14	NA	42FS+5 days	Fixed Units	Yes	0 hrs	$0.00	
45		Create PCBA kits and initiate PCBA build order	0.25 days	Wed 7/23/14	Wed 7/23/14	NA	44,43	Fixed Units	Yes	2 hrs	$200.00	Electrical Engineer
46		Build PCBAs	5 days	Thu 7/24/14	Wed 7/30/14	NA	45	Fixed Duration	Yes	0 hrs	$300.00	nRF51822 breakout board asse
47		**Board Verification**	**2.25 days**	**Thu 7/31/14**	**Mon 8/4/14**	**NA**		**Fixed Duration**	**No**	**34 hrs**	**$3,400.00**	
48		Board checkout	0.25 days	Thu 7/31/14	Thu 7/31/14	NA	46	Fixed Units	Yes	2 hrs	$200.00	Electrical Engineer
49		Board verification effort - hardware	2 days	Thu 7/31/14	Mon 8/4/14	NA	48	Fixed Units	Yes	16 hrs	$1,600.00	Electrical Engineer
50		Board verification effort - software	2 days	Thu 7/31/14	Mon 8/4/14	NA	48	Fixed Units	Yes	16 hrs	$1,600.00	Embedded Software Devel
51		nRF51822 breakout boards ready for use	0 days	Mon 8/4/14	Mon 8/4/14	NA	49,50	Fixed Units	Yes	0 hrs	$0.00	

图 12-2：nRF51822 电路板项目计划任务清单

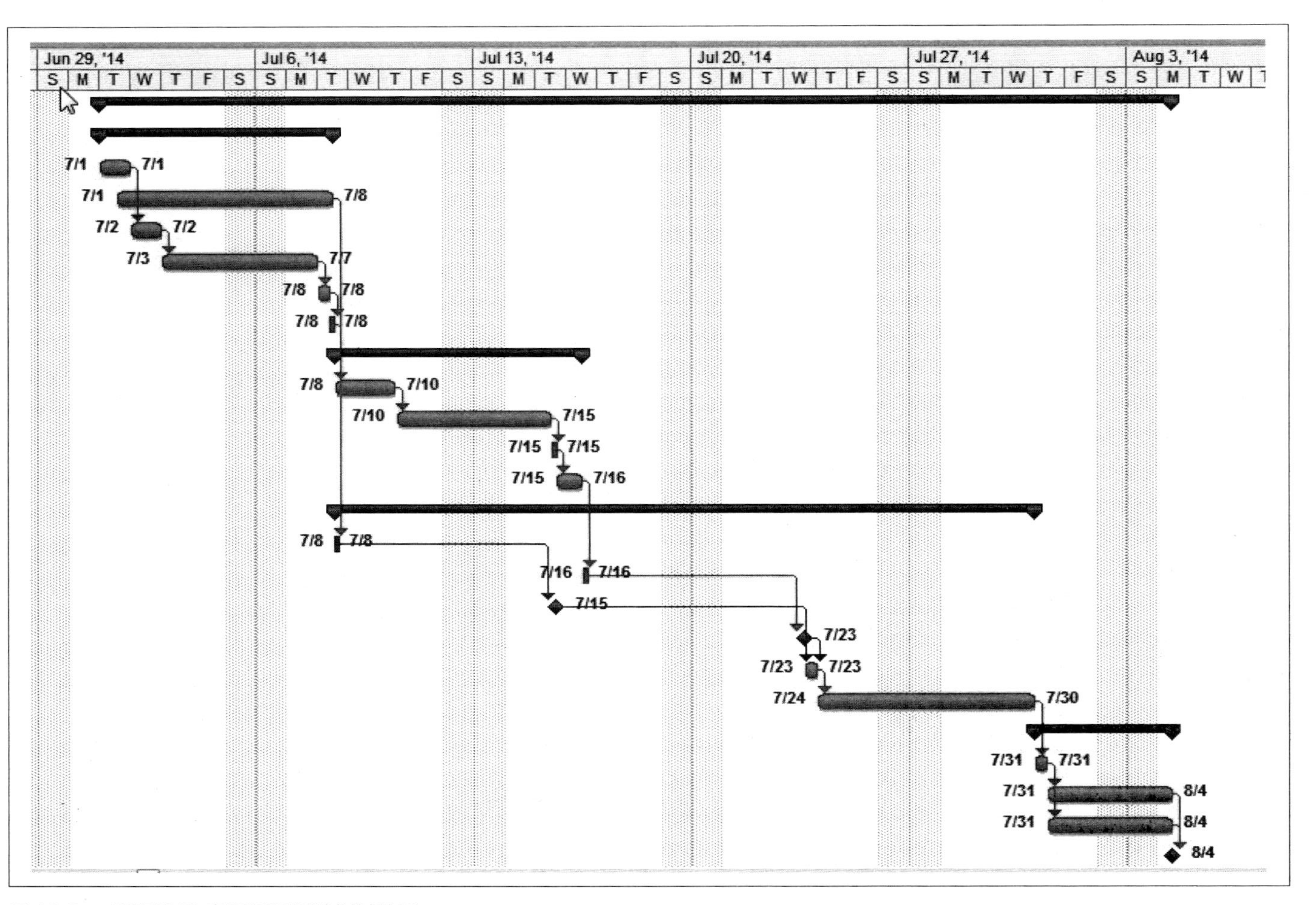

图 12-3：nRF51822 电路板项目计划甘特图

我们还为参与这些任务的人员规定了每小时劳动率，确定了购买零件和外部服务的成本估价。从图 12-2 中可以看出，软件使用相关信息来计算成本。

指定工作量相对简单（估算工时数或工作天数），而指定人力资源会复杂得多。指定人力资源最简单的方法是将工作职位作为待分配的人力资源（比如高级机械工程师）。如果我们有三位高级机械工程师，指派其中一位、两位或者三位来做某项任务，根据实际情况，软件会自动缩短任务持续时间。我们还可以指定带小数的工作量，比如指派 1.5 位高级机械工程师（一位投入全部时间，另一位只投入一半时间）做某项任务。

我们告诉项目计划软件有三位高级机械工程师，当某个项目需要安排三位以上高级机械工程师来处理时，软件就会警告我们注意时间。在这种情况下，可以对项目计划中的某些事情做调整，额外添加一些资源，比如合约外包或者说服某人加班。

此外，软件还可以根据可用的资源和我们添加的其他限制条件安排任务。这就是所谓的“平衡资源”，它会设法避免出现资源超载情况。平衡资源是一个很棒的特性，但是也有可能导致意外情况。因此，在做过平衡资源之后，一定要审查计划，确保不出差错。

在以投入比为导向的项目计划中，我们甚至可以做得更精细，方法是以指定的团队成员来作为人力资源，而非以职位为资源。 这样做有如下两点好处。

- 没有两个人是完全一样的。虽然我们有三位高级机械工程师，但是他们可能拥有不同的专长和经验，这使得他们每个人适合处理不同的任务。
- 我们可以在软件中为每个组员单独设置日程表，这有助于确保项目计划的准确性。比如，我们要为某个任务安排一位高级机械工程师。我们想安排给 A，但是那周他刚好休假，任务很可能会因此落空。如果 B 的日程安排中也有这项任务，那么我们把他的日程安排输入到软件之后，软件就能及时帮助我们发现和设法化解这个问题（或许可以做一些调整，让 A 在去度假之前就完成那项任务）。

至此，有关项目计划的一些技巧就讲完了，接下来介绍如何使用这些技巧来制订一个好计划。

首先，做计划就是猜测。我们需要猜测做哪些任务以及每项任务要花多长时间。项目计划用来确定项目开发成本和周期，因此让猜测尽可能准确就显得非常重要。下面分享几点心得。

- 经验很重要。通常有经验的人会比没经验的人猜得更准确。
- 要控制好粒度，不要分得太细。把整个项目分解成若干小任务有助于记住所有细节，但这会耗费大量时间。相比之下，如果把一组任务抽象成一个更大的任务，我们很有可能会忘记细节，低估工作量。另外，我们也不想分得太细，动辄就需要管理几百个工期为一小时的任务，让人非常头疼。根据我的个人经验，那些时长少于半天的任务应该归并成更大的任务，但是会议等需要会面的任务除外。如图 12-2 和图 12-3 所示的 nRF51822 电路板项目的粒度就刚刚好，我很满意。
- 项目计划中不要忘了系统工程和项目管理活动。粗略估计，我通常会将 15%~20% 的人事预算用于此。这包括系统工程师和项目管理以及参加项目每日站立会议、制订迭代计划和收尾会议的工程师的时间成本。
- 尽可能找到更多对口的专家来评估产品计划中与专业相关的部分。请教他们，在他们以前做过的项目中，有什么类似的任务需要处理以及这些任务需要花费的时长。

- 尽可能使用历史数据。旧项目计划很有用，如果它们曾随工作推进而升级过，那就更好了，我们可以参考其中真实的工作任务和他人付出的努力。
- 保持谦虚的态度。全力以赴制订一个精确计划，但事实上，精确计划也可能是错的，而且绝大部分计划过于乐观。相比于在计划中添加不必要的任务，我们更容易漏掉一些任务。哪怕是制订项目计划的人经验十分丰富，最好还是在工期和成本上预留 20% 的余地较为现实（不过管理层可能会因此震怒）。如果制订计划的人缺乏经验或者对所开发的产品类型不了解，最好增加应急预算和时间。在这种情况下，即使增加 50% 也可能是合理的。

一旦做好项目计划了，就可以评估项目的工期了。此外，我们还可以为资源（人员、物料、服务）指定成本，项目计划软件会为我们评估项目总成本以及成本随时间的变动情况（如每个自然月的预计花费），这对编制预算非常有帮助。

评估项目时间和预算只是项目计划的第一个功能。接下来介绍如何使用项目计划、其他工具和技术去主动管理开发工作，以便获得最佳结果。

12.2 项目管理

项目管理是一门艺术，也是一门科学，其目标是确保项目正常向前推进。关于项目管理"科学"的一面，你可以从多种渠道获得大量学习资料，本章"资源"版块也列出了一些。接下来为那些初次接触这个概念的读者概述主要内容。

详细开发从编写项目计划开始，但是在开始后几个小时或几天内，项目计划（包括时间和成本）就会被证明是错误的。这时就需要项目经理出马了，项目经理要做的工作大致如下：

1. 比对实际进度和项目计划；
2. 标出目前计划和实际情况之间的差距（比如，我们现在知道的什么事情是之前不知道的）；
3. 与合适的人合作，找到缩小差距的方法（增加持续时间、添加资源等）；
4. 与相关人员就可能的策略进行沟通，对以后的推进计划达成一致意见；
5. 更新项目计划；
6. 把更新后的计划告诉小组中每一名需要知道的组员（通知到最小单位）。

在整个产品开发中，上述过程虽然经常会被分解成独立的块（比如工期为一周的任务包），但大体上是连续的。换句话说，这是重复的循环，更新后的项目计划每周发布一次。

项目管理的挑战性和重要性还没有开始充分展现。项目管理需要技术、对人类心理的理解、良好的谈判和销售技巧、充沛的精力和一大群关键时刻可以召集起来的熟人。

在大型项目中，做项目计划是必需的，也最具挑战性。而在小型项目中，做项目计划相对简单一些。项目经理应该掌握多少技术知识，是一个很有意思的话题。毫无疑问，项目管理要求管理者掌握大量技术知识。这些技术知识有助于评估已经制定好的工作流程，也有助于在面对突发情况时进行补救。在某些情况下，不懂技术的项目经理可以请技术主管提供帮助。但根据我的个人经验，项目经理自己最好拥有丰富的技术知识，这样才能赢得技术人员的尊重。

如前所述，项目管理的关键之一是根据新信息行事。接下来讨论有关问题跟踪的内容。问题跟踪非常重要，它能确保及时捕获新信息并高效处理。

12.3 问题跟踪

项目开发期间，会不断涌现大量重要信息。如果没有一套捕获和处理信息的机制，我们就会很容易忘掉某些重要的发现、问题和创意。

问题跟踪提供了一套方法，在开发期间，我们可以使用这套方法捕获、思考和管理遇到的任何问题——缺陷、疑问、让我们困扰的事、新信息、与新功能有关的好点子等。问题跟踪可以充当一张大网，保证任何类型的重要信息都能得到应有的重视和处理（假如不处理是最佳解决方案，那就不用处理了）。

图 12-4 描述了一个基本的问题跟踪方案。问题可以由测试人员、设计师、开发者、客服代表、经理等人输入。跨部门会议定期举行（也许每周一次），用来对新问题进行审查和分类，新问题总共有以下五类：

- 若新问题在问题跟踪系统中已经存在，则将其标记为“重复”；
- 若新问题不会引起下一步行动，则将其标记为“结束”；
- 若新问题是个 bug，则将其标记为“bug”，并提交给相应团队进行修复；
- 若新问题是个新增功能，则将其提交给负责小组审议，由他们决定是在当前版本中处理，还是在未来版本再处理；
- 如果缺少足够的信息判断新问题是否属于上述类别，则将其提交给相应负责团队做进一步研究。

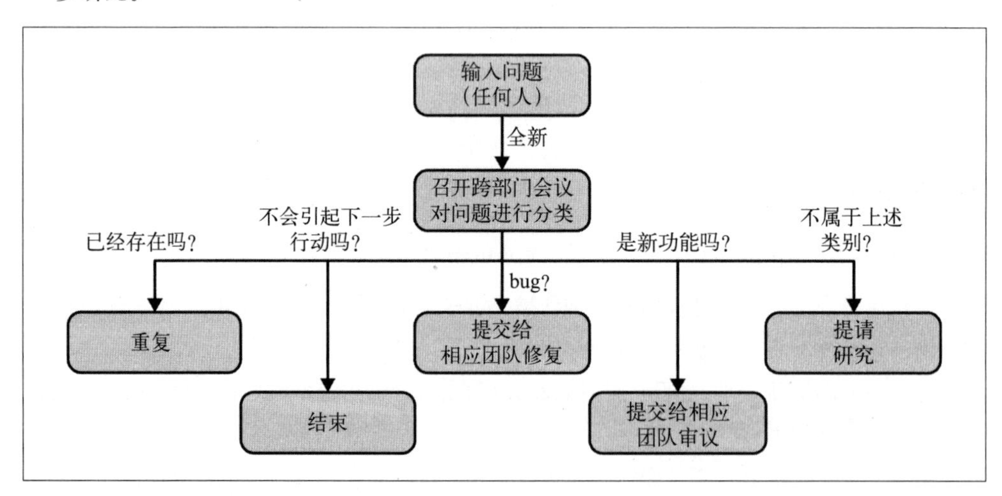

图 12-4：问题跟踪方案

根据问题分类的不同，处理步骤也不同（除非问题已经结束），图 12-5 描述的是针对 bug 的一种可能的处理过程。

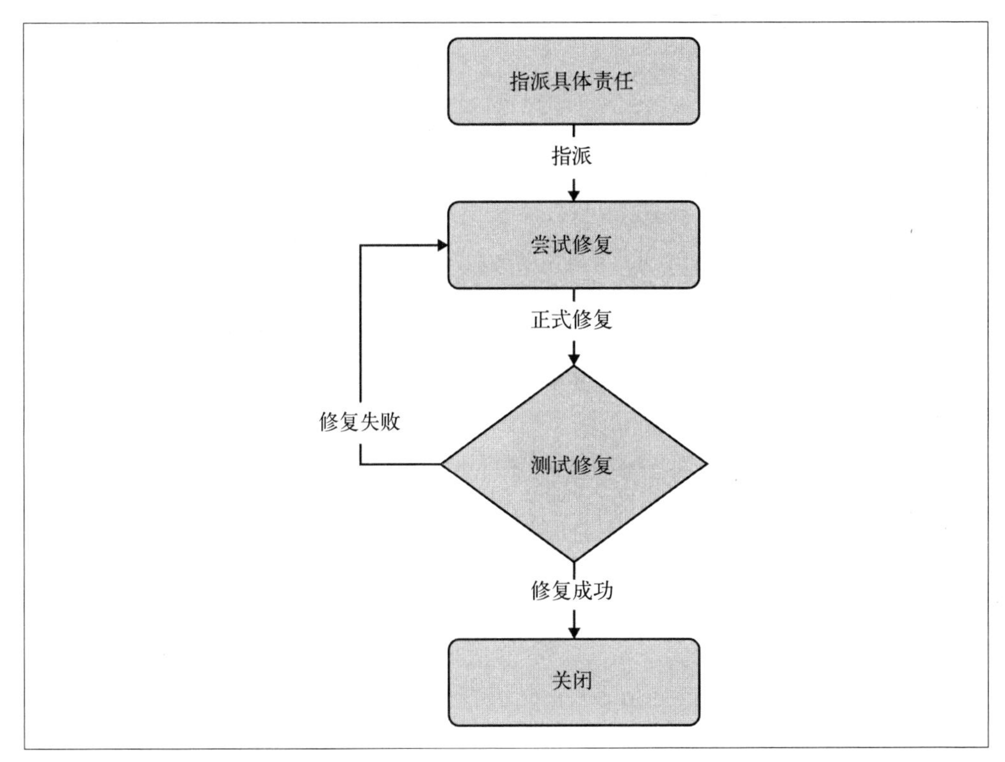

图 12-5：问题跟踪过程中的 bug 修复

请注意，这里举的例子都过于简单。在真实情况中，尤其是大型开发项目，会有更多分类和处理步骤。例如，会有专门的步骤用以确保 bug 能够重现，而不论这个 bug 是否值得修复，也不论针对它的修复是否会影响系统的其他部分。

问题跟踪的棘手之处在于它需要在开发过程中分阶段实施。比如，开发之初就开始跟踪 bug 的做法就显得很愚蠢，因为这时一切都无法工作（也就是说，一切都是 bug），但是高层次的问题（比如一些担忧和疑问）可以在这个阶段就开始跟踪。随着产品逐渐成形，项目团队应该适时开始跟踪一些较低层次的问题。当项目逐渐接近产品发布阶段时，产品所有的异常情况都应进入问题跟踪系统。

做问题跟踪的另一个缺点是它增加了项目成本，人们不但需要花时间输入问题，还要定期开会对这些问题进行分类。但是，根据我的个人经验，做问题跟踪是非常值得的，因为最终会降低项目的总成本。趁问题处理成本相对较低时，就把相关问题提交给相应人员处理，能够节省很大一笔开支。做问题跟踪的另外一个好处是，通过将这个流程形式化、记录做出的决策以及做决策的原因，可以降低重复讨论的可能性，还可以随时回顾问题，以它们为鉴。

解决问题通常需要对产品进行升级，这反过来会导致产品的源代码、电路图、需求、测试和其他文档更新。保持这些文档的准确性非常重要，这样每个人都能清楚项目的进展。这个过程叫作“文档控制”。接下来讨论这个主题。

12.4　文档控制

在技术人员眼里，文档往往单调乏味，撰写文档会拖慢“真正”的项目开发进度。虽然撰写文档令人厌烦，但有些文档是必要的，而且很有用。比如，任何一款智能产品的开发都会产生大量电路图、源代码和机械图纸等，这些都是文档。即便是开发小型项目，做某些文档工作也是非常有用的，具体如下。

- 产品需求文档化，这样在产品开发过程中就能将需求铭记于心。
- 设计决策文档化，这样以后我们就会清楚为什么要这样做。
- 测试程序（和结果）文档化，当我们更新设计并进行测试时就不必推倒重来了。测试结果还可以用来查看测试是否实施，当需要证明自己在努力打造一款安全产品时，这会很有用。

在更复杂的项目中，出于技术与法律两方面的原因，各种各样的东西可能都需要做文档记录，在生产那些受管制的产品时更是如此，比如医疗产品、航空航天设备、军事产品等，为这些产品编制的文档（客观证据）是证明产品合规的唯一可靠的证据。对于这类产品来说，文档动辄数千页并不鲜见。

随着项目规模的增长，以下两件事会变得很棘手：

- 确保文档的准确性；
- 确保团队中每个成员的文档都是最新版的。

文档控制用来实现上述目标。基本的文档控制流程如图 12-6 所示。

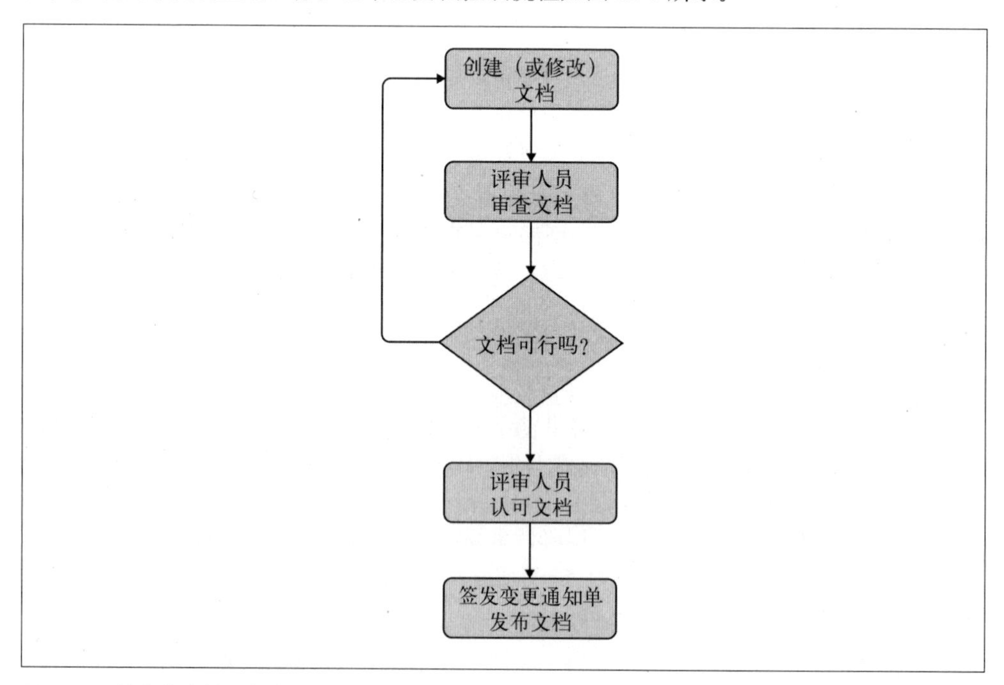

图 12-6：基本的文档控制流程

首先是创建（或修改）文档。多数情况下，每个文档被赋予唯一的 ID 编号，方便以一种明确的方式引用。比如，SCHEM-003 可能会被分配给产品的第三个电路图。接下来的一步是确保相关人员都同意那份文档，这要通过审查过程来实现。如果评审人员发现文档中存在一些待处理的问题，就要再次修改文档，并发回重审。如果评审人员对文档无异议，他们就会予以批准。批准经常使用电子签名，可用的工具有 Adobe Reader 或者其他商业软件，但是在纸张上手写签名仍然很常见，手写签名之后需要再将纸质文档扫描成电子文档。

文档种类可能很多，且版本众多，但文档控制的完整过程，关键就在于任何时候都只有一个版本是“正确”的。这个版本通常就是已发布的文档。在许多公司，文档只能通过发起变更请求，然后签发“变更通知单”进行发布，否则不允许变更文档。做变更请求 / 变更通知单会拖慢产品开发进度，但是这样做有如下两个好处。

- 设置了检查关卡。确保准备或批准待发布的文档时遵循了正确的流程。比如，审核通过变更通知单的人员或算法会通知相关的人，确保他们都清楚文档已变更。
- 发布文档时，变更通知单包含多个需要相伴发生的行为。比如，当新文档替换旧文档时，变更通知单应该要求废弃旧文档。另外，变更通知单可能要把变更通知发送给工作受该变更影响的人。

TIP 由于历史原因，变更请求和变更命令通常被称为工程变更请求和工程变更命令。

文档控制还要确保用户访问以及使用的都是已发布的文档。通常计算机网络上会有一个单独的地方用来存放所有已发布的文档，用户可以从这里找到所有已发布的文档。这个地方可以是一个包含这些文档的文件夹、一个用来链接到这些文档的内部网页（这些文档存储在不同地方）、一个用来实现该目的的软件应用等。用户应该习惯从这些地方访问文档，而非保存这些文档的电子版或纸质版，因为这种形式的文档很可能会悄悄过时而不为人所知。

文档控制的复杂度和成本涉及许多方面。从使用网络文件夹存储文档，可能还要用电子表格追踪已有的文档及其编号，到使用复杂的专用应用程序来管理文档，无所不包。

事实上，用来管理软件代码的版本控制系统也很适合用来做文档控制。我个人只使用 Subversion 版本控制系统，但其他版本控制系统也可以使用。在使用管理软件代码的版本控制系统做文档控制时，由于版本控制系统的设计初衷并不是为了做文档控制，因此使用过程中会碰到各种问题。比如，如果不做额外修改，Subversion 将不支持按目录做访问控制（读写与只读）。

现在有专门的文档控制软件和在线服务可以提供更多功能，比如强制执行工作流（确保文档在发布之前有关人员已经在文档上做好电子签名）。针对这个用途，微软的 SharePoint 是最常用的软件，此外还有其他许多软件可以使用，比如 Alfresco、docStar 等。

在文档控制高端领域中有产品生命周期管理和应用生命周期管理解决方案，比如甲骨文公司的 Agile 和西门子公司的 TeamCenter。第 11 章中讲过，这些软件都是通用型产品，除了用来管理文档，还有其他更广泛的用途，比如我们可以使用它们跟踪物料清单、订单、需求和测试追踪以及其他任何你能想到的事情。这些软件价格高，并且配置和维护需要花费大量精力。对复杂产品和大型组织来说，产品生命周期管理很有用。例如，写作本书期间，我在开发一款医疗设备，这款设备有几千个部件、数千个功能需求和规格参数、几百个设计文档。如果没有产品生命周期管理，记录它们之间的相互关系几乎是不可能的。与之相反，在开发 MicroPed 的过程中，进行产品生命周期管理会大大增加开发复杂度，但所得的好处很有限，甚至一点儿好处也没有。

文档控制通常被视作一个单独的主题，上述讲解也是这样看待的。但事实上，文档控制只是设计 / 开发和制造过程中处理变更这个更大问题（通常称为“变更管理”）的重要内容之一。

12.5 变更管理

变更管理不仅仅用来做文档控制，变更请求 / 变更命令过程通常被产品团队用来更改与产品相关的任何事情。例如，如果采购人员为了一个生产中要用到的 47μF 的电容而更换供应商，为此，他们通常需要为这种变更创建一个变更请求。受这个变更影响的人（比如电气设计师、开发者、采购部门、生产人员）会查看这个请求，如果全部同意，就会发布变更命令。即使变动很小，也要这样去做，这会相当麻烦，也很令人无奈，但这样做可以保证变更不会混乱，也不会发生糟糕的意外。如前例所述，虽然订购 47μF 的电容所花的钱还不到 1 美分，但是这会导致设备在设计上发生变化，相关电气参数（比如电感、温度依赖性）也会随之改变。在订购新部件之前，应该由电气设计师和开发者判断新部件在电气规格上是否符合需求。

12.6 总结与反思

如果是几个朋友凑到一起做一款产品，那本章内容你基本可以放心跳过，但是一些最基本的项目计划还是要做的。随着产品和组织日益壮大且越来越复杂，产品的设计、开发和制造需要大家同心协力才能做好，要确保大家拧成一股绳，向着同一个目标推进，千万不要乱成一锅粥，否则会增加产品开发的难度和失败风险。

本章讨论的主题，几乎没有人会觉得处理起来乐在其中。但这就像基础保险，尽管有些不便之处，但并没有更好的替代方案。

想要这些工作流程高效运转，关键是尽可能让它们不那么复杂。以下几点建议供你参考。

- 流程和实操内容都应该尽量轻量，易于遵循。不确定能产生实际效益的事情就不要执行，所选的工具应该容易配置和使用，这是首要目标。
- 让工作流程变成团队成员的日常工作：那些总归要完成的活动，想办法让大家融入其中。比如，让软件开发团队的每位成员在每天的早会说说手上正在进行的工作以及工作内容在团队工程中的占比，这样做要比由项目经理每周来访收集相关数据轻松得多。
- 项目管理必须把流程流转所需要的时间考虑在内。几乎没有什么事情比计划延期并打乱流程更让人心烦了。变更请求（比如发布外壳设计，以安排机床安装）可能需要花好几天才能转化成变更命令。要么把这部分时间纳入项目计划，要么在提交变更请求之前就赶紧操作。比如，确保审批人员没有休假，并为审批安排了相应时间。
- 创建团队成员自觉遵守的流程。好的流程会让团队成员觉得合理、有意义，尤其是当我们花时间解释它们有用的原因后。那些让成员感觉被“穿西装的家伙”或者“顶头上司”强加于身的工作流程更可能难以维系，容易影响团队士气。如果我们的解释无法说服团队成员自觉遵守某个流程，可能需要重新考虑该流程是否必要，或是否需要改动。

团队成员优秀并不代表整个团队是高效的，因此需要对团队进行管理和基础建设。如果我们以激励而非强制的手段来运营团队，轻度监管，让团队成员能在轻松的氛围下更好地相互协作，那么开发力量就能拧成一股绳，一鼓作气做出出色的产品。产品各部分既耦合又独特，凝聚了每位成员的技术和创造力。

12.7 资源

与项目管理中的技术部分（而非哲理部分）不同，本章讲解的大部分内容你不能从书籍、课程或网络中轻易学到。

项目计划中最难的部分在于对要做的任务和需要付出的努力做出合理、准确、全面的预测。这在很大程度上需要依靠专家丰富的专业知识和经验，最好专家拥有与我们的项目类似的成功开发经验。软件评估也特别难，在此推荐两本好书：

- 《人月神话》；
- 《软件评估——“黑匣子”揭秘》（*Software Estimation: Demystifying the Black Art*）。

如前所述，软件工具可以帮助我们组织这些任务，并帮助预测成本和时间。我最常用的软件工具是 Microsoft Project，除此之外还有许多其他软件工具可供使用，包括一些基于云的软件工具。据说做项目计划时 SmartSheets 很易用，但我并没有亲自使用过。

美国项目管理协会在项目管理技术和术语的推广和统一方面做得很不错。他们发布的《项目管理知识体系指南》（*Project Management Book of Knowledge Guide*）是标准的参考资料，可供参考。另外，O’Reilly 出版的 *Head First PMP* 一书也很不错。由项目管理协会发起的项目管理专业人士资格认证（Project Management Professional，PMP）也深受项目经理青睐。

阅读项目管理有关图书，获取项目管理认证肯定是有帮助的。但更重要的是与人打交道的本领：我们如何得体地通知、鼓励、奖励、请求、劝说相关人员把事情推进下去。这些本领、技巧往往来自个人的实际经验和失败的教训，但还是有一些不错的课程可供学习，比如商学院设立的相关课程。

从某种意义上说，文档控制非常简单，其目标是确保对的人审批文档，且有正确的文档可供相应人员使用。把所有细节都做正确并不容易，这个过程中软件工具能够帮上大忙。Microsoft Office 和 SharePoint（或者微软的 OneDrive for Business）可以实现不错的文档控制系统。此外，还有许多付费、免费、开源的解决方案可供使用，其中有些还是基于云计算的。Alfresco 是一个流行的商业文档控制系统，它有一个免费的“社区版”可供使用。

根据我的经验，产品生命周期管理软件能够帮助我们轻松建立一个通用的变更管理系统。当然，我们也可以使用文档控制软件或者电子表格工具来实现。使用产品生命周期管理软件的好处是，它可以帮助我们将变更规则自动化，并强制执行。否则，这些规则必须由团队成员用脑子记住并强制执行（有些团队成员的确很擅长做这项工作）。

关于作者

艾伦·科恩（Alan Cohen）是一位专门从事医疗设备研发的软件、电气、系统工程师。自孩提时起，他就喜欢学习各种技术知识，并且擅长应用这些知识解决各种实际问题。在康奈尔大学求学期间，科恩主修电气工程专业，辅修神经生物学，并顺利毕业。从那时起，科恩参与了大量软件开发项目，从嵌入式系统到Web应用程序无所不包。他还主持或参与过许多FDA监管产品的开发工作，涉及心脏除颤器、脑波监视仪、可穿戴心脏监视器等产品。目前，科恩正在助力研发一个癌细胞治疗系统，这个系统利用三维质子束精确扫描来杀死癌细胞。除了写作本书，科恩还发表了多篇技术文章，出版过一本供大学生使用、计算机通信领域的教科书。科恩还热衷于参加各种技术交流会，积极发表演说，并持有7项美国专利。

关于封面

封面图片是一台蒸汽机，由iStock授权使用。

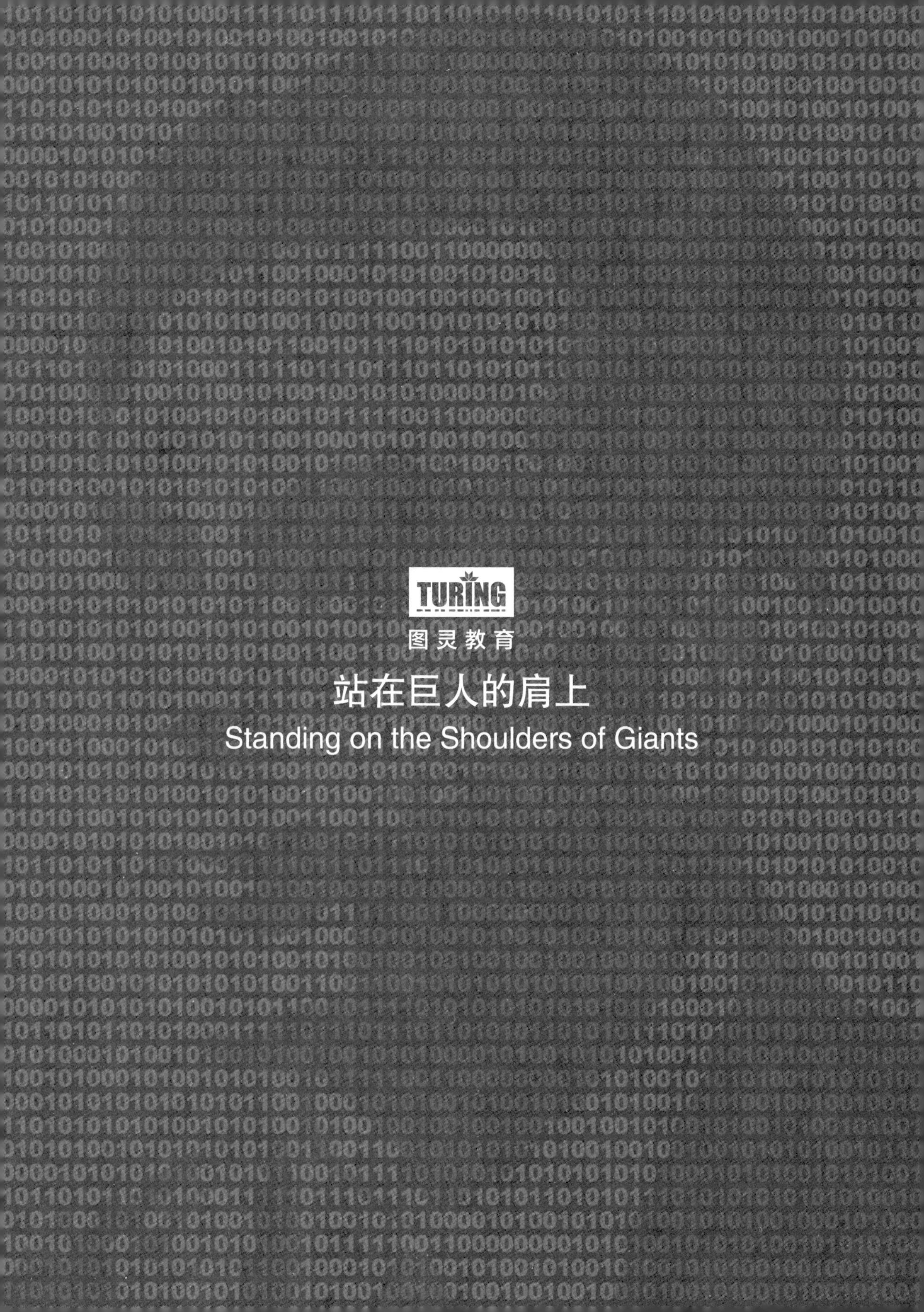
TURING
图灵教育
站在巨人的肩上
Standing on the Shoulders of Giants

TURING
图灵教育
站在巨人的肩上
Standing on the Shoulders of Giants